Java 语言程序设计

新世纪高职高专教材编审委员会 组编
主 编 迟 勇 赵景晖
副主编 李天立 赵乐辉
罗桂琼 高兰德

大连理工大学出版社

图书在版编目(CIP)数据

Java 语言程序设计 / 迟勇，赵景晖主编. -- 4 版
. -- 大连 ：大连理工大学出版社，2021.8(2025.6 重印)
新世纪高职高专软件专业系列规划教材
ISBN 978-7-5685-3079-8

Ⅰ. ①J… Ⅱ. ①迟… ②赵… Ⅲ. ①JAVA 语言－程序设计－高等职业教育－教材 Ⅳ. ①TP312.8

中国版本图书馆 CIP 数据核字(2021)第 126660 号

大连理工大学出版社出版

地址:大连市软件园路 80 号　邮政编码:116023
营销中心:0411-84707410 84708842　邮购及零售:0411-84706041
E-mail:dutp@dutp.cn　URL:https://www.dutp.cn

大连永盛印业有限公司印刷　　大连理工大学出版社发行

幅面尺寸:185mm×260mm　印张:20.5　字数:525 千字
2008 年 10 月第 1 版　　2021 年 8 月第 4 版
2025 年 6 月第 9 次印刷

责任编辑:高智银　　责任校对:李　红
封面设计:张　莹

ISBN 978-7-5685-3079-8　　定　价:55.00 元

本书如有印装质量问题,请与我社营销中心联系更换。

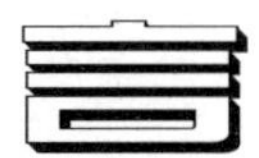

前言

《Java语言程序设计》(第四版)是“十四五”职业教育国家规划教材、“十三五”职业教育国家规划教材,也是新世纪高职高专教材编审委员会组编的软件专业系列规划教材之一。

党的二十大报告中指出,科技是第一生产力、人才是第一资源、创新是第一动力。大国工匠和高技能人才作为人才强国战略的重要组成部分,在现代化国家建设中起着重要的作用。为办好人民满意的教育,培养高质量的创新型人才,需要深化教育领域综合改革,加强教材建设和管理,完善学校管理和教育评价体系,健全学校家庭社会育人机制。一套理实结合,学以致用,过程控制评价和以成果为导向的教学参考书,是培养出合格的软件技术领域高技能人才的根本。并且在所有的教学单元中加入了深度融合的思政案例和探究式学习任务,使学生在学习中潜移默化地实现职业素质的提升,以响应教育部提出的“铸魂育人”和以学生为中心“发展长期职业规划素养”的要求。

本教材是为响应精品在线课程“Java编程基础”课程而开发的配套教材。本教材采用理实结合的方法,辅以多种自学和教辅资源,较好地解决了自学和教学过程中理论知识不易理解的问题。

本教材讲解的基本手法是“自底向上,逐步求精”,使用大量图解和表格对知识点分析和汇总,并针对学习Java的一些常见的、不易理解的难点做了有侧重的讲解,部分内容制作了多媒体视频和动画演示,鼓励读者通过自行思考和试验以获得实际能力的提升。

本教材的实例都尽量精简,以满足“够用为度”“适用即最佳”的讲授原则。为方便学生自学,本教材的编写尽可能避免跳跃性思维,对于必须了解的课外知识点将尽可能地给出详尽的解释、指明出处或后继章节的引用链接。并且针对高职高专学生的基础和学习思维轨迹,精心制作了循序渐进的操作实例,推荐了最佳的阶段性开发工具,以降低学习难度。

本教材是高职高专及普通高校入门级Java教材,也适合初学Java编程爱好者自学使用。本教材参照了高职高专院校的Java课程教学大纲,主要内容包括15章:Java概述,Java数据类型,运算符与表达式,流程控制,面向对象基础,接口与包,数组、字符串与类型新特性,异常及其处理,GUI界面设计,事件处理,Applet与绘图,I/O技术与文件管理,多线程,网络通信,数据库访问。

随着在线课程在教学地位中的提高以及教法改革的深入，笔者建议在实际教学中采取以实践教材为主、理论教材为辅的形式组织教学，这样可以充分体现以“学生为主、教师为辅”的翻转课堂教学思想，也可以充分调动学生的学习积极性。

本教材代码基于JDK 8、Eclipse Neon (v4.6.3)开发环境，数据库使用SQL Server 2016。

为了有效促进“岗、证、赛”合一，在仔细分析Java行业技术发展和岗位能力的基础上，结合大数据应用开发Java方向职业技能等级标准及历届技能大赛技术要求，在第四版中增补修订了部分新内容：

1. 针对新推出的JDK，增补介绍了部分最常应用的特性，如二进制字面量、使用字符串条件表达式的switch语句、泛型、增强的for循环、自动装箱和自动拆箱、类型安全的枚举、可变长度参数、静态引入、C风格的格式化输出、时间日期类、JDBC4、嵌入式数据库等内容。

2. 根据Android应用开发的岗位技能要求，增加了“网络通信”一章。

3. 根据Java技术岗位技能要求，将IDE工具由JBuilder转向重点介绍Eclipse。

4. 根据职业岗位能力需求(见“附录2 职业岗位能力需求分析”)，在综合案例中融入了部分软件项目开发和UML方面的知识。

5. 根据职业技能等级考试和技能大赛要求，新增了日志处理工具Log4j2和单元测试工具JUnit的使用介绍。

在本教材的大部分章节中都包含了一些需要进一步思考的主题，如：

想一想： 帮助读者扩展思路。

注　意： 编者在教学中领悟的经验和教训，帮助读者了解学习这部分内容时应避免的误区。

试一试： 建议读者对这部分的难点亲自动手调试，观察结果。

听一听： 为读者介绍超出本教材介绍范围的知识点。

看一看： 为读者推荐阅读的书籍和介绍自行提高的知识点等。

注意辨认这些图标，将有利于读者对本教材知识的理解。

本教材由辽宁机电职业技术学院迟勇、赵景晖任主编，大连医科大学李天立、辽东学院赵乐辉、湖南网络工程职业学院罗桂琼、兰州资源环境职业技术学院高兰德任副主编，美冠世纪(北京)传媒有限公司董策和作业帮教育科技(北京)有限公司彭启明参与编写。其中，第1、7、12、14、15章及附录由迟勇编写，第2、6章由赵景晖编写，第3、5章由李天立编写，第4、9章由赵乐辉编写，第8、11章由罗桂琼编写，第10、13章由高兰德编写，董策参与编写第7章，彭启明参与编写第15章。

由于作者水平有限，时间仓促，书中若出现错误不妥之处，敬请广大读者批评指正。

编　者

所有意见和建议请发往：dutpgz@163.com
欢迎访问职教数字化服务平台：https://www.dutp.cn/sve/
联系电话：0411-84706671　84707492

目　录

第1章 Java概述

知识目标

在本章，我们将要：

➢ 配置 Java 运行环境

➢ 编写第一个 Java 应用程序

➢ 编写第一个 Java Applet 程序

技能目标

在本章，我们可以：

➢ 了解什么是 Java

➢ 了解 Java 的特点、优点和应用的领域

➢ 掌握如何配置 Java 运行环境和开发 Java 程序

素质目标

➢ 培养自学方法与习惯，具备主动探究能力；培养良好的团队合作意识；了解国家人才战略、国家远景目标，培养危机意识与创新、传承与工匠精神、提高综合职业素养。

1.1 Java 简介

课程思政：

时事讨论：华为如何破局？

思政目标：培养危机意识和创新精神

时事：众所周知，最近一段时间，美国对中国华为公司进行了技术封锁，禁令影响到了华为设备上使用的电子芯片的生产。如果你是一个华为人，想破局应该做出哪些方面的努力？请试着把你的想法列举出来。

与知识点结合：了解课程体系架构的必要性。

1.1.1 什么是 Java

1991 年，Sun 公司的 James Gosling 等人为了解决消费类电子产品的微处理器计算问题，开发出一种名为“Oak”(中文译为“橡树”)的与平台无关的语言，也就是 Java 语言的前身，希望用其控制嵌入在有线电视交换盒、PDA(Personal Digital Assistant，个人数字助理)和家用电器等中的微处理器。

1993 年，交互式电视和 PDA 市场开始滑坡，而 Internet 正处于增长时期，因此 Sun 公司将目标市场转向 Internet 应用程序。

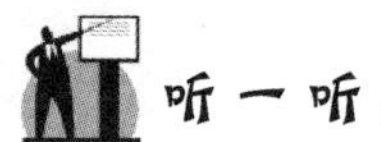

听一听：

Java 名称的由来

程序员之间流传着一个关于 Java 名称由来的小逸闻，据说在正式推出 Java 之前，Java 的创始人 James Gosling 等 Sun 公司的工作人员正为了给这种新的程序设计语言取一个合适的名字而苦恼。时值冬季，当时这些软件工程师坐在充溢着咖啡香味的 Sun 公司总部，一边喝着爪哇咖啡一边思考。最后，大家灵感突现，一致同意以这种飘香的咖啡的名字"Java"来为这个新语言命名，意指在寒冷的冬天，为世界上所有的软件程序员送上一杯热咖啡。所以现在 Java 注册的图标就是一杯热咖啡。

1994 年，Oak 语言更名为"Java"（译为"爪哇"，是印尼一个盛产咖啡的岛屿），并于 1995 年正式推出第一个版本。Internet 的迅猛发展与 WWW 应用的快速增长，为 Java 的发展带来了绝佳的契机。Java 优秀的跨平台特性使其非常适合于 Internet 编程，最初用 Java 语言编写的 HotJava 浏览器和应用于 Web 页面的 Applet 程序，使 Java 语言成为 Internet 上最受欢迎的开发语言。更主要的是，Sun 公司采取"开放式"的合作政策，采用颁发使用许可证的方式来允许各公司把 Java 虚拟机（JVM）嵌入自己的操作系统或应用软件中，这吸引了大批的公司加入 Sun 联盟中来，如 IBM、HP、NetScape、Novell、Oracle 和 Apple 等。此外，开发平台的源代码完全开放，使得开发人员很容易只使用 Java 语言来实现网络各平台之间的开发、编程和应用，这也是 Java 语言得以迅猛发展的一个主要原因。现在，全球有近 70%的公司使用 Java 开发自己的计算机软件系统。

回顾 Java 的发展历程：

1990 年，James Gosling 等人开发出 Oak 语言。

1994 年，Oak 更名为 Java。

1995 年，Sun 公司发布了 Java 的第一个版本 Alpha 1.0a2，并开发出 HotJava 浏览器。

1996 年，Sun 公司发布了 Java 的第一个开发包 JDK v1.0。

1997 年，Sun 公司发布了 Java 开发包 JDK v1.1。

1998 年，Sun 公司发布了 Java 开发包 JDK v1.2（简称 Java 2）。

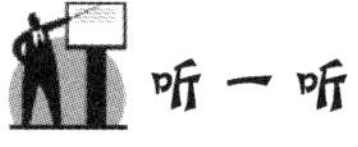

听一听：

什么是 J2SE、J2EE、J2ME

1999 年，Sun 公司重新组织了 Java 平台的集成方法，并将企业级应用平台作为公司的发展方向，因此，现在的 Java 开发平台的编程构架一共有三种：J2SE、J2EE 和 J2ME。

这三个缩写词的完整英文释义分别是：

J2SE (Java 2 Platform, Standard Edition)　　Java 2 平台标准版

J2EE (Java 2 Platform, Enterprise Edition)　　Java 2 平台企业版

J2ME (Java 2 Platform, Micro Edition)　　Java 2 平台微型版

其中，J2SE 应用于工作站和 PC 的开发平台，是三个编程构架中最基本的构架，J2EE 和 J2ME 是在 J2SE 的基础上发展、转化而来的；J2EE 应用于可扩展的和基于分布式计算的企业级开发平台，如 Intranet（企业内部网），由于有业界大量的其他软件技术（如微软的 XML 技术）融入 J2EE 构架中，使它具有更高的可扩展性、灵活性和集成性，当然学习起来也比较复杂；J2ME 应用于嵌入式开发平台，如手机系统或手机游戏软件的开发。

三种版本使用的类库也不尽相同，本书内容的大部分类都来自 J2SE 构架。

本书介绍的语法大部分基于 Java 2 平台，并在 Java 2 平台的基础上扩展了 JDK 5～JDK 8 版本的一些特性。

2004 年，JDK 1.5 的发布被 Sun 公司认为是 Java 史上的里程碑，于是把 JDK 1.5 改名为 JDK 5.0，以便和以前的版本划清界限。

2005 年，JavaOne 大会召开，Sun 公司公开 Java SE6。此时，Java 的各种版本又被更名，取消其中的数字“2”：J2EE 更名为 Java EE；J2SE 更名为 Java SE；J2ME 更名为 Java ME。

2010 年 4 月 20 日，美国数据软件巨头甲骨文（Oracle）公司宣布收购太阳微电子（Sun）公司，这是 Java 自诞生以来的头等大事。

2011 年 7 月 28 日，JDK 7 发布。

2014 年 3 月，JDK 8 正式版发布，新增加了 Lambda 表示特性。

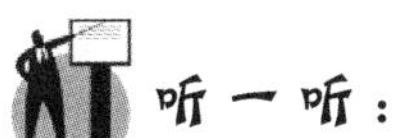

听一听：

浅谈 Android

Android 是一种基于 Linux 的开放源码操作系统，主要用于便携设备，如手机和平板电脑等，中文名称为“安卓”。Android 操作系统由 Andy Rubin 开发，最初主要支持手机，2005 年由 Google 收购并注资改良，逐渐扩展到平板电脑及其他领域。2010 年末数据显示，仅正式推出两年的 Android 操作系统已经超越称霸十年的诺基亚 Symbian 系统，成为全球最受欢迎的智能手机平台。

注　意：

大多教程通常都会在开始的章节上总述本书知识点的主要内容，初次接触这门编程语言的读者对本书内容尚未了解，这会使他们对这部分知识点感到厌烦。但是，这些内容利于读者对后面章节形成全局性的理解，因此暂时不能回避，笔者尽量深入浅出地描述问题，也请读者拿出宝贵的 10 分钟浏览一遍。

1.1.2　Java 语言的特点

Java 语言的特点简而言之有如下九条：

1. 简单性

业界集高效性和灵活性于一身的高级编程语言非 C＋＋莫属，因此有很多程序员学习过 C＋＋，但是 C＋＋中复杂的指针操作是令每个程序员都感到头痛的事。Java 作为一种高级编程语言，在语法规则上与 C＋＋类似，因此 C＋＋程序员会比较容易地掌握 Java 编程技术。此外，Java 摒弃了 C＋＋中容易引起错误的内容，如指针操作和内存管理等，使程序设计变得简单、高效。

2. 纯面向对象

面向对象编程技术具有很多优点，比如，通过对象的封装，降低了对数据非法操作的风险，使数据更加安全；通过类的继承，实现了代码的重用，提高了编程效率等。Java 语言的编程主要集中在类、接口的描述和对象引用方面，面向对象编程技术适合开发大型、复杂的应用程序，且程序代码易于理解和维护，因此面向对象编程技术是编程发展的一个趋势。面向对象是 Java 的重要特性，而且需要注意的是，Java 不同于 C＋＋之处为 Java 是一种“纯”面向对象的语言，这里的“纯”是相对于 C＋＋而言的，在 Java 语言代码中，“一切皆类”，不附带任何面向过程的东西(如 C++的函数和文件级全局变量等),关于 Java 语言的"纯"面向对象特性,在本书的第 5 章会有详细介绍,这里不再赘述。

3. 分布式

Java 是面向网络的编程语言,提供了基于网络协议(如 TCP/IP)的类库,使用这些类,Java 应用程序可以很容易地访问网络上的资源。Java 应用程序可通过一个特定的 URL 对象来打开并访问网络资源,就像访问本地文件系统那样简单。

4. 健壮性

Java 语言在编译和运行时具有"鲁棒性",可以消除程序错误带来的影响。Java 提供了较完备的异常处理机制,在编译和运行程序时,系统对代码进行逐级检查,指出可能产生错误的地方,要求必须对可能存在错误的代码进行必要的处理,以消除因产生错误而造成系统崩溃的情况。

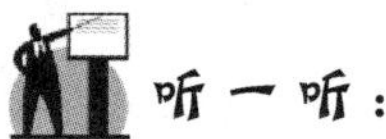

听一听:

什么是鲁棒性

鲁棒性原是统计学中的一个专门术语,20 世纪 70 年代初开始在控制理论的研究中流行起来,用以表征控制系统对特性或参数摄动时仍可使品质指标保持不变的性能。

Java 在编译和运行程序时,都要对可能出现的问题进行检查,以消除错误的产生。Java 提供垃圾自动收集功能进行内存管理,防止程序员在管理内存时容易产生的错误。通过集成的面向对象的异常处理机制,在编译时,Java 提示可能出现但未被处理的异常,帮助程序员正确地进行选择以防止系统崩溃。另外,Java 在编译时还可捕获类型声明中的许多常见错误,防止动态运行时不匹配等问题的出现。这些措施都保证了 Java 系统运行的可靠性。

5. 安全性

作为网络编程语言,安全是至关重要的。一方面,在语言功能上,由于 Java 不支持指针,消除了因指针操作带来的安全隐患;另一方面,Java 具有完备的安全结构和策略,代码在编译和运行过程中,被逐级检查,可以防止恶意程序和病毒的攻击,例如,编译器会查找出代码错误;编译之后生成字节码,通过字节码校验器,病毒代码将无所遁形,因此也有人称 Java 为"永远不会感染病毒的语言";在加载类时,还会通过类加载器进行校验(关于字节码、字节码校验器和类加载器,在后面"Java 的运行机制"一节中会详细讲述)。另外,对下载到本地的 Applet,使用"沙箱"严格地限制其访问本地资源的权限,降低了利用 Applet 非法访问本地资源的风险。"沙箱"会在后面"Applet 与多媒体"一章中讲述。

6. 平台独立与可移植性

互联网是由各种各样的计算机平台构成的,如果要保证应用程序在网络中任何计算机上都能正常运行,必须使程序具有平台无关性,即软件本身不受计算机硬件和操作系统的限制。Java 是一种"与平台无关"的编程语言,具体体现在"源代码级"和"中间代码级"两个方面。Java 的源文件是与平台无关的纯文本,而通过编译后生成的类文件(字节码文件)也与具体机器指令无关,通过 Java 虚拟机(JVM)可以在不同的平台上运行。Java 的基本数据类型在设计上不依赖于具体硬件,为程序的移植提供了方便。关于 Java 虚拟机(JVM),将在"Java 的体系结构"一节中详细讲述。

7. 解释执行

Java 是一种先编译后解释执行的编程语言,Java 源程序经过编译后生成被称作字节码(Byte Code)的二进制文件,JVM 的解释器解释执行字节码文件。解释器在执行字节码文件时,能对代码进行安全检查,以保证没有被修改的代码才能执行,提高了系统的安全性。另外,JVM 由 Sun

公司特别制作并在网络上实时更新,其运行效率远高于一般的解释性语言的解释器。

8. 多线程

多线程机制使程序代码能够并行执行,充分发挥了 CPU 的执行效率。程序设计者可以用不同的线程完成不同的子功能,极大地扩展了 Java 语言的功能。支持多线程机制是当今网络开发语言的最基本特性之一。

9. 动态性

Java 在设计上力求适合不断发展的环境。在类库中可以自由地加入新的方法和实例而不会影响用户程序的执行。Java 通过接口支持多重继承,使之比严格的类继承更灵活且易于扩展。Java 的类库是开放的,所有的程序员可以根据需要自行定义类库。

在本节涉及的概念有:平台、操作系统、编译和解释、编译器和解释器、高级语言、汇编语言、机器语言、目标语言、中间语言和 Java 虚拟机(JVM)。掌握这些概念对理解 Java 编程思想至关重要,当然,这里大部分概念都是很简单的。

1.1.3　Java 的体系结构

1. 了解 Java 的跨平台特性

什么是平台呢?对平台简单的理解是:计算机软件系统与计算机硬件的结合体。比如 IBM PC Windows 机(通常是指,硬件体系是 IBM PC 标准,而安装的操作系统是微软的 Windows)、Apple 公司的 Mac OS 等。

我们知道,不同种类的计算机有不同的机器语言(内码),因此为一种平台编写的代码不能在另一种平台上运行。

了解了平台和内码的关系之后,下面继续了解 Java 编程语言的地位。

众所周知,编程语言分为三类:机器语言、汇编语言和高级语言。

Java 语言是一种“先编译后解释”的高级语言,它的地位等同于 C、C++或 VB 等语言。从功能上来看,Java 也可以实现 C、C++或 VB 等语言的大部分功能,如控制台(Console)程序和 GUI(Graphics User Interface)程序等,只不过侧重点有所不同,Java 是基于 Web 开发的一种高级语言,它的“强项”体现在网络上。

下面再了解一下 Java 的编译和运行过程,如图 1-1 所示。

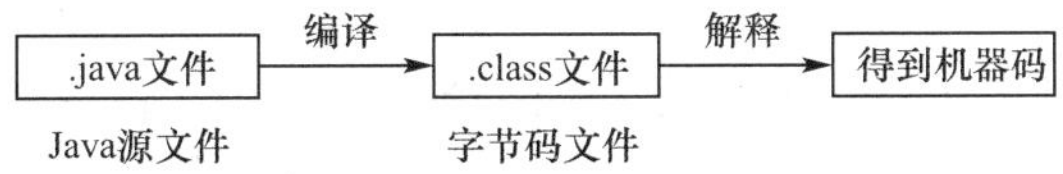

图 1-1　Java 编译和运行过程

Java 被设计成一种“先编译后解释”的语言,通过编译器在本地将源程序文件(扩展名为 .java)编译成字节码文件(扩展名为 .class),可以拷贝或通过网络传送到目的平台,然后通过目的平台的解释器(也可能是浏览器的解释器)来解释执行。

再来了解一下 Java 与 C 和 C++相比,在运行机制上有何不同。如图 1-2 所示。

为什么 Sun 公司要把 Java 设计成一种“先编译后解释”的语言呢?因为 Java 是基于“跨平台”的角度来设计的。比如,C 和 C++是编译型的语言,它们的特点就是“高效”,但是编译型的语言有个不可回避的缺陷,即不能“跨平台”。从图 1-3 所示的编译型语言的运行过程中可以看到为什么该类型的语言不能跨平台。

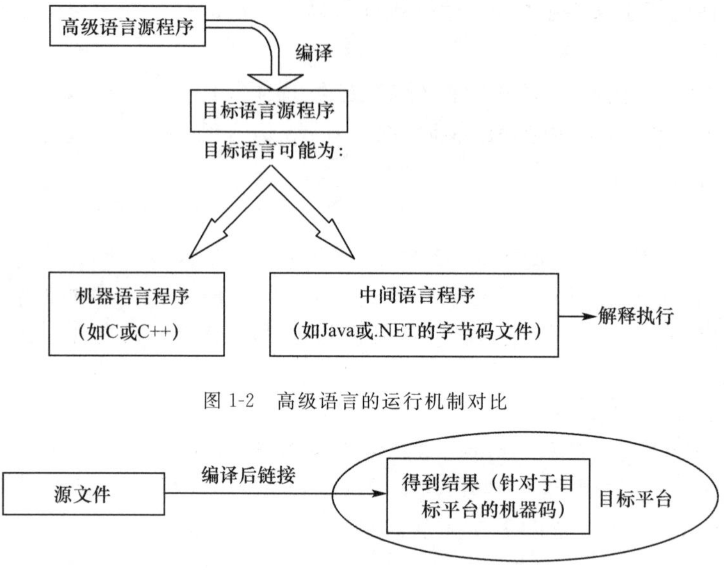

图 1-2 高级语言的运行机制对比

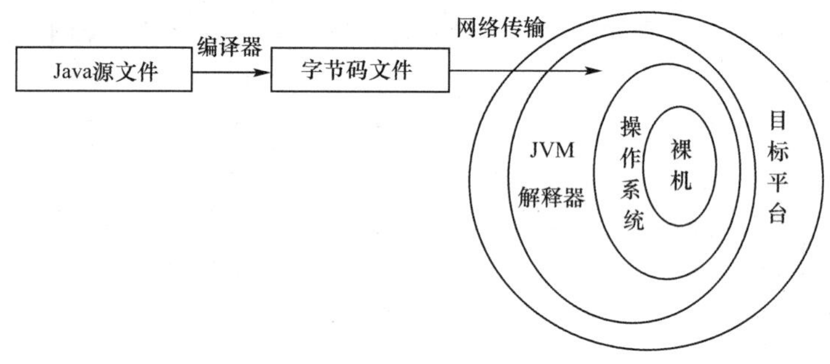

图 1-3 编译型语言的运行过程

编译型的语言在编译后为了能保证在目标平台上运行,直接生成了针对目标平台的机器码。也就是说,类似于 C 或 C++这样的语言在跨平台方面是有限制的。

那么 Java 是如何完成跨平台的呢? 如图 1-4 所示,Java 在运行过程的中间环节引入了解释器来帮助完成跨平台的效果。

Java源文件
编译器
字节码文件
网络传输
JVM
解释器
操作系统
裸机
目标平台

图 1-4 Java 语言的运行过程

下面介绍一个非常重要的概念:Java 虚拟机(Java Virtual Machine,JVM)。

JVM 是在计算机内部模拟运行的假想的计算机,可以是硬件或软件(通常为软件)。JVM 有自己独立的指令集系统(相当于计算机的 CPU、内存和寄存器等设备)。JVM 负责将 Java 字节码程序翻译成机器码,然后由计算机执行。

JVM 的主要功能如下:

(1)加载.class 文件。

(2)管理内存。

(3)执行垃圾收集。

在计算机执行 Java 程序时,需要 JVM 和核心类库的支持。Java 采用的方法是:在操作系统和硬件平台上模拟一种抽象化的计算机系统运行环境 JRE(Java Runtime Environment),而 JRE 包含了 JVM 和运行程序所需的系统核心类库。JVM 和 JRE 是随着 JDK(Java 开发工具包,Java Development Kit)的安装而建立起来的,JDK 1.8 的 Windows 64 位版本大约有

195 MB(关于 JRE 和 JDK,会在后面的小节中介绍)。

对 Java 语言而言,其源文件和字节码文件(中间码文件)都是与平台无关的,可以通过网络传输到任何一个网络平台中并可以被识别。然后通过目标平台本地的 JVM 解释执行。

阅读了以上的描述后,试着考虑:既然 Java 可以实现平台无关性,那么 JVM 是否与平台相关呢?

答案是:JVM 是与平台相关的。因为字节码是通过网络传输到目标计算机平台上再通过 JVM 运行的,而不同种类的计算机有不同的内码,由此可以推断出,每一个特定平台上应该有一个特定的 JVM,即 JVM 是与平台相关的。了解这个问题对我们学习后续的 Java 编程思想有十分重要的意义。

随之而来会有这样的疑问:如果 JVM 是与平台相关的,那么就意味着可能每个平台要运行 Java 程序都需要安装一个独特的 JVM,真的是这样的吗?那么如果平台中没有 JVM,是否为了运行 Java 程序要自行安装一个 JVM 呢?

确实如此。不过不用担心因为下载 JVM 而影响工作效率,JDK 虽然很大,但是如果只为了运行 Java 程序,本机中只要有 JRE 即可,只包含运行文件的 JVM 根据版本不同一般只有 1 MB～5 MB,对现在的网络下载速度而言,基本没有影响。

2. Java 程序的运行时环境(JRE)

前面介绍了 Java 虚拟机(JVM)的概念,JVM 的核心是解释器,而程序运行时需要 JRE。可以简单地把 JRE 理解成工作在操作系统之上的一个小型操作系统,它包含了运行在其上的 JVM(核心为解释器)以及本地平台的核心类库,如图 1-5 所示。

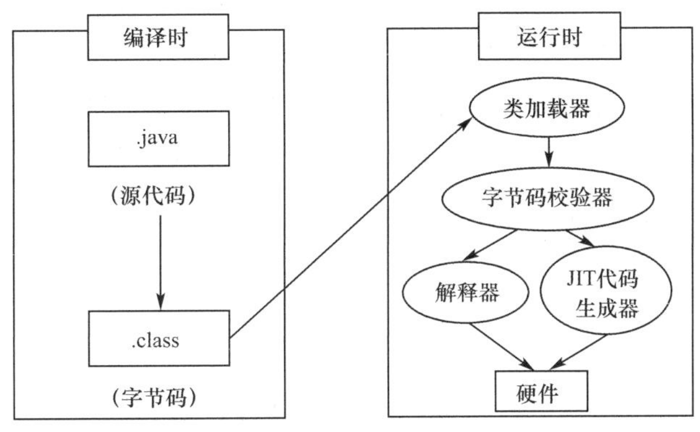

图 1-5　Java 运行时环境

下面详细描述一下 JRE 中各部件的作用。

(1)类加载器(Class Loader)

顾名思义,类加载器是用来加载 Class 文件的部件,同时针对跨网络的类,进行安全性检查。

(2)字节码校验器(Bytecode Verifier)

该部件基于代码规范,对语法、语义、对象类型转换和权限安全性访问进行检查。

(3)解释器(Interpreter)

解释器是 JVM 的核心部件,把字节码指令映射到本地平台的库和指令上,使之得以执行。

(4)JIT 代码生成器(Just In Time)

即时代码生成器,又称作“即时代码编译器”,是另外一种解释执行字节码的方法。

通常的解释器是逐行解释和运行,而编译器是对代码做全体编译后再链接执行,因此解释型语言的执行效率一般都低于编译型语言。为了提高运行效率,Java 另外提供了 JIT 运行方式,可以一次性解释完所有代码再运行机器码,而且曾经解释过的代码会进入缓存,如果下次再调用这部分代码,便从缓存中取出,这样就极大地提高了 Java 的运行效率。因为这种解释运行的方式类似于编译器,因此也称其为“JIT 即时编译器”。

JIT 如同一辆赛车中的引擎,是 JRE 的核心部件。

(5)API 类库

API 类库实现标准 Java 平台 API 的代码。

(6)硬件本地平台接口

该部件提供对底层系统平台资源库的调用接口。

3. 垃圾收集器(Garbage Collector)

许多语言都有在程序运行时动态分配内存空间的功能,当这部分内存空间不再使用时,程序应停止分配内存空间并将其回收。至于回收内存的意义自然是十分重要的,例如,一个聊天室,每个聊友与服务器都建立一个连接,即都需要占用一份服务器的内存,可以试想一下,对于离开聊天室的聊友,每天数以千计的连接所占用的内存不释放给系统,结果会怎样?

但是回收内存空间却不是件容易的事情,C 和 C++通常需要程序员自行编写代码回收动态内存空间,这不仅增加了程序员的负担,还容易造成系统问题。

Java 语言提供了一个自动进行内存管理的工具,称为垃圾收集器。垃圾收集器是一个系统级的线程,专用于对内存进行跟踪和回收。但因为垃圾收集器是一个优先级比较低的后台线程(Daemon Thread),所以只在系统有空闲时才会回收垃圾内存,而且,我们也无法判断垃圾收集器何时回收内存,以及要运行多长时间,这一切都是自动完成的,使得程序在运行时会出现不连贯的状态,在一定程度上降低了代码的运行效率,但这个代价还是值得的。

1.1.4 JDK 的目录结构

Java 开发环境的下载与安装

1. 什么是 JDK

JDK(Java Development Kit)即 Java 开发工具包,用于帮助程序员开发 Java 程序,包括类库、编译器、调试器和 Java 运行时环境(JRE)。

Sun 公司为各种主流平台(如 Windows、Solaris 和 Macintosh 等)制作了 JDK,我们可以从 http://www.oracle.com/technetwork/java/javase/downloads/index.html 下载 JDK 最新版。如下载的文件为 jdk-8u121-windows-x64.exe,则表示此 JDK 为 Java 8 第 121 次更新版,版本号为 1.8(内部版本号为 8.0),适用于 Windows 机的 64 位版本,若为 jdk-8u121-windows-i586.exe,则表示此 JDK 为适用于 Windows 机的 32 位版本。

2. JDK 的目录结构

下载并安装 JDK 后,假设安装的目录为 C:\Program Files\Java\jdk1.8.0_121,则其目录结构如图 1-6 所示。

在\Java\jdk1.8.0_121 目录下的各子目录功能如下:

（1）根目录

根目录包括版权、许可和 Readme 文件，还有构成 Java 核心 API 的所有类文件的归档文件 src. jar。

图 1-6　JDK 目录结构

（2）bin 目录

JDK 开发工具的可执行文件，包括编译器、解释器和调试器等。

（3）demo 目录

丰富的演示程序源代码。

（4）include 目录

支持 Java 本机接口（JNI）和 Java 虚拟机调试程序接口的 C 语言头文件。

（5）jre 目录

JRE（Java Runtime Environment）即 Java 运行时环境，包含了 JVM、运行时的类包和 Java 链接启动器，但是不包含编译器和调试器。jre 目录包含的部分子目录及文件如下：

①lib/jaw. jar：提供 Netscape 的 JavaScript 和 Security 类。

②lib/charsets. jar：字符转换类。

③lib/rt. jar：Java 基本类库（JFC）。

④lib/ext/：包含扩展的 jar 文件。

⑤bin/keytool：密码认证和管理工具。

另外，\jre\bin 目录下还包括 JWS（Java Web Start）的运行程序 javaws. exe。

（6）lib 目录

开发工具使用类的归档文件。其中有：

①tools. jar：包含支持 JDK 的工具和实用程序的非核心类。

②dt. jar：是 Swing 组件类 BeanInfo 文件的 DesignTime 归档。

注　意：

图 1-6 中 Java 目录下的 jre1. 8. 0_121 是 JRE 目录，并非 JDK 目录，这个目录中没有编译器和调试器，读者可以自行观察其他的区别。

1. 1. 5　Java API 结构

1. Java 的核心 API（Application Program Interface）

JDK 提供了一套标准的类库，这些类库被组织成许多包，每个包又可以包含其他的子包、类和接口，这样形成了树形结构的类层次图，如图 1-7 所示，其中包括核心包 java，扩展包 javax 和 org 等。

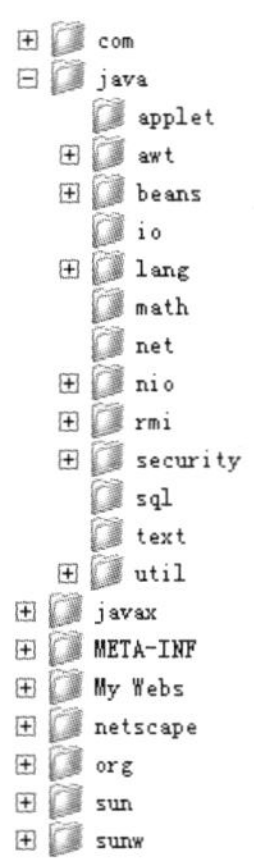

图 1-7　Java 核心 API 结构

下面简单介绍一些重要的包和类。

（1）java. lang 包

包含了 Java 语言的基本核心类，如 Object 类、Math 类、String 类、System 类、Integer 类和 Thread 类等。其中，Object 类是 Java 所有类的根类；Math 类提供了许多基本数学操作的静态方法（Static Method）。其他类后面会有详细描述，这里就不逐一介绍了。

（2）java. awt 包

存放 AWT（Abstract Window Toolkit，抽象窗口工具包）组件类。

(3)java. awt. event 包

awt 包的一个子包,存放用于事件处理的相关类和接口。

(4)java. applet 包

Java Applet 类的支持包。

(5)java. net 包

提供与网络操作功能相关的类和接口。

(6)java. io 包

提供处理输入、输出的类和接口。

(7)java. util 包

提供一些使用程序类和集合框架类,如随机数(Random)类、日期(Date)类和日历(Calendar)类以及用于数据结构的 Collection 类、Map 类、Set 类和 List 类等。

(8)javax. swing 包

Java 扩展包,用于存放 Swing 组件。

2. Java API Document

类似于微软的 MSDN,Sun 为 Java 制作的帮助系统就是 Java API Document,把包以目录树的形式存储,以超链接的形式访问。从 Java API Document 中可以查询一个类的层次图、成员变量和成员方法等信息。如图 1-8 所示是 JDK 1.8 的 API 文档界面。

为了方便使用,通常将从网站上下载的 Java API Document 放在 C:\Program Files\Java\jdk1. 8\docs\api\目录中,以供查阅和调用。也可以自行制作 Java API Document,其制作的方法将在实训教材的附录中介绍。最新的 API Document 下载网址为:http://www. oracle. com/technetwork/java/javase/documentation/jdk8-doc-downloads-2133158. html。

图 1-8 JDK 1. 4. 2 的 API 文档界面

想一想:

掌握这部分内容对学习后面的知识极其重要。很多初学者在学习 Java 伊始就陷入配置 Java 运行环境的泥潭,极大地影响了学习效率。还有的 Java 初学者在学习使用了一段时间的 IDE 工具后,仍不了解 Java 类库的作用和导入的方法,这都是基础不牢固所致。

所以,这部分内容是从最基础的“控制台(Console)运行 Java 程序”开始讲解,然后再描述 IDE 开发工具。根据笔者的经验,这样组织学习进程,将更有利于掌握 Java 运行的基本原理。

1.1.6　Java开发环境及工具

1. JDK开发包的工具

在JDK的bin目录下有几十个工具，如：

(1)javac. exe:Java语言的编译器。

(2)java. exe:解释链接程序。

(3)javadoc. exe:Java文档生成器。

(4)appletviewer. exe:小应用程序浏览器。

(5)jar. exe:Jar Archive归档工具，可以把类包和其他资源压缩成jar文件。

(6)jdb. exe:单步调试工具。

(7)javap. exe:类文件反编译器。

(8)jarsigner. exe:制作签名的工具。

(9)policytool. exe:图形化的策略文件管理工具。

我们后面只重点介绍现阶段要使用的几个。

2. 开发工具软件

前面讲到Java的开发文件分为两个级别，分别是Java源文件(. java文件)和Java类文件(. class文件)。而开发工具可以分为文本编辑器、IDE工具和可视化的IDE开发工具。它们的功能强弱有所区别，对这两个级别的文件的支持程度也不相同。

Java源文件是文本文件，可以使用任意一种文本编辑器进行编辑，如Windows记事本、写字板或通用文本编辑器(Editplus或UltraEdit等)，推荐使用Editplus，因为记事本功能太弱，而写字板或Word可能存在不可见字符，会对源代码造成影响。Editplus功能强大，且界面美观(这一优点甚至比后面要讲到的JCreator还要好)。

也可以考虑使用像JCreator这样的Java IDE工具。它们是专门为Java设计的，可以在集成的环境下完成Java工程的建立、编辑、编译和运行，十分方便。但JCreator虽然功能强大，却不具备反编译功能(无法把class代码转换为java源代码)，如果想要反编译class代码，可以使用可视化的IDE开发工具或javap工具。

现阶段，开发Java的可视化IDE工具有很多，相对比较出色的有Borland公司的JBuilder、IBM公司的Visual Age for Java和Eclipse等。如果要制作GUI客户端应用程序推荐选用JBuilder，它是Borland公司的力作，且JBuilder图形界面设计功能完善。当然，Eclipse仍是开发Java应用的首选，它是替代Visual Age for Java的下一代IDE开发环境，其目标不仅仅是成为专门开发Java程序的IDE工具，根据Eclipse的体系结构，通过添加插件，它能扩展到任何语言的开发，Eclipse是一个开放源代码的项目，任何人都可以下载Eclipse的源代码，并且在此基础上开发自己的功能插件，它的速度更快，可扩展性更强，几乎可以用于软件开发的任何一个领域，包括Java EE和Java移动开发，所以用Eclipse作为Java开发工具是一个不错的选择。

3. 开发环境设置

在编译和运行Java程序之前，首先要安装JDK，编辑好源文件，更重要的一步是配置环境变量，目的是在控制台上能够保证识别源文件和类库，以及运行Java的编译和运行工具。

需要配置的环境变量至少有如下两条：

(1)path变量。

(2)classpath变量。

配置方法：以 Windows 10 系统上安装 JDK 1.8 为例，假设安装目录为：C:\Program Files\Java\jdk1.8.0_121)。打开“计算机”属性，选择“高级系统设置”，选择“高级”选项卡，然后单击【环境变量】按钮，在打开的对话框中选择“系统变量”中的相应变量，然后单击【编辑】按钮，在打开的“编辑系统变量”对话框的“变量值”字符串末尾加入分号，再加入相应的值，如图 1-9 所示。

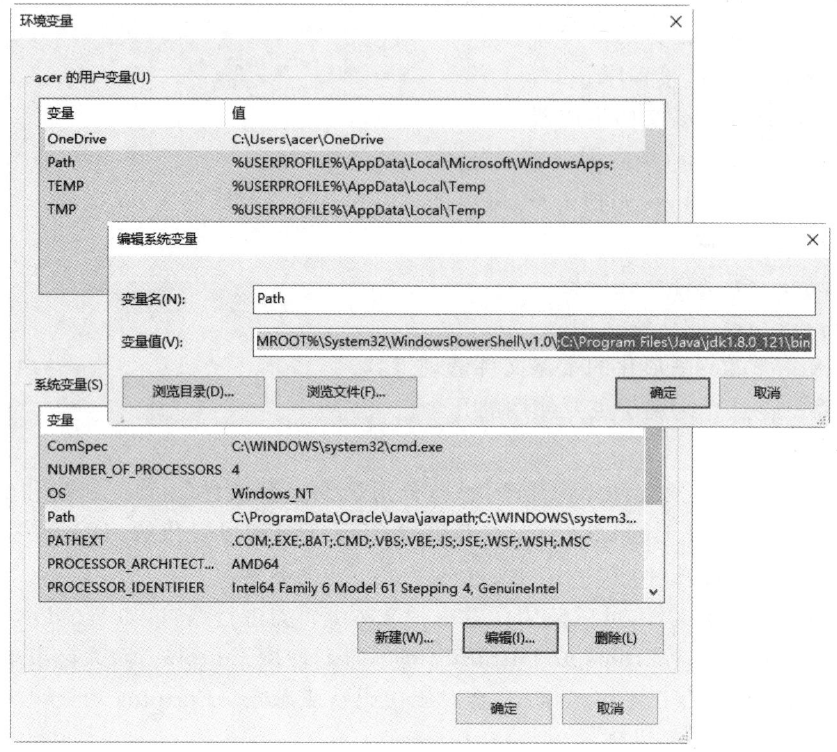

图 1-9　环境变量配置界面

具体内容如下：

(1)配置 path 变量值

C:\Program Files\Java\jdk1.8.0_121\bin

(2)配置 classpath 变量值

.;C:\Program Files\Java\jdk1.8.0_121\lib;C:\Program Files\Java\jdk1.8.0_121\jre\lib;……

也可以指明要引用的类库，如：

.;C:\Program Files\Java\jdk1.8.0_121\lib\tools.jar;C:\Program Files\Java\jdk1.8.0_121\lib\dt.jar;C:\Program Files\Java\jdk1.8.0_121\jre\lib\rt.jar;……

如图 1-10 所示。

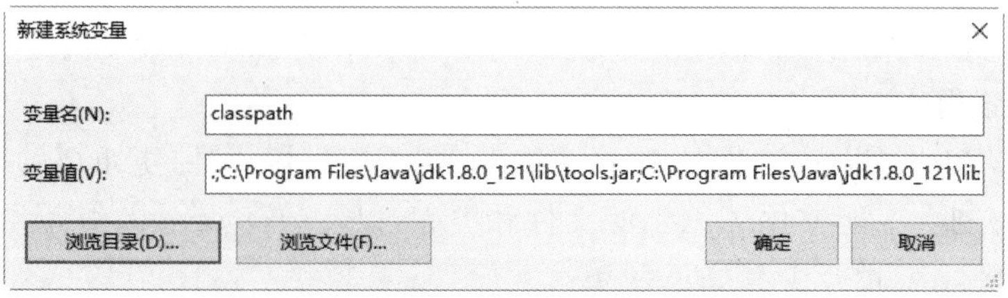

新建系统变量
变量名(N):　classpath
变量值(V):　.;C:\Program Files\Java\jdk1.8.0_121\lib\tools.jar;C:\Program Files\Java\jdk1.8.0_121\lib
浏览目录(D)...　浏览文件(F)...　确定　取消

图 1-10　classpath 变量的配置

注　意：

(1)不要删除以前的环境变量值，应该用分号“;”将各个变量字符串值隔开。

(2)如果在“环境变量”窗口中没有 classpath 变量，可以单击【新建】按钮新建一个。

(3)不要忘记 classpath 变量字符串值前面的句点“.”，这个句点至关重要。这个特点是从 UNIX 系统继承而来的，它表示从当前目录开始扫描，少了它，类库就无法使用。

(4)在 Windows 2000、Windows XP、Windows 7 等系统中配置环境变量的方法都类似，因此就不另做介绍了。

1.2 Java 基本应用

1.2.1 Java 程序结构

Java 源代码的完整结构如下：

package 语句	包定义语句，最多一个，放在源文件的开头，指明当前文件所处的包
import 语句	导入包语句，可以有多个，放在 package 语句之后、类定义之前，用于向当前文件中导入类
public class 定义	公有类定义，最多一个，位置任意，但必须放在 package 和 import 语句之后，如果源文件中有公有类，则文件名必须与公有类名一致
class 定义	普通类定义，可以有多个，位置任意，但必须放在 package 和 import 语句之后
interface 定义	接口定义，可以有多个，位置任意，但必须放在 package 和 import 语句之后

在 Java 源文件的任何位置都可以加入注释。Java 的注释分为以下三种：

(1)单行注释：使用“//”注释语句。

(2)多行注释：使用“/ * …… * /”注释语句。

(3)Javadoc 注释：使用“/ * * …… * /”注释语句，其中注释的内容可以使用 javadoc 工具生成 API 文档(javadoc 工具的使用请参看实训教材附录部分)。

Java 程序的结构模型(文件名为 MyApp. java)如下：

```
package mypackage;
import java. awt. *;
import java. awt. event. *;
……                                //其他 import 语句
public class MyApp{ …}            //类的属性成员和方法成员
class Calculate{…}
class Display{…}
……                                //其他类定义语句
interface Employee{…}
```

1.2.2　Java Application

使用 JDK 开发 Java Application

Java 的基础应用中包含两种类型的应用，一种是 Java Application，称为 Java 应用程序；另一种是 Java Applet，称为 Java 小应用程序。

Java Application 以 main()方法作为程序入口，由 Java 解释器解释执行，用以实现控制台或 GUI 方面的应用。

Java Applet 没有 main()方法，但是有 init()和 paint()等方法，由浏览器解释执行，主要用于在网页上显示动画等功能，是 Java 语言在 B/S 客户端编程的主要应用。

1. Application 程序结构

例 1-1　Hello world 应用程序。

MyApplication.java 程序代码

```
public class MyApplication{
    public static void main(String args[])
    {
        System.out.println("Hello world!");
    }
}
```

2. 运行方法

步骤一：使用文本编辑器编辑此源文件，并将文件命名为 MyApplication.java。

步骤二：配置 path 和 classpath 环境变量。

步骤三：编译文件。启动控制台，进入源文件所在目录，在 DOS 提示符下输入命令“javac MyApplication.java”将编译成字节码文件 MyApplication.class。

步骤四：解释执行。在 DOS 提示符下输入命令“java MyApplication”会得到显示信息：“Hello world!”。

1.2.3　Java Applet

微课

使用 JDK 开发 Java Applet

1. Applet 程序结构

例 1-2　简单的 Applet 程序。

MyApplet.java 程序代码

```
import java.applet.*;
import java.awt.*;
public class MyApplet extends Applet
{
    public void paint(Graphics g)
    {
        g.drawString("Hello,I am Applet!",10,20);
    }
}
```

2. 运行方法

步骤一：使用文本编辑器编辑此源文件，并将文件命名为MyApplet.java。

步骤二：配置path和classpath环境变量。

步骤三：编译文件。启动控制台，进入源文件所在目录，在DOS提示符下输入命令"javac MyApplet.java"将编译成字节码文件MyApplet.class。

步骤四：解释运行Applet。运行Applet有两种方法，可以在浏览器中解释运行，或由JDK提供的AppletViewer.exe工具运行。

(1)浏览器中解释执行，方法如下：

因为Applet是在浏览器中作为HTML文件的一部分来运行的，所以需要一个包含它的HTML文件，格式为：

```
<HTML>
    <applet code="MyApplet.class" width=300 height=200>
    </applet>
</HTML>
```

用文本编辑器编辑该代码段，将文件存盘到字节码文件所在的目录中，可任意命名，假设为my.html，然后运行my.html，就会在浏览器中看到显示信息："Hello,I am Applet!"。

(2)使用AppletViewer.exe工具运行Applet程序，方法如下：

AppletViewer.exe工具在JDK安装目录下的bin目录中，运行格式为：

DOS提示符> appletviewer my.html

运行后将在AppletViewer工具窗口中显示结果。因为JDK类库时常更新，所以不能保证旧版本浏览器中的JVM能准确地解释最新类库制作的Java Applet程序。但AppletViewer工具随Sun官方提供的JDK版本更新，因此能保证支持运行。

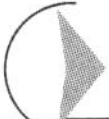

本章小结

本章是Java课程的起始章节，涉及的概念很多，有些读者可能会有无所适从的感觉。笔者想说的是："这是每个初学者必须经历的！"。当我们随着学习的进程深入Java技术的时候，这些概念都会迎刃而解，现在我们只需要了解它们即可。

本章讲述的内容总结如下：

- Java是一种跨平台的、纯面向对象的编程语言。
- Java主要应用在Web的开发中。
- Java在客户端的应用主要包括两类程序：应用程序(Application)和小应用程序(Applet)。
- Java是先编译后解释执行的语言。

本章的重点是Java跨平台特性的实现，所以书中用了很大的篇幅讲述这个问题。

需要注意区别JDK、JRE和JVM，简单地说，JDK包含了JRE，而JRE包含了JVM。

本章的难点是Java运行环境的配置，建议读者自行动手将例1-1和例1-2在自己的计算机中调试运行出来。

在本章中并没有详细介绍Java开发工具(如JCreator)的使用，大家可以翻阅实训教材附录部分，其中有详细的讲解。学习Java需要一些初级的知识基础，如C或C++编程思想、DOS命令和HTML语法等，如果以前未学过这些内容，建议抽出一些时间稍做补习，这将对理解后续的课程有很大帮助。

探究式任务

1. 课堂上保存的工程如何再次导入 Eclipse?

2. 听过 IntelliJ IDEA 开发环境吗，通过网络了解一下？

习 题

一、选择题

1. 下面工具中(　　)是 JDK 中提供的编译工具。

A. javac　　B. javap　　C. java　　D. jar

2. 下面(　　)不是 Java 的有效注释。

A. //this is a comment　　B. /* * this is a comment */

C. /* this is a comment */　　D. */this is a comment/*

3. 下面(　　)是 Java 虚拟机的缩写。

A. JDK　　B. JRE　　C. JVM　　D. JAR

4. 下面的(　　)文件类型可以在多个平台上被识别。

A. doc　　B. java　　C. class　　D. exe

二、论述题

简述编辑、编译和运行 Java Application 的全过程。

三、课程思政题

课程思政：

编程解决：使用 Java 程序输出信息。

思政目标：提高综合职业素养。

将“2020 年 10 月中共中央十九中全会通过国家第 14 个五年规划和 2035 年远景目标!”这句话通过 Application 和 Applet 显示出来。

第2章 Java数据类型

知识目标

在本章，我们将要：

- 学习变量作用域示例
- 学习常量的分类与使用示例
- 学习数据类型的转换与包装类的示例

技能目标

在本章，我们可以：

- 掌握 Java 数据类型的分类
- 了解变量与常量的定义和区别
- 学会数据类型的转换规则
- 了解包装类的作用并能正确应用

素质目标

- 培养自学方法与习惯，具备主动探究能力；培养良好的团队合作意识；具备编写代码规范性等项目开发的相关职业素养。了解国家远景目标，提高综合职业素养。

2.1 Java 数据类型的分类

Java 语言的数据类型分为基本类型(primitive)和引用类型(reference)两大类。其中，基本类型包括 8 种，该类型的数据不能修改；引用类型包括 3 种，可以由简单的数据类型组合而成(如数组)，也可以根据需要自行定义(如继承类和接口)。见表 2-1。

表 2-1 Java 数据类型

<table>
<tr><td rowspan="8">基本类型
(primitive)</td><td colspan="2">布尔型(boolean)</td></tr>
<tr><td colspan="2">字符型(char)</td></tr>
<tr><td rowspan="4">整数类型</td><td>字节型(byte)</td></tr>
<tr><td>短整型(short)</td></tr>
<tr><td>整型(int)</td></tr>
<tr><td>长整型(long)</td></tr>
<tr><td rowspan="2">浮点类型</td><td>浮点型(float)</td></tr>
<tr><td>双精度型(double)</td></tr>
<tr><td rowspan="3">引用类型
(reference)</td><td colspan="2">类(class)</td></tr>
<tr><td colspan="2">接口(interface)</td></tr>
<tr><td colspan="2">数组(array)</td></tr>
</table>

各种数据类型的取值范围和所占用的内存空间见表 2-2。

表 2-2　　数据类型的取值范围

数据类型	所占空间/B	取值范围
布尔型(boolean)	1	false 或 true
字节型(byte)	1	−128～127
字符型(char)	2	'\u0000'～'\uFFFF'
短整型(short)	2	-2^{15}～$(2^{15}-1)$
整型(int)	4	-2^{31}～$(2^{31}-1)$
长整型(long)	8	-2^{63}～$(2^{63}-1)$
浮点型(float)	4	$-3.4e^{38}$～$3.4e^{38}$
双精度型(double)	8	$-1.7e^{308}$～$1.7e^{308}$

注　意：

(1)Java 中的字符串不再是字符数组，而是对象。String 和 StringBuffer 都可以用来表示字符串。

(2)JDK 1.5 之前，Java 不支持 C++ 中的指针、结构体、联合和枚举等类型。JDK 1.5 之后，有些数据类型获得新的支持，本书中未涉及。

(3)Java 中所有的数据类型长度都是确定的，与平台无关，这与 C 语言不同，因此 Java 中没有 sizeof 操作符。

2.2　变量和常量

1. 变量是在程序执行期间可根据需要经常变化的值，可以为每个变量指定名称以便编译器可唯一标识。

变量具有三个特性：

(1)名称：标识符。

(2)初始值：为其赋值或者是保留缺省值。

(3)作用域：在不同程序块中的可用性及生命周期。

2. 常量是程序执行期间不能被修改的值，分为常数和常变量。常变量需要先定义并赋值后使用。

(1)常数：如 true，false，10，3.14159，'a'，"tom"等。

(2)常变量：如定义常变量圆周率 PI，final double PI=3.14159。

2.2.1　标识符

标识符(Identifier)是对变量、方法、类和对象的命名标志，在 Java 中，标识符的命名规则如下：

(1)只能由字母、数字、下划线“_”或美元符“$”组成，且不能是关键字。

(2)首字符不能是数字。

(3)大小写敏感。

(4)没有长度限制。

Java 中采用的是 Unicode 字符集，而不是 Windows 系统中的 ASCII 字符集。ASCII 是 8

位的字符集，有 128 个字符和 256 个字符两种大小的码表，而 Unicode 字符集中每个字符均用 16 位表示，整个字符集共有 65536 个字符，包含了汉字、日文和朝鲜文等多国文字符号，且兼容 ASCII 字符集，因此 Java 中“字母”的含义要广泛得多，包括英文字母和国际语言中的任何一个字母。类似地，“数字”包括 0～9 和国际语言中的任何一个数字。

下面举例说明 Java 语言中标识符的使用规则。

(1)合法的标识符：char a_3;
float _var3;
double $money;

(2)不合法的标识符：int 3a;　　　(不能以数字开头)
char a-3;　　　(下划线“_”可以，但横线“-”不可以做标识符字符)
String name&;　(有非法字符)
int int;　　　(不能是关键字)

2.2.2　关键字

Java 语言本身保留了一些特殊的标识符，称为保留字(Reserved Word)或关键字(Key Word)，关键字有着特定的语法含义，它们不允许作为程序中定义的类、方法或变量的标识符。Java 中的关键字都用小写字母表示。表 2-3 列出了 Java 语言中使用的关键字。

表 2-3　Java 关键字

原始数据类型关键字	分支关键字	异常处理关键字	字面值常量关键字
byte short int long float double char boolean	if else switch case default break	try catch finally throw throws	false true null **方法相关关键字** return void
循环关键字	**方法、变量和类修饰符关键字**	**对象相关关键字**	**包相关关键字**
do while for break continue	private public protected final static abstract synchronized volatile strictfp	new extends implements class instanceof this super	package import

注　意：

(1)Java 中 true、false 和 null 都是小写的，这与 C/C++不同。

(2)Java 中一些从其他语言继承而来的关键字虽然存在，但已经不再使用(如 const，goto 等)，也称为保留字，没有在表中列出。

2.2.3 变 量

变量定义格式如下：

[＜访问修饰符＞][＜存储修饰符＞] ＜数据类型＞ ＜变量名＞[=初始值]；

其中，方括号表示可选项，尖括号表示必选项，＜变量名＞要符合前面提到的标识符命名规则。

举例：public static final int NUM=10；

说明：public 属于访问修饰符，static 和 final 都属于存储修饰符。

变量可分为全局变量和局部变量。变量的分类取决于作用域，全局变量指具有类块作用域的类成员变量，局部变量指具有方法块作用域的变量。局部变量必须初始化或赋值，否则不能使用；而全局变量的默认初始值为该变量数据类型的默认值，见表 2-4。

表 2-4 类成员变量的默认值

类成员变量的数据类型	默认值
布尔型(boolean)	false
整型(int)	0
浮点型(float)	0.0
字符型(char)	'\u0000'

关于类成员变量及其作用域的概念，将在后面“面向对象特性”的章节中详述，这里先举个简单的例子说明类成员变量的默认值的意义。

例 2-1 变量的作用域。

行号 Var.java 程序代码

```
1  public class Var
2  {
3      static int a;//类的成员变量，是全局变量，作用域在类 Var 的花括号之间
4      public static void main(String[] args)
5      {
6          int a=10;     //局部变量，作用域在 main()方法的花括号之间
7          System.out.println("a="+a);    //输出 a 的值
8      }
9  }
```

【运行结果】

a=10；

【代码说明】

当作用域重合时，局部变量将覆盖全局变量。

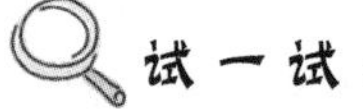
试一试：

(1)如果第 6 行中的 a 不设初始值会怎样？

答案：编译时会有错误提示“variable a might not have been initialized”（变量没有初始化）。

(2)如果去掉第 6 行的代码又会输出什么？

答案：a=0，因为类成员变量有默认值。

2.2.4 常　量

Java 中的常量分为常数和常变量，通常所说的常量特指常数（又叫“字面量”）。常变量是由 final 关键字修饰的变量，其实是变量的一种形式。

1. 整型常量

整型（泛整型）常量包括 byte、short、int 和 long 型四种。其中，long 型常量在数字后加字母 l 或 L，如 789L。

Java 的整型常量按进制分为三种形式：

(1)十进制数：如 123，－456，0。

(2)八进制数：以数字 0 开头，如 0123 表示十进制数 83。

下面的形式是错误的：079，因为 9 不在八进制的基数范围内。

(3)十六进制数：以数字 0 和字母 x（或 X）开头，如 0x1F2D 表示十进制数 7981。

二进制数与十进制数的转换规则如下：

①将二进制数 $11011.101_{(2)}$ 转换为十进制数

转换规则：各个数位上的数字乘以对应数位的位权，再相加即可。

$$
\begin{aligned}
11011.101_{(2)} &= 1\times 2^4+1\times 2^3+0\times 2^2+1\times 2^1+1\times 2^0+1\times 2^{-1}+0\times 2^{-2}+1\times 2^{-3} \\
&= 16+8+2+1+0.5+0.125 \\
&= 27.625_{(10)}
\end{aligned}
$$

②十进制数转换为二进制数

转换规则：整数部分“除 2 取余反读法”。

将十进制数 $29_{(10)}$ 转换为二进制数。

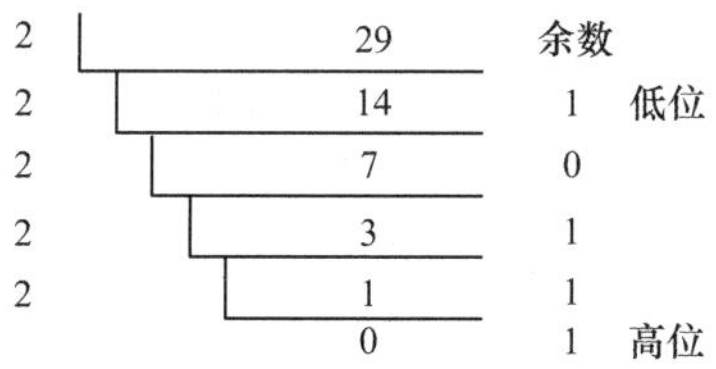

$29_{(10)} = 11101_{(2)}$

Java 在简单数据类型对应的包装类中提供了四个常值变量用来表示整型的最大值和最小值，见表 2-5（“包装类”的概念请参看本章的第 4 节）。

表 2-5　Java 包装类中整型常量的最大值和最小值的静态常量表示

	int 型	long 型
最大值	Integer. MAX_VALUE	Long. MAX_VALUE
最小值	Integer. MIN_VALUE	Long. MIN_VALUE

例如，Integer. MAX_VALUE 代表 $2^{31}-1$。

看一看：

JDK 7 提供的字面量新特性

从 JDK 7 开始，可以用二进制数来表示整数(包括 byte、short、int 和 long 型)。使用二进制字面量的好处是，可以使代码更容易被理解，语法非常简单，只要在二进制数值前面加 0b 或者 0B 即可。例如，整型数 3 可以表示为：

int num=0b0011;

数字字面量可以出现下划线，以利于阅读一些比较大的数字，例如：

int num=0b1100_1000_0011_1010;

2. 浮点型(实型)常量

Java 的实型常量有 float 和 double 两类，表示形式也有两种，其中默认实型常数为 double 型，即 3.14 相当于 3.14d 或 3.14D。如果要表示 float 型，要在数字后加 f 或 F，如 23.4F。

(1)十进制数表示形式：314.15。

(2)科学记数法表示形式：3.1415e2，其中 e 或 E 之前必须有数字，且后面的指数必须为整数。

Java 在简单数据类型的包装类中也提供了几个常值变量用来表示实型的最大值和最小值，见表 2-6。

表 2-6　Java 包装类中实型常量的静态常量表示

	float	double
最大值	Float.MAX_VALUE	Double.MAX_VALUE
最小值	Float.MIN_VALUE	Double.MIN_VALUE
正无穷大	Float.POSITIVE_INFINITY	Double.POSITIVE_INFINITY
负无穷大	Float.NEGATIVE_INFINITY	Double.NEGATIVE_INFINITY
0d/0D	Float.NaN	Double.NaN

Float.NaN 为 Not-a-Number 的缩写，表示非数字值。

3. 字符型常量

Java 中的字符为双字节字符，用 16 位无符号数表示，如 0x0061 表示'a'。字符常量都是用单引号括起来的单个字符，而不是使用双引号。双引号还可以表示字符串，如'a'和"a"虽然可以用来代表同一个字符，但"a"表示包含了一个字符的字符串，两者含义不同。某些不能使用引号括起来直接表示的字符，可以使用转义字符'\'或"\"来实现，如用"\'"来代表单引号(')本身。此外，还可以后跟 1～3 位八进制数，或加 u 再跟 4 位十六进制数来表示一个字符常量，如"\141"和"\u0061"都代表字符'a'，见表 2-7。

表 2-7　Java 的转义字符

转义字符	描　述
\ddd	1～3 位八进制数表示的字符
\uxxxx	4 位十六进制数表示的字符
\'	单引号
\"	双引号
\\	反斜线

（续表）

转义字符	描　述
\r	回车
\n	换行
\b	退格
\t	制表位

注　意：

Sun 公司为 Java 制定了代码编写规范，对常量、变量的代码书写有明确要求：

(1)除局部变量名外，所有实例变量(包括类变量和类常量)，均采用大小写混合的方式，第一个单词的首字母小写，其后单词的首字母大写。变量名应简短且富于描述。变量名的选用应该易于记忆，即能够指出其用途。

(2)尽量避免使用单个字符的变量名(如 a、b、i 等)，除非是一次性的临时变量。

(3)实例变量前面需要一个下划线，以示与其他变量相区分。

(4)常量的声明应该全部大写，单词间用下划线隔开。

为了养成良好的编程习惯，推荐大家按照规范书写。但为了使例子更加短小精悍，在书中的一些示例暂不按规范书写。具体的代码书写规范请参看实训教材的附录部分。

注　意：

(1)Java 中的布尔值和数字之间不能相互转换，即布尔值不对应零或非零。

(2)布尔型数据只有两个值，即 true 和 false。

2.2.5　综合示例

例 2-2　常量与变量。

行号	VarDemo.java 程序代码

```
public class VarDemo{
    public static void main(String[] args) {
        System.out.println("***变量赋值与显示***");
        boolean bool=true;
        byte b=2;
        short s=3;
        char ch='a';
        int i=4;
        long l=5;
        float f=3.14f;
        double d=3.14;
        System.out.println("bool="+bool);
        System.out.println("b="+b);
        System.out.println("s="+s);
        System.out.println("ch="+ch);
```

```
            System.out.println("i="+i);
            System.out.println("l="+l);
            System.out.println("f="+f);
            System.out.println("d="+d);
            System.out.println("* * *字符常量显示* * *");
            System.out.println("短整型常量:"+067);
            System.out.println("长整型常量:"+0x3a4FL);
            System.out.println("八进制字符常量:"+'\141');
            System.out.println("十六进制字符常量:"+'\u0061');
            System.out.println("浮点型常量:"+3.14F);
            System.out.println("双精度常量:"+3.14);
            System.out.println("* * *非数字常量显示* * *");
            System.out.println("非数字常量:"+0d/0D);
            System.out.println("* * *常变量赋初值* * *");
            final float f2=9f;
            System.out.println("常变量:"+f2);
        }
    }
```

【运行结果】

```
* * *变量赋值与显示* * *
bool=true
b=2
s=3
ch=a
i=4
l=5
f=3.14
d=3.14
* * *字符常量显示* * *
短整型常量:55
长整型常量:14927
八进制字符常量:a
十六进制字符常量:a
浮点型常量:3.14
双精度常量:3.14
* * *非数字常量显示* * *
非数字常量:NaN
* * *常变量赋初值* * *
常变量:9.0
```

2.3 数据类型的转换

Java 中的各种数据类型可以混合运算。运算中,不同类型的数据要先转化为某种指定的数据类型,然后再进行运算。转换的方式分为两种:自然转换和强制转换。

2.3.1　自然转换

自然转换各数据类型的转换顺序为 byte → short → char → int → long → float → double(由低到高)。

转换规则见表 2-8。

表 2-8　　自然转换规则

操作数 1 的数据类型	操作数 2 的数据类型	自然转换后的数据类型
byte 或 short	int	int
byte、short 或 int	long	long
byte、short、int 或 long	float	float
byte、short、int、long 或 float	double	double
char	int	int

解释:

(1)精度不同的两种类型的数据进行混合运算时,低精度数据类型将自动转换为相应的高精度数据类型。例如,如果操作数为浮点型,那么只要其中一个为 double 型,结果就是 double 型;如果两个操作数都为 float 型或其中一个是 float 型而另一个是泛整型,结果就是 float 型;如果操作数为泛整型,只要其中一个是 long 型,结果就是 long 型。

(2)低于 int 型的数据(如 byte、short 和 char 等)之间进行混合运算时,自然转换为 int 型数据。

例 2-3　数据类型的自然转换。

行号	TransferType.java

```
public class TransferType{
    public static void main(String[] args){
        byte b=1;
        short s=2;
        char ch='a';
        long l1=3L;
        float f1=1.23F;
        double d1=4.56D;
        int i=b+s+ch;
        long l2=i-l1;
        float f2=b+f1;
        double d2=d1/s;
        System.out.println("i="+i);
        System.out.println("l2="+l2);
        System.out.println("f2="+f2);
        System.out.println("d2="+d2);
    }
}
```

【运行结果】

```
i=100
l2=97
f2=2.23
d2=2.28
```

2.3.2 强制转换

如果高精度数据类型向低精度数据类型转换，就需要使用强制类型转换运算符“(数据类型)”。若强制转换会造成精度丢失，最好不要使用。

示例：

```
int a;
a=(int)3.64d;    //强制转换后，a 的值为 3
```

使用包装类完成数据类型转换

2.4 包装类

为了改善 Java 简单数据类型的功能(比如数字类型与字符串类型之间的相互转换，或者获得基本数据类型的信息)，Sun 为 Java 类库引入了包装类(Wrapper Class)。

在 Java 中每种简单数据类型都对应一种包装类，见表 2-9。

表 2-9　基本数据类型与对应的包装类

基本数据类型(Primitive Data Type)	包装类(Wrapper Class)
boolean	Boolean
byte	Byte
short	Short
char	Character
int	Integer
long	Long
float	Float
double	Double

前面已经了解到了如何通过包装类 Integer 的静态字符常量 MAX_VALUE 来代表整型数的上限 $2^{31}-1$(见整型常量部分内容)，下面了解一下包装类的其他应用。

例 2-4　包装类的特殊常量。

行号　　FinalVarDemo.java

```
public class FinalVarDemo{
    public static void main(String[] args){
        //输出 int 型取值范围中的最大值
        System.out.println("Integer.MAX_VALUE="+Integer.MAX_VALUE);
        //输出 int 型取值范围中的最小值
        System.out.println("Integer.MIN_VALUE="+Integer.MIN_VALUE);
        //输出 double 型取值范围中的最大值
        System.out.println("Double.MAX_VALUE="+Double.MAX_VALUE);
        //输出 double 型取值范围中的最小值
```

```
        System.out.println("Double.MIN_VALUE="+Double.MIN_VALUE);
        //输出 float 型正无穷大值，即 Infinity
        System.out.println("Float.POSITIVE_INFINITY="+Float.POSITIVE_INFINITY);
        //输出 float 型负无穷大值，即－Infinity
        System.out.println("Float.NEGATIVE_INFINITY="+Float.NEGATIVE_INFINITY);
        //输出 float 型非法数字值，也可以由 0f/0F 得到
        System.out.println("Float.NaN="+Float.NaN);
        //输出 double 型非法数字值，也可以由 0d/0D 得到
        System.out.println("Double.NaN="+Double.NaN);
    }
}
```

【运行结果】

```
Integer.MAX_VALUE=2147483647
Integer.MIN_VALUE=-2147483648
Double.MAX_VALUE=1.7976931348623157E308
Double.MIN_VALUE=4.9E-324
Float.POSITIVE_INFINITY=Infinity
Float.NEGATIVE_INFINITY=-Infinity
Float.NaN=NaN
Double.NaN=NaN
```

例 2-5　包装类功能。

行号　**ArgsDemo.java**

```
class ArgsDemo{
    public static void main(String args[]){
        Integer num1=new Integer ("3");
        Integer num2=new Integer("4");
        int product=num1.intValue() * num2.intValue(); //intValue()是 Integer 类的静态方法，用于从包装类的实例中获取基本数据值
        System.out.println(product);
    }
}
```

【运行结果】

```
12
```

包装类的一项重要功能就是基本数据类型与字符串之间的转换。考虑到没有 OOP 基础的读者的学习进度，这部分内容将在后面的章节中详细讲述。

下面只讨论 String 型的控制台参数向 int 型数据的转换，以方便后面的学习。控制台参数是用户控制程序的句柄，以字符串数组的形式作为主方法的参数，在解释执行时在控制台输入并赋值。

例 2-6 控制台输入两个加数，并求和。

行号 **ArgDemo. java**

```
1   public class ArgDemo{
2       public static void main(String[] args){
3           int sum=0;
4           sum=Integer. parseInt(args[0])+Integer. parseInt(args[1]);
5           System. out. println("和为:"+sum);
6       }
7   }
```

运行方法：编译后，在控制台中输入两个数字作为加数，格式如下：

>java ArgDemo 3 5

【运行结果】

和为:8

【代码说明】

(1)主方法的参数 args 是一个字符串类型的可变数组，即它的大小是不定的。

(2)控制台中执行命令“java ArgDemo 3 5”，输入了两个参数(中间以空格隔开)。

(3)因为数组 args 的成员是 String 型的，所以需要 Integer. parseInt(args[数组下标])来转换它们，其中 parseInt()方法是 Integer 类的一个静态方法，用于把字符串型的数据转换成 int 型数据。

2.5 C 语言风格化的输出

例 2-7 改造例 2-6 的控制台输出效果。

要求控制台输出效果格式如下：

3 与 5 的和为:8

代码第 5 行做了改造，输出各个字符串时使用了加号“+”作为连接符，代码如下：

行号 **ArgDemo. java**

```
1   public class Arg Demo{
2       public static void main(String[] args){
3           int sum=0;
4           sum=Integer. parseInt(args[0])+Integer. parseInt(args[1]);
5           System. out. println(args[0]+"与"+args[1]+"的和为:"+sum);
6       }
7   }
```

代码中过多的加号“+”连接符降低了代码的可读性，了解 C 语言的读者可能记得 printf()方法的风格，现在 Java 也有了类似这一风格的 printf()方法。例如，我们现在可以这样写：

行号	ArgDemo.java

```
public class ArgDemo{
    public static void main(String[] args){
        int sum=0;
        int a=Integer.parseInt(args[0]);
        int b=Integer.parseInt(args[1]);
        sum=a+b;
        System.out.printf("%d 与%d 的和为：%d",a,b,sum);
    }
}
```

printf()方法的第一个参数为输出数据的格式；第二个参数为待输出的数据，是可变长的，即可以为一个或多个，中间用逗号分隔开。printf()方法常用的输出格式符如下：

行号	TestPrintf.java 程序代码

```
public class TestPrintf{
    public static void main(String[] args)
    {
        //定义一些变量，用来格式化输出
        double d=345.678;
        String s="你好!";
        int i=1234;
        //"%"表示进行格式化输出，"%"之后的内容为格式的定义
        System.out.printf("%f",d);//"f"表示格式化输出浮点数
        System.out.println();
        System.out.printf("%9.2f",d);//"9.2"中的 9 表示输出的长度，2 表示小数点后的位数
        System.out.println();
        System.out.printf("%+9.2f",d);//"+"表示输出的数带正负号
        System.out.println();
        System.out.printf("%-9.4f",d);//"-"表示输出的数左对齐(默认为右对齐)
        System.out.println();
        System.out.printf("%+-9.3f",d);//"+-"表示输出的数带正负号且左对齐
        System.out.println();
        System.out.printf("%d",i);//"d"表示输出十进制整数
        System.out.println();
        System.out.printf("%o",i);//"o"表示输出八进制整数
        System.out.println();
        System.out.printf("%x",i);//"x"表示输出十六进制整数
        System.out.println();
        System.out.printf("%#x",i);//"#x"表示输出带有十六进制标志的整数
        System.out.println();
```

```
            System.out.printf("%s",s);//"s"表示输出字符串
            System.out.println();
            System.out.printf("输出一个浮点数:%f,一个整数:%d,一个字符串:%s",d,i,s);
            //可以输出多个变量,注意顺序
            System.out.println();
            System.out.printf("字符串:%2$s,%1$d 的十六进制数:%1$#x",i,s);
            //"$"前的数字表示第几个变量
    }
}
```

听一听:

Java 的格式化输出类

学习了 printf()方法后,请思考:Java 是否也有自己的格式化输出类呢?答案是肯定的。以前使用 Formatter 类的 format()方法,或者 String 类的 format()方法都可以达到类似的效果,JDK 5 之后提供的 System.out.format()方法也可以实现类似风格。这部分知识不做详细介绍,读者可以自行查阅相关资料。下面给出一个简单的 Java 格式化输出示例:

```
Formatter formatter=new Formatter();
String s=formatter.format("PI is approximately%1$f,"+
        "and e is about%2$f",Math.PI,Math.E).toString();
```

本章小结

本章中涉及了部分面向对象的知识,如包装类和 String 类,也提到了数组,但考虑到读者的学习思路和进程,这两部分内容都未做详细介绍,具体功能将在后面的章节中详细描述。

本章讲述的主要内容有:

- Java 的基本(原始)数据类型有 8 种,引用数据类型有 3 种。
- Java 变量名的命名规则以及常量的基本格式。
- Java 数据类型的相互转换规则。
- 包装类的作用。

本章的内容都是学习重点,读者应认真体会并掌握。

本章的难点是 OOP 部分的语法格式,对于没有 OOP 经验的读者只需了解 new 运算符可以构建一个对象(或称为实例)即可,面向对象部分的内容会在后面章节讲述。

包装类的数据转换功能是非常有用的,因为涉及太多 OOP 知识,所以也放到后面的章节中讲述。

探究式任务

1. C 语言没有 String 类型,它如何处理字符串数据呢?
2. 新的 JDK 引入了 var 型数据类型,它有什么特点?
3. Java 的 C 语言风格化输出还支持哪些参数?
4. 了解 Java 的装箱与拆箱概念。

习　题

一、选择题

1. 下面的标识符哪个是不正确的？（　　）

A. there　　B. 8it　　C. _2Tom　　D. $ num

2. 下面（　　）常量的书写格式是不正确的。

A. false　　B. 3.14D　　C. '\807'　　D. "\uFF01"

3. 二进制数 100001 所对应的十进制数是（　　）。

A. 30　　B. 31　　C. 32　　D. 33

4. 将字符串"123"通过包装类的方法转换为整型数的形式有（　　）。

A. String.valueOf("123")；

B. Integer.parseInt("123")；

C. Integer.valueOf("123").intValue()；

D. Integer.toString(123)；

二、课程思政题

课程思政：

编程解决：使用控制台参数。

思政目标：提高综合职业素养。

2020 年中国 GDP 首度突破百万亿元大关，达到 1015986 亿元，同比增长 2.3%，请计算出 2019 年我国的 GDP 是多少亿元？（要求利用控制台参数输入 2020 年 GDP 值与增长率，并输出 2019 年 GDP 值）

提示：将字符串"123.45"转换为浮点数的方法为 Double.valueOf("123.45").doubleValue()或 Double.parseDouble("123.45")。

第3章 运算符与表达式

知识目标

在本章，我们将要：

➢ 记忆运算符的执行优先顺序表

➢ 学习各种运算符的用法

技能目标

在本章，我们可以：

➢ 掌握运算符和表达式的概念

➢ 了解运算符种类及其功能

➢ 理解表达式中运算符的优先级及其规律

素质目标

➢ 培养自学方法与习惯，具备主动探究能力；培养良好的团队合作意识；具备编写代码规范性等项目开发的相关职业素养。了解纳税义务，提高综合职业素养。

3.1 运算符与表达式概述

运算符是对操作数进行运算的符号。按操作符所操作的数目来分，运算符可以分为：一元（单目）运算符、二元（双目）运算符和三元运算符。其中一元运算符分为前置和后置两种。如果按照运算功能来分，运算符可以分为下面几类：

(1)算术运算符(＋、－、*、/、%、＋＋、－－)

(2)位运算符(＞＞、＜＜、＞＞＞、&、|、∧、~)

(3)关系运算符(＞、＜、＞＝、＜＝、＝＝、！＝)

(4)逻辑运算符(!、&&、||)

(5)赋值运算符(＝)

(6)条件运算符(?:)

(7)其他运算符(动态内存分配运算符 new、数组下标运算符[ ]、强制类型转换运算符(DataType)、实例判断运算符 instanceof，类或实例成员操作运算符等)

表达式是常量、变量、运算符和方法调用的组合序列，它执行完毕后返回确定的值。

表 3-1 列举出混合运算的表达式中各种运算符的执行优先顺序，以供参考。

表 3-1　运算符优先级与结合性

优先级	运算符						结合性
1	.	[ ]	()				
2	操作数＋＋	操作数－－	!	~	－	instanceof	
3	new	(type)					
4	*	/	%				左－＞右

（续表）

优先级	运算符						结合性
5	+	−					左−>右
6	<<	>>	>>>				左−>右
7	<	>	<=	>=			左−>右
8	==	!=					左−>右
9	&						左−>右
10	∧						左−>右
11	|						左−>右
12	&&						左−>右
13	||						左−>右
14	?:						左−>右
15	=	+=	−=	*=	/=	%=	右−>左
16	&=	∧=	|=	<<=	>>=	>>>=	右−>左

下面，先介绍前 6 类运算符和表达式的功能和应用，其他运算符将在后面的章节中讲述。

3.2　运算符

3.2.1　算术运算符

算术运算符分一元（单目）运算符、二元（双目）运算符和三元运算符（不常用）。一元运算符只有一个参与运算的操作数，二元运算符有两个参与运算的操作数。表 3-2 列出了算术运算符及其用途和相关说明。

表 3-2　　算术运算符

运算符	用　途	举　例	说　明
++，−−	自动递增，自动递减	++i，j−−	i 先自增 1，再参与运算；j 先参与运算再自减 1
+，−	取正、负号	i=−25	将 25 取负后赋给 i
*	乘	i=15*2	将 15 乘以 2 后赋给 i
/	除	fVar=25.0f / 5	将 25.0 除以 5，结果给 fVar，为 5.0
%	取余	j=5%3	将 5 除以 3 取余，结果为 2
+，−	加、减	x=fVar−8.9	将 fVar 减去 8.9，结果给 x

算术运算符针对不同数据类型操作数的运算结果符合数据类型转换规则（见表 2-8）。表 3-3 列举了算术运算中常见的错误和容易忽略的盲点。

表 3-3　　算术运算中常见的错误和容易忽略的盲点

容易忽略的错误	解　释
int a=7/2；	a=3 而不是 3.0
double d=7/2.0；	d=3.5
int a=9l/3；	9l/3 返回值是 long 型，不能赋值给 int 型变量 a
float f=4f+5.0；	4f+5.0 相当于 4f+5.0d，返回值是 double 型

(1)一元算术运算符

一元算术运算符共有四种(自增＋＋，自减－－，取正值＋，取负值－)，涉及的操作数只有一个。其中按＋＋，－－运算符前置和后置来分类，只有四种情况，分别为(假设有变量 x)：

x＋＋，x－－　前置运算，表示 x 先参与表达式的运算，然后再自增(减)1

＋＋x，－－x　后置运算，表示 x 先自增(减)1，然后再参与表达式的运算

例 3-1　自增一元算术运算符示例。

Test.java

```
public class Test{
    public static void main(String args[]){
        int x=2;
        System.out.println(""+x++);  //输出 x 值为 2
        System.out.println(""+(++x));//输出 x 值为 4
    }
}
```

【代码说明】

此程序的代码可以理解为：

```
System.out.println(""+x);  //输出 x 值为 2
x++;  //x 值为 3
++x;  //x 值为 4
System.out.println(""+x);  //输出 x 值为 4
```

(2)二元算术运算符

二元算术运算符共有五种(＋，－，＊，/，取余％)，涉及的操作数有两个。取余运算(％)需要注意的是，它的操作数可以是浮点数，如果其中一个操作数是浮点数，那么运算结果也是浮点数；如果两个操作数都是整型，那么运算结果也是整型。

例 3-2　计算表达式的值。

Test.java

```
public class Test{
    public static void main(String args[]){
        int a=5,b=2;
        double c=5.0,d=2.0;
        System.out.println(""+a/b);
        System.out.println(""+a%b);
        System.out.println(""+c/d);
        System.out.println(""+c%d);
    }
}
```

【运行结果】

2

1

2.5
1.0

【代码说明】

①若表达式 a/b 的除号两边的操作数都为整型，则“/”运算符代表整除。

②若表达式 a/b 的除号两边的操作数有一个为浮点型，则运算结果也为浮点型。

③另外注意，表达式 a%b 取余运算符两边的操作数可以为浮点型。

(3)算术运算符的优先级

一元运算符的优先级要高于二元运算符的优先级。

示例：算术运算符优先级。

若 a=5、b=2、c=1，求 c+2*a++%--b*3 的值？

相当于(c+2*(a++)%(--b)*3)，结果为 1。

注　意：

(1) Java 中没有幂运算符，而是用 Math 类的静态方法 pow()来实现。

(2) Java 中的 Math 提供了大量的数学方法和常量，如求平方根和圆周率 π 等，使用时的调用格式很简单，如求平方根可以用 Math.sqrt(double)，表示圆周率可以用 Math.PI。因为涉及类机制，本节不做详细描述，其他语法可以参看后续的“面向对象基础”一章内容。

3.2.2　关系运算符

表 3-4 列出了关系运算符及其用途和相关说明。

表 3-4　　关系运算符

运算符	用　途	举　例	说　明
>	表达式 1>表达式 2	i>100	i 大于 100，返回 true，否则，返回 false
<	表达式 1<表达式 2	i<100	i 小于 100，返回 true，否则，返回 false
>=	表达式 1>=表达式 2	i>=128	i 大于等于 128，返回 true，否则，返回 false
<=	表达式 1<=表达式 2	i<=10	i 小于等于 10，返回 true，否则，返回 false
==	表达式 1==表达式 2	i==81	i 等于 81，返回 true，否则，返回 false
!=	表达式 1!=表达式 2	i!=9	i 不等于 9，返回 true，否则，返回 false

另外，关系运算符恒等(==)和不等(!=)可以用于复合数据类型(如字符串)，这部分内容可以参看 String 章节。

关系运算符的结果为 true 或 false，而不是 0 或非零值。

示例：假设 a=1、b=1，那么 a++==++b 表达式的值是多少？

结果为：false。

因为 a 先参与运算，然后再自增，所以 a++在当前表达式的值为 1，而++b 值为 2，因此表达式结果为 false。

3.2.3　位运算符

Java 的位移运算

Java 的位运算符有：左移位运算符<<，右移位运算符>>，无符号右移位运算符>>>，以及位与、位或、位异或和位反等运算符，位运算操作数为整型。表 3-5 列出了位运算符及其用途和相关说明。

表 3-5 位运算符

运算符	用 途	举 例	说 明
~	按位取反	~64	01000000 按位取反,结果 10111111
<<	左移	64<<1	01000000 左移 1 位得 10000000
>>	右移	64>>2	01000000 右移 2 位得 00010000
>>>	无符号右移	126>>>1	01111110 右移 1 位得 00111111
&	按位与	126&64	01111110 与 01000000 按位与,结果 01000000
∧	按位异或	126∧64	01111110 与 01000000 按位异或,结果 00111110
|	按位或	126|64	01111110 与 01000000 按位或,结果 01111110

介绍它们之前,先介绍一下补码的知识。

(1)原码:是数值转化成的对应二进制数,如十进制数 32 的原码为 100000。

(2)反码:是原码的按位取反(除符号位)。

(3)补码:是反码加 1。

计算机系统使用二进制补码表示数值,其中最高位为符号位,正数的符号位为 0,负数的符号位为 1,且正、负数的补码规定如下:

(1)正数的原码、反码和补码相同。

(2)负数的反码为该数的绝对值原码按位取反,补码为反码加 1,见表 3-6(以 8 位二进制数为例,设最高位为符号位)。

表 3-6 正、负数的原码、反码和补码

	正数 126	负数 −126
原码	0111 1110	1111 1110
反码	0111 1110	1000 0001
补码	0111 1110	1000 0010

(1)左移位运算符<<(带符号左移位运算符)

左移位运算时,数值的各位向左移动,高位左移后溢出,舍弃,右侧补 0。如 32<<1,即 0010 0000左移 1 位得 0100 0000,为 64。

(2)右移位运算符>>(带符号右移位运算符)

右移位运算时,数值的各位向右移动,低位右移后溢出,舍弃,左侧高位补入原来高位的值。如−126>>1,即 1000 0010 右移 1 位得 1100 0001,为−63。

(3)无符号右移位运算符>>>(添零右移位运算符)

无符号右移位运算时,数值的各位向右移动,低位右移后溢出,舍弃,左侧高位补入 0(这是与>>不同之处)。如−126>>>1,即 1000 0010 右移 1 位得 0100 0001。

从以上介绍可以推导出移位运算规律,见表 3-7。

表 3-7 移位运算规律

左移位运算(如 $X<<n$)	右移位运算(如 $X>>n$)
相当于 $X\times 2^n$	相当于 $X\div 2^n$

示例:求解−126>>1。

根据表 3-7 速算,结果为−63,那么结果是如何推导出来的呢?

已知－126 的补码是 1000 0010(见表 3-6)，1000 0010>>1 得 1100 0001。

想知道此结果的原值，需再转换为原码，转换规则仍为“取反加 1”。

补码为：	1100 0001
反码为：	1011 1110
原码为：	1011 1111

所以结果为－63，符合表 3-7 的移位运算规律。

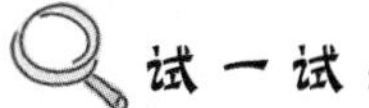
试一试：

求解－127>>1 是多少？这无法使用运算规律来速算，只能推导。

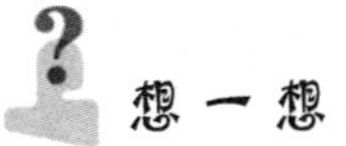
想一想：

Java 中没有无符号左移位运算符，读者可以自行考虑一下为什么。

3.2.4 逻辑运算符

逻辑运算符用于连接关系表达式，对关系表达式的结果进行逻辑运算，如(关系表达式 1) &&(关系表达式 2)。

逻辑运算符包括！、&& 和||。运算符！对应 NOT 运算、运算符 && 对应 AND 运算、运算符||对应 OR 运算。表 3-8 列出了逻辑运算符及其使用方法。

表 3-8 逻辑运算符

运算符	用 途	举 例	说 明
!	取反运算	！(255>125)	比较表达式为 true，取反后结果返回 false
&&	逻辑与运算	(9>6)&&(100>125)	右表达式为 false，结果返回 false(其一为假，即假)
||	逻辑或运算	(9>6)||(100>125)	左表达式为 true，结果为 true(其一为真，即真)

注 意：

Java 中的运算符 && 和||采用了电工学中的“短路”方式进行运算，即先求出逻辑运算符左表达式的值，如果其值能够推算出整体表达式的值，就不再运算右侧表达式，这样加快了程序的执行效率，但是也需要注意其中变量值的变化情况。

例 3-3 观测“短路”运算符的效果。

行号	Test.java

```
public class Test{
    public static void main(String args[]){
        int a=2,b=1;
        System.out.println(""+(a>b||++b>=a));
        System.out.println(b);
    }
}
```

【运行结果】

true

1

【代码说明】

因为逻辑表达式中 a＞b 的值为 true,因此整体的表达式就为 true,右侧的＋＋b＞＝a 表达式不再参与运算,所以 b 的值仍为 1。

3.2.5 赋值运算符

赋值运算符分为"＝"号和复合赋值运算符两种。

1."＝"号是最简单的赋值运算符,其左边是变量,右边为表达式,表达式的运算结果应和左边的变量类型一致,或能转换为左边变量的类型。

```
int a=3+5;                    //正确
int b=3.0+5;                  //错误,右值为 8.0,是 double 型
int c=(int) (3.0+5);          //正确,c 为 8
double d=a+6;                 //正确
```

可以看出,整型数值可以赋给浮点型变量,反过来是不允许的。赋值时,应遵循数据类型转换规则(详见第 2 章 2.3 节)。

2.赋值运算符"＝"还可以同其他运算符结合,实现运算和赋值双重功能,简称复合赋值运算符。组合方式为:

＜变量＞＜其他运算符＞＝＜表达式＞;

这种赋值的含义为:将变量与表达式进行其他运算符指定的运算,再将运算结果赋给变量。

```
int i=5;
i+=21;
```

相当于执行:i＝i＋21;,结果为 i＝5＋21。

示例:复合赋值混合运算。

假设 x＝2;

(1)x＋＝x＋＋; 表达式值是多少?

(2)x＋＝＋＋x; 表达式值是多少?

(1)结果为:4,表达式相当于 x＋＝x;,此时 x 值为 4,然后 x 自增。

(2)结果为:5,表达式相当于 x 自增,然后 x＋＝x;,此时 x 值为 5。注意:此处值不为 6,这与不同的编译器的编译结果有关系,例如同样的表达式在 VC 中的结果为 6。

3.2.6 条件运算符

条件运算符(?:)是唯一的一个三元运算符,形式为:

表达式 1? 表达式 2:表达式 3

表达式 1 是关系或布尔表达式,返回值为 boolean 值,如果表达式 1 的值为 true,则整体表达式的值为表达式 2 的值;如果表达式 1 的值为 false,则整体表达式的值为表达式 3 的值。

课程思政：

编程解决：练习运算符。

思政目标：提高综合职业素养。

了解和计算个税：个人所得税（个税：personal income tax）是国家财政收入的重要来源，也是调节个人收入分配、实现社会公平的有效手段。2018 年《中华人民共和国个人所得税法》将每月个税免征额提高到 5000 元，并于 2019 年 1 月 1 日实施。

假设月收入 5000～10000 元的税率是 3%，请输入一个税前工资额，计算出相应的税后工资（使用三目运算符完成）。

提示：试着使用三元运算符实现。

3.3　表达式

3.3.1　表达式的值

表达式是常量、变量、运算符和方法调用的组合序列，它有确定的值（一般为表达式推算后最左端的值）。语句是带分号（;）结束标志的表达式序列，它可以有确定的值或无返回值方法调用。

➢ 表达式示例

```
a=(5>3)&&(b<6)          //表达式的值为 a 的值
++i                     //表达式的值为 i 自增后的值
pow(a,2)+3
```

➢ 语句示例

表达式加上分号（;）可以作为语句使用，如：

```
a=(5>3)&&(b<6);
++i;
pow(a,2)+3;
```

3.3.2　表达式中运算符的优先级

具有混合运算的复杂表达式中运算符的优先级，读者可以参考表 3-1。示例如下：

```
int b=9,c=10;
boolean a=b>5||c<=0&&b+c>8;
System.out.println("a="+a);
```

结果为：a=true。

混合运算的复杂表达式中各运算符的优先规则可以简单记忆如下：算术→比较→逻辑→赋值。可以理解记忆：因为计算出结果才能进行比较，比较后才能得到逻辑值，有了逻辑值才能进行逻辑运算，最后才能将计算结果赋值给变量。

可以使用圆括号来改变表达式中各子表达式的优先级，如上面的示例可以写成：

```
boolean a=(b>5)||((c<=0)&&((b+c)>8));
```

笔者建议使用圆括号这种方法来书写程序，这会使程序更易读，也会很大程度地降低学习者的记忆量。

本章小结

本章讲述的内容包括:Java的七种运算符、运算符的优先级、表达式和语句的概念。

本章同上一章一样,都是Java语法的基础,是学习重点,读者应认真体会、掌握。

本章介绍了六种运算符的用法,部分运算符没有讲述,如动态内存分配运算符new、数组下标运算符[ ]、实例判断运算符instanceof、类或实例成员操作运算符“.”等,它们将在后面相应的章节中讲述。

本章的难点是运算符优先级的记忆(表3-1),建议大家使用圆括号来解决此类问题,毕竟大脑的“内存”是有限的,要把有限的“内存”用在“无限”的计算机新领域的探索上,这样才能跟上计算机发展的潮流。

根据以往的经验,位运算中关于补码的应用也是个难点,本书中给出了尽可能简明的解释,请大家细心体会,多做练习。

探究式任务

1. 给出一个十进制数,如何转换为二进制数,请写出转换思路。

2. 了解经典案例:判断瑞年。

3. 已知数值a>>31,可以取得该数的符号位,若a为负数,其相反数可以用(～a+1)表示,请使用一个三元运算符来表达一个整数a的绝对值。

习 题

一、选择题

1. 当x=2,表达式x<<3的结果是(　　)。

A. 1　　B. 8　　C. 16　　D. 32

2. 当x=2,表达式x>2&&－－x<2运算后x的值为(　　)。

A. 1　　B. 2　　C. 3　　D. 都不是

3. 下面哪个运算符不是Java的关系运算符?(　　)

A. >=　　B. <=　　C. ! =　　D. <>

4. 当x=3、y=5、z=7时,表达式!(x－y>0)||(y－z<0)的结果是(　　)。

A. 0　　B. 1　　C. true　　D. false

二、计算题

1. a=6,b=－4,计算下面表达式的值。

A. －－a%++b;　　B. (－－a)<<a;　　C. a<10&&a>10? a:b

2. 设x=10,计算下列语句运算后x的值。

A. x+=x;　　B. x－=3;　　C. x*=1+2;　　D. x%=5;

3. 试分析>>>和>>的区别,并分析下列程序段的执行结果。

int b1=1;

int b2=－1;

A. b1<<=31;b2<<=31;

B. b1>>=31;b2>>=31;

C. b1>>>=31;b2>>>=31;

第4章 流程控制

知识目标

在本章，我们将要：

➢ 使用分支结构显示输出成绩

➢ 使用循环结构完成数学幂的运算

➢ 使用各种控制跳转语句完成显示输出效果

技能目标

在本章，我们可以：

➢ 掌握各种流程控制的基本方法

➢ 熟练掌握分支和循环流程控制的语法

➢ 理解并掌握流程控制中的跳转语句

素质目标

➢ 培养自学方法与习惯，具备主动探究能力；培养良好的团队合作意识；具备编写代码规范性等项目开发的相关职业素养。了解大国博弈，提高综合职业素养。

4.1 流程控制语句与块概述

1. 流程控制结构分类

流程控制结构可以分为：顺序结构、分支结构和循环结构。

2. 流程控制中的跳转语句

Java 中支持 break、continue、return 三种用于在分支和循环中跳转的语句，不再支持 VB 和 C 语言中的无条件跳转 goto 语句。

3. 块(Block)语句

所谓的"块"，简而言之就是一对花括号括起来的部分，其中可以包含任意数量的语句和其他嵌套子块。块决定着变量的作用域(Scope)，同一块内不得声明两个同名的变量。

4.2 顺序结构

顺序结构如图 4-1 所示。

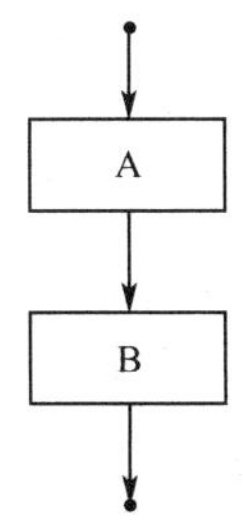

图 4-1　顺序结构

功能：其中 A 和 B 两个框是顺序执行的必然，即在执行完 A 框所指定的操作后，接着执行 B 框所指定的操作。

4.3 分支结构

分支结构如图 4-2 所示。

功能：基本的结构中包含一个判断框，根据给定的条件表达式是否成立而选择执行 A 框或 B 框，即无论条件表达式是否成立，只能执行 A 框或 B 框，A 框或 B 框可以有一个是空的。

分支语句有 if 语句和 switch-case 语句两种。

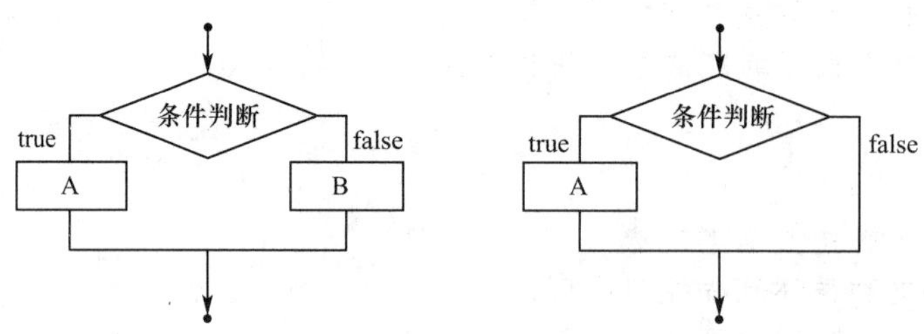

图 4-2 分支结构

4.3.1 if 分支结构

Java 的分支语句实例

1. if 语句

一般格式为：

if(条件表达式) 语句；

或者：

if(条件表达式) { 块 }

说明：如果条件表达式为真，执行后面的语句或块；否则跳过语句或块执行下面的语句。

示例：

```
if(a >b)
    System.out.println("a>b");
```

或者：

```
if(a >b) {
    System.out.println("a>b");
}
```

2. if-else 语句

格式为：

if(条件表达式) 语句 1 或{ 块 1 }；

else 语句 2 或{ 块 2 }；

说明：如果条件表达式为真，执行后面的语句 1 或块 1，然后跳过 else 语句后的语句 2 或块 2，接着执行下面的语句；如果条件表达式为假，跳过 if 语句后面的语句 1 或块 1，执行 else 后面的语句 2 或块 2，然后接着执行下面的语句。

注　意：

else 子句不能单独使用，必须与 if 子句配套使用。

示例：

```
if(a>b){
    System.out.println("a>b");
}
else{
    System.out.println("a<b");
}
```

3. if-else 嵌套语句

若 if-else 分支中语句 1(或块 1)或语句 2(或块 2)又包含有 if 语句，就构成了 if-else 嵌套语句。

格式为：

```
if(条件表达式 1)　语句 1 或{ 块 1 }；
else　if(条件表达式 2)　语句 2 或{ 块 2 }；
else　if(条件表达式 3)　语句 3 或{ 块 3 }；
        ……
else　if(条件表达式 n)　语句 n 或{ 块 n }；
[ else 语句 n+1 或{ 块 n+1 }；]
```

if-else 结构流程如图 4-3 所示。

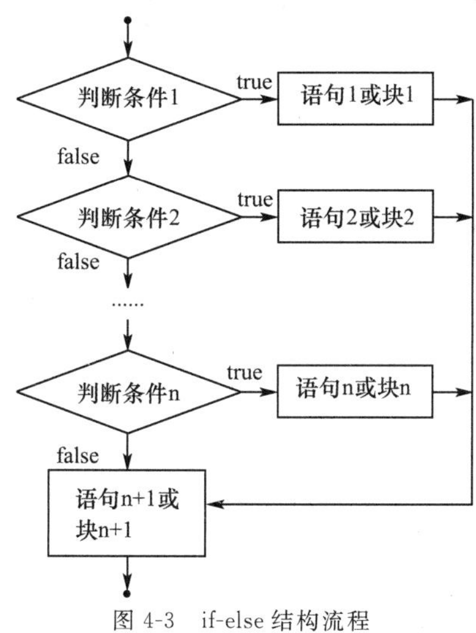

图 4-3　if-else 结构流程

说明：

(1)条件嵌套语句中，如果有多个 if 和 else 子句没有用块花括号{ }标明所属作用域，可以根据以下原则判断与 else 相匹配的 if 子句：else 子句总是与离它最近的，且没有 else 相匹配的 if 子句相匹配。

(2)条件嵌套语句中最后的 else 子句是可选的。

(3)图 4-3 所描述的是 if-else 分支语句结构中的一种情况，同样的，if 和 else 子句也可以出现在 if 子句的块内，例如：

```
if(条件表达式 1){
    if(条件表达式 2){ 块 2 }
    else{ …… }
}
else { …… }
```

例 4-1 显示输出成绩信息。

TestIf.java

```java
public class TestIf {
    public static void main(String[] args) {
        int score=Integer.parseInt(args[0]);
        if(score>=60){
            if(score<70){
                System.out.println("你的成绩为及格!");
            }
            if(score>=70&&score<80){
                System.out.println("你的成绩为中!");
            }
            if(score>=80&&score<90){
                System.out.println("你的成绩为良好!");
            }
            if(score>=90&&score<=100){
                System.out.println("你的成绩为优秀!");
            }
        }
        else{
            System.out.println("你的成绩不及格!");
        }
    }
}
```

【运行结果】

输入命令格式:DOS 控制台>java TestIf 89

结果显示为:你的成绩为良好!

4.3.2 switch-case 分支结构

与 if-else 嵌套相比,switch-case 结构实现类似的分支选择显得结构十分清晰,可读性更强,如图 4-4 所示。

switch 语句的格式:

```
switch(表达式)
{   case 常量表达式 1:语句序列 1;[ break;]
    case 常量表达式 2:语句序列 2;[ break;]
```

```
        ……
    case 常量表达式 n:语句序列 n;[ break;]
    [ default:语句序列 n+1;]
}
```

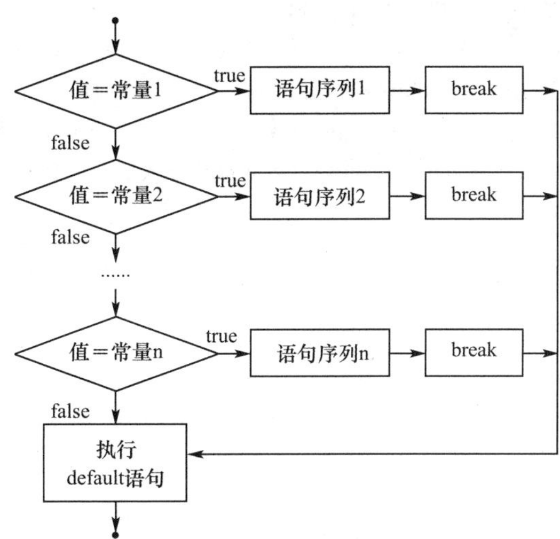

图 4-4 switch-case 结构流程

说明:执行开关语句时,首先计算 switch 后面圆括号中的表达式的值,然后用其结果值依次与各个 case 后面的判断值进行比较,当相等时,就执行该 case 下的语句组。若表达式的值与所有判断值都不相同,则执行 default 下的语句组。在执行某一分支的语句组时,若遇到 break 语句,则结束 switch 语句的执行。

使用 switch-case 结构注意事项如下:

(1)switch(表达式)中表达式的值只能为 int、byte、short、char,不允许为 long、double 等长型值,也不允许是 String。在 JDK 7 之后,switch 表达式的值允许是 String 类型,使之功能进一步增强。

(2)case 子句表达式为常量。

(3)default 子句是可选的,但建议大家写入,用来处理所有 case 子句都不能匹配的情况。

(4)break 语句用于跳出 switch 结构,也可以用于跳出循环,后面会介绍这部分内容。如果没有 break 语句,程序执行完前面的 case 子句后,会继续执行后面的 case 子句,容易引发错误结果。

例 4-2 简单计算器(使用输入流完成操作数的输入)。

行号　　Calculator.java 程序代码

```
import java.io.*;
public class Calculator{
    public static void main(String[] args) throws Exception{
        int num1=0,num2=0; //赋初始值 0
        char oper=' '; //赋初始值为空字符
        System.out.println("请输入两个操作数和一个操作符");
        System.out.println("输入第一个操作数:");
```

```
8              /* 使用输入流从键盘接收字符串 */
9              BufferedReader br1=new BufferedReader(new InputStreamReader(System.in));
10             num1=Integer.parseInt(br1.readLine());//将从键盘读入的字符串转换为整型数
11             System.out.println("输入第二个操作数:");
12             /* 使用输入流从键盘接收字符串 */
13             BufferedReader br2=new BufferedReader(new InputStreamReader(System.in));
14             num2=Integer.parseInt(br2.readLine());//将从键盘读入的字符串转换为整型数
15             System.out.println("请输入加(+)减(-)乘(*)除(/)运算符之一:");
16             oper=(char)System.in.read();//将从键盘读入的整型数转换为字符
17             switch(oper){
18                 case '+':
19                     System.out.println("和为:"+(num1+num2));
20                     break;
21                 case '-':
22                     System.out.println("差为:"+(num1-num2));
23                     break;
24                 case '*':
25                     System.out.println("积为:"+(num1*num2));
26                         break;
27                 case '/':
28                     System.out.println("商为:"+(num1/num2));
29                     break;
30                 default:
31                     System.out.println("未知的运算符!");
32             }
33         }
34     }
```

【运行结果】

运行结果如图 4-5 所示。

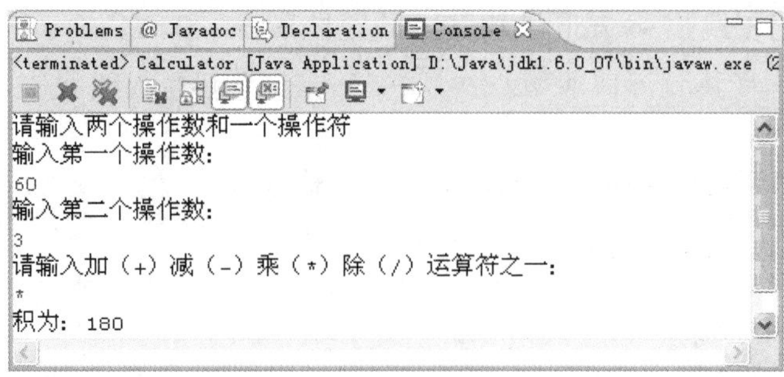

图 4-5 例 4-2 运行结果

【代码说明】

(1)本程序输入的操作数和运算符都从键盘输入,这些字符和字符串由输入流对象完成接收和传输,然后由输入流对象 br1 的 readLine()方法读入,见代码第 9～10 行。这是 Java 中接收控制台参数的基本形式,关于“流”的概念和使用,将在第 12 章讲述。

(2)代码第 16 行,是另外一种接收控制台参数的形式。System.in 代表控制台流对象,它调用 read()方法从控制台接收字节型数组并返回 int 值,因此需要使用(char)强制转换为字符。

(3)使用流操作时,可能抛出异常,因此本示例使用了 throws Exception 语法(见代码第 3 行)。异常的使用将在第 8 章讲述。

(4)注意代码第 28 行,num1/num2 返回的是整除后的整型数。请读者自行实验返回浮点数的方法。

4.4　循环结构

4.4.1　循环结构概述

循环结构语句用于反复执行一段代码,直到满足某种条件为止。Java 语言有三种循环结构语句:while、do-while 和 for。

若不知道一个循环要重复执行多少次,则可以选择 while 循环(当型循环)或 do-while 循环(直到型循环);如果要执行已知次数的循环,可以使用 for 循环。但不管怎样,一个完整的循环结构应该包含四个组成部分:

(1)初始化部分(initialization):用于设置循环的初始条件,如设置计数器的初始值。

(2)判断部分(estimation):是一个关系式或布尔表达式,用于判断循环是否可以继续运行。

(3)迭代部分(iteration):修改循环初始条件,用于控制循环的次数,如使计数器的值自增或自减。

(4)循环体部分(body):循环中反复执行的代码。

4.4.2　while 循环

while 循环又称为"当型"循环,是指当条件成立时循环执行,如图 4-6 所示。

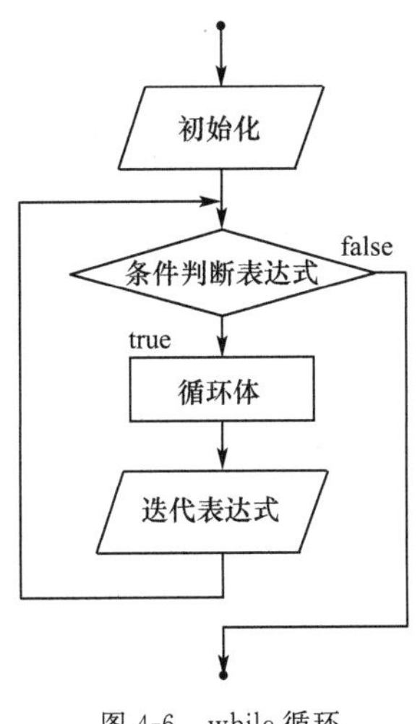

图 4-6　while 循环

while 语句的语法格式如下:

while(条件判断表达式)

```
{
    循环体语句块；
}
```

说明：

(1)while 语句首先计算条件判断表达式，若表达式值为 true，则执行语句块，循环后，再对表达式进行判断，直到判断表达式的值为 false 时，停止执行语句块。

(2)while 语句中的语句块就是循环体，循环体中应当有改变表达式值的迭代语句；否则，会造成程序无限循环的情况。

(3)初始化循环条件的语句应当在 while 循环的前面设置。

例 4-3 计算 2 的 N 次幂。

Test. java

```
import java.io.*;
public class Test {
    public static void main(String[] args) throws Exception{
        int x=2;
        int N=1;//初始化循环变量
        System.out.println("输入要计算的幂数:");
        int end=Integer.parseInt(new BufferedReader(new InputStreamReader(System.in)).readLine());
        while(N<end){
            x*=2;//计算 x=x*2
            N++;
            System.out.println("2 的"+N+"次幂是:"+x);
        }
    }
}
```

【运行结果】

运行结果如图 4-7 所示。

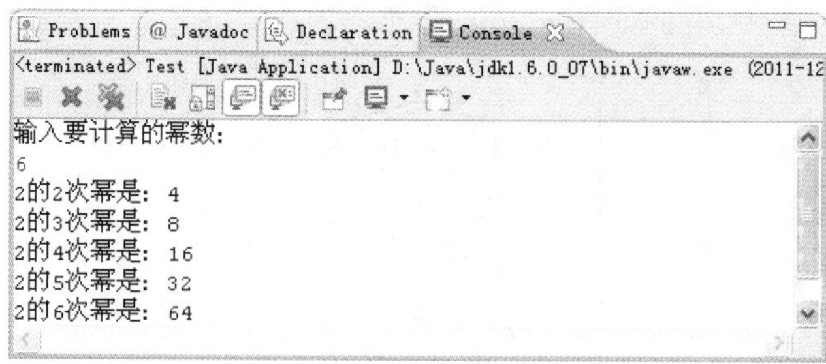

图 4-7 例 4-3 运行结果

4.4.3 do-while 循环

do-while 循环又称为“直到型”循环，是指直到条件不成立时循环才终止执行，如图 4-8 所示。

do-while 语句的语法格式如下：

```
do
{
    循环体语句块;
}while(条件判断表达式);
```

说明：

(1)do-while 语句先执行循环体中的语句块,再计算 while 后面的条件判断表达式。因为 do-while 循环先执行语句块,后进行条件判断,因此,语句块至少被执行一次。

(2)若条件判断表达式为 true,则继续执行语句块;否则,跳出循环,执行 while 后面的语句。

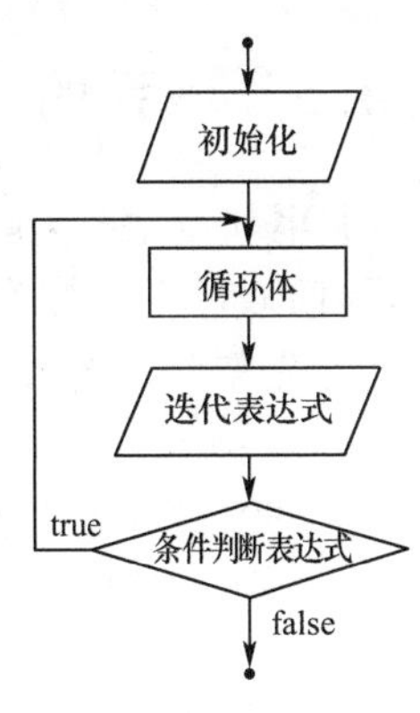

图 4-8　do-while 循环

4.4.4　for 循环

如果已知循环要执行的次数,可以使用 for 循环,会使程序的结构更清晰,如图 4-9 所示。但其实 for 循环可以替代其他任何类型的循环。

for 语句由四部分构成,语法格式为：

```
for(①初始化表达式;②条件判断表达式;③迭代表达式)
{
    ④循环体语句块;
}
```

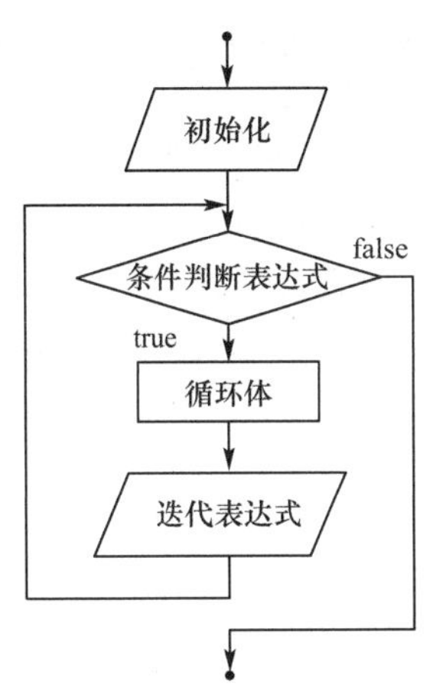

图 4-9　for 循环

说明：

(1)初始化表达式只在循环开始时执行一次。

(2)条件判断表达式是决定循环是否执行的条件,每次循环开始时计算该表达式,当表达式返回值为 true 时,执行循环;否则,循环结束。

(3)迭代表达式是在每次循环结束时调用的表达式,用以改变初始化表达式中变量的值,结果返回给条件判断表达式,如条件判断表达式值为 false,退出循环;否则,继续执行循环。

(4)因此,for 循环的执行次序是:①→②→④→③→②→④→③……。

以上①②③三个表达式是可选部分(但分号不能省略),如果 for 语句中没有这三个表达式中的任何一个,便会产生特殊效果：

- 若省略表达式①,可以在 for 循环之前另行书写,效果相同。
- 若省略表达式②,相当于无限循环。
- 若省略表达式③,可以在 for 循环体④中另行书写,效果相同。
- 若省略表达式①③,则完全等同于 while 语句。
- 若省略全部这三个表达式,则相当于一个无限循环 while (true)。

Java 的 for 循环实例

虽然 for 循环的表达式可以省略,但为了程序的可读性,最好不要这样做。

4.4.5 增强的 for 循环

JDK 1.5 之后，加入了一个新的 for 循环特性，主要用于快速遍历数组等集合类型的元素，下面通过一个简单的示例来了解这个新功能。

首先需要一个数组作为要遍历的目标（数组的概念将在第 7 章讲述），例如：

```
int[] array={1,2,3,4,5,6};
for(int var:array){
    System.out.print(var);
}
```

输出结果为：123456。

其代码等价于：

```
int[] array={1,2,3,4,5,6};
for(int i=0;i<array.length;i++){
    int var=array[i];//这个 var，等价于前面代码的 var 变量
    System.out.print(var);
}
```

由此，可以知道这个增强的 for 循环的语法格式为：

```
for(数据类型  变量名:集合名){……}
```

每循环一次，从目标集合 array 中取出一个元素放在变量 var 中，所以变量 var 的数据类型必须与目标集合的元素类型相同。

4.5 跳转语句

Java 跳转语句的功能

在分支、循环体或语句块中，可能需要根据某种情况，控制程序退出循环或跳过某些语句。break、continue 和 return 能实现以上功能，它们的功能简述见表 4-1。

表 4-1 跳转语句及其功能

语　句	功　能
break	跳出当前分支和循环
continue	跳出当次循环
return	返回调用者

4.5.1 break 语句

在 switch 中，break 语句用于结束 switch 语句；在循环语句中，break 语句用于跳出循环；如果是循环嵌套的情况，break 语句用于跳出当层循环。

例 4-4 计算整数 1～9 的平方。

TestBreak.java 程序代码

```
public class TestBreak
{
    public static void main(String[ ] args)
```

```
    {
        int i=0;
        while(true) //条件永远为真
        {//循环开始
            i++;
            if(i==10)      //当 i 超过 9 时,结束循环
             {
                 System.out.println("Ok,run break.");
                 break; //执行该语句跳出 while 循环
             }
             System.out.print(i+"*"+i+"="+i*i+" ");
         }//循环结束
         System.out.println("Encounter break!"); //跳出循环执行的第 1 条语句
    }
}
```

【运行结果】

1*1=1 2*2=4 3*3=9 4*4=16 5*5=25 6*6=36 7*7=49 8*8=64 9*9=81 Ok,run break.
Encounter break!

【代码说明】

while 中的表达式为 true,即值永远为真。如果循环体中没有跳出循环的语句,程序将无限循环下去。当 i 值为 10 时,执行 break 语句,使程序跳过计算平方的语句,转到 while 循环后的第 1 条语句(见注释),继续执行。

4.5.2 continue 语句

continue 语句用于跳过循环体中当次循环的该语句后的其他语句,转到下次循环继续判断条件表达式的值,以决定是否继续循环。

例 4-5 输出 1～9 中除 6 以外所有偶数的平方。

行号　　TestContinue.java 程序代码

```
public class TestContinue
{
    public static void main(String[ ] args)
    {
        for(int i=2;i<=9;i++) //i<=9 为循环条件
        {//循环开始
            if(i==6||i%2!=0) //i 为奇数或 6 时,不计算
            {
                System.out.println("i="+i+"->Continue!");
                continue;      //修改 i 值,并判断 i<=9
            }
             System.out.println(i+"*"+i+"="+i*i+" ");//i 为偶数,计算平方值
         }//循环结束
         System.out.println("Finished,bye!"); //循环结束的第 1 条语句
```

```
        }
    }
```

【运行结果】

2 * 2=4
i=3->Continue!
4 * 4=16
i=5->Continue!
i=6->Continue!
i=7->Continue!
8 * 8=64
i=9->Continue!
Finished,bye!

【代码说明】

continue 和 break 不同，continue 跳过循环体余下部分语句后，重新转到条件判断语句，在该程序中，转到 for 语句，先修改循环变量 i 的值，然后判断表达式 i<=9 的值。如果值为真，继续循环；否则，退出循环。

4.5.3 return 语句

return 语句用于从块体中返回到方法的调用处。

例 4-6 return 语句示例。

行号	TestReturn.java 程序代码

```java
public class TestReturn {
    public static int show1(int a)
    {
        if(a>=3)
            return 1;
        else
        {
            System.out.println("a<3");
            return 0;
        }
    }
    public static void show2()
    {
        for(int i=0;i<100;i++)
        {
            if(i==10)
            {
                return;
            }
            System.out.println("i="+i);
        }
```

```
        }
        public static void main(String[] args)
        {
                System.out.println(show1(2));
                show2();
        }
}
```

【运行结果】

```
a<3
0
i=0
i=1
i=2
i=3
i=4
i=5
i=6
i=7
i=8
i=9
```

本章小结

流程控制是任何编程语言的逻辑基础，各种高级语言的流程控制都是类似的，因此本章没有用大篇幅进行描述。

本章讲述的内容总结如下：

➢ Java的流程控制结构分为顺序结构、分支结构和循环结构。

➢ 流程控制中的跳转语句有break、continue和return。

break语句用于跳出当前循环或switch分支结构（注意不能单独用于if语句），continue语句用于跳过当次循环，return语句用于返回到方法的调用处。

本章的重点是循环结构的使用，请读者多做练习，熟练掌握。

本章还涉及了部分后继的知识："异常处理"和"流"。在Java语言里从键盘向程序中输入数据可以通过"流"功能来实现，但Java的语法要求严格按照类机制的写法书写，格式比较复杂，这一点与C++语言的cout等语法不同（这些语言对输出功能做了包装）。"异常处理"的一个主要使用时机就是在"流"的使用中处理可能产生的异常，比如没有输入数据或输入的数据格式错误等。

探究式任务

1. 四则计算器如何完成两个数值的"加减乘除"判断？

2. 了解数组的使用方法，试着在一个数组中存储多名同学的成绩，并求总分和平均分。

3. 了解增强型for循环的只读功能。

习 题

一、选择题

1. 下面程序的结果为(　　)。

```
int x=2;
do{
    ++x;
}while(x<2)
System.out.println(x);
```

A. 2　　B. 3

C. 程序有运行时错误　　D. 程序有编译错误

2. for(int i=0,a=0;i<9;i++,a++){System.out.println(a);}循环中变量 a 最后输出的值为(　　)。

A. 0　　B. 8　　C. 9　　D. 10

3. 下面哪种语句格式是不正确的?(　　)

A.
```
if(){…}
else{
    if(){…}
    else{…}
}
```

B.
```
if(){
    if(){…}
    else{…}
}
else{…}
```

C.
```
if(){…}
if(){…}
else{…}
```

D.
```
if(){…}
else{…}
else{…}
```

4. 下面哪个跳出语句有误?(　　)

A. if(true){break;}

B. for(int i=0;i<3;i++){break;}

C. while(true){continue;}

D.
```
int fun(){
    if(true){return 0;}
}
```

二、编程题

1. 根据输入的分数,输出该成绩的等级(如优秀、良好、中、及格或不及格),使用 switch 结构完成。

2. 设 n 为自然数,n! =1 * 2 * 3 * … * (n-1) * n 称为 n 的阶乘,并且 0! =1。试编写程序计算 2!、4! 和 10!,将结果输出。

3. 编写程序,求 5 个随机数的平均值(使用 Math 类的 random()静态方法可以产生一个 0~1的随机数)。

三、课程思政题

课程思政:

编程解决:练习循环语句。

思政目标:提高综合职业素养。

世界银行的数据显示,2019 年中国 GDP 大约是 12.24 万亿美元,而同年美国的 GDP 总值为 19.39 万亿美元,假如未来一段时间,美国的 GDP 年增长率为 3%,中国的 GDP 年增长率为 6.5%,中国 GDP 要追上美国 GDP 大概需要多长时间?

提示:试着使用循环语句实现。

第5章 面向对象基础

知识目标

在本章，我们将要：

- 使用面向对象的方法完成“圆”类的设计
- 为类添加变量和方法
- 在方法中使用引用类型的参数和返回值
- 学习方法重载和方法重写的意义和设计方法
- 使用构造方法为对象的成员属性赋值
- 了解 Java 中的访问修饰符(public、protected、private)和存储修饰符(static、final)

技能目标

在本章，我们可以：

- 掌握 OOP 基本概念和特征
- 掌握 Java 中的 OOP 语法
- 理解并掌握 Java 中的访问修饰符和存储修饰符的用法
- 理解方法重载与方法重写的区别

素质目标

- 培养自学方法与习惯，具备主动探究能力；培养良好的团队合作意识；正确理解项目需求，具备信息收集、分析与解决问题的能力。培养传承与工匠精神，提高综合职业素养。

5.1 OOP 基本思想

在程序设计中，要解决的问题需要用一定类型的数据对问题加以描述。这里的数据是一个广义的概念，它可以指数学计算中的数值，用来描述一组算法或客观存在的属性特征，也可以指一段音乐、多媒体剪辑等。总之，对数据的处理是程序设计的核心。

传统的面向过程的编程设计思路是这样的：先设计一组函数用来解决一个问题，然后再确定函数中相应需要处理的数据的存储位置，即“算法＋数据结构＝程序”。在面向过程的编程设计思路里，永远是先决定算法，再决定要使用的数据结构。

而面向对象编程(Object Oriented Programming，OOP)的思路恰好相反，是先确定要处理的数据，然后再设计处理数据的算法，最后将数据和算法封装在一起，构成类与对象。这种设计方式有以下优点：

(1)更接近人们对客观世界事物的认识

通常，人们对外界事物的认识总是以整体印象的形式存在的，比如：“大家正在上课，这时一个同学从门外走进来了……”，这时大家都会观察这个同学是男生还是女生，穿了什么衣服，个子有多高，说了哪些话……。但前提是，我们是把这些特征联系到一个具体人的整体上来分析的，比如“王小丽今天穿着红裙子，背着书包，走进教室”，“王小丽”就是一个具体的对象，而不是简单地理解成“一个红裙子来了”之类的数据特征。同样的，在编制程序上，我们也可以把程序功能理解成各种具有实际特征的类和对象的组合，比如：为一个公司制作的电子办公软件，可能需要根据不同部门的使用人群，设定不同的功能和权限，对于“公司雇员”这个整体称谓就可以理解成类，而该公司每个员工都是这个类中具体的对象，他们具有不同的姓名、身份和职能，对办公软件也就具有不同的操作权限，然后再针对不同员工的职能特征设计不同的方法来表达他们的行为，这就是面向对象(OO)的设计思路。

(2)对数据和算法的封装更有利于数据安全

如果将对象看成一种数据和算法的集合体，数据是对象的特征(属性)，算法就是对象的行为(方法)，如：一个学生有自己的姓名、年龄、身高等特征，也有说话、走路、学习等行为。对程序使用者来说，只要知道如何通过方法获得对象的属性即可，而不需要知道对象属性的内部细节。就如使用 ATM 提款机，使用者只要知道如何通过提款机的外部按键取款就可以了，而不需要知道取款机的内部是如何构造的、如何打开等；否则，可能会带来不安全的因素。我们把这种将对象的数据“隐藏”起来，只通过相应的方法才能访问数据的特性称为“封装”。对象的封装特性使对数据的操作更加安全。

(3)使程序设计更简单，更易于维护

面向过程的结构化程序设计方法的优点就是“自顶向下，逐步求解，易于编写和理解”。但因为数据和操作是分开的，因此自身也存在无法克服的缺点：一旦数据的格式和结构发生变化，为了要体现出这种变化，对相应数据的操作(或称为“函数”)也要进行修改，特别是在复杂的函数嵌套调用时，这种修改造成的影响是连锁式的，如果程序超过万行代码，进行大范围的维护几乎不可能。

在面向对象的程序设计中，我们了解对象的属性和操作属性的方法即可，不用考虑对象属性之间错综复杂的关系，在修改、维护大型程序的时候，才能以最小的代价达成目的。因此，与面向过程的程序设计语言相比，面向对象的程序设计语言更适合开发大型软件，而维护时也能事半功倍。

5.1.1 使用面向对象的思想设计程序

下面先阅读三个程序，来了解即将接触到的 Java OOP 程序。这是求两个数之和的简单问题，分别用 C、C++和 Java 语言实现，借此了解 Java 与 C、C++在模块复用方面的不同之处。

例 5-1 用面向过程的 C 语言实现两数相加。

```
#include<stdio.h>
int sum(int x,int y)
{
    return x+y;
};
void main()
{
    int a=3,b=4,c=5,d=6;
```

```
    printf("a+b=%d\n",sum(a,b));
    printf("c+d=%d\n",sum(c,d));
}
```

例 5-2　用带过程化的面向对象 C++语言实现。

```
#include<iostream.h>
class Calculate
{
public:
    int sum(int x,int y)
    {
        return x+y;
    }
};
void main()
{
    int a=3,b=4,c=5,d=6;
    Calculate obj;
    cout<<obj.sum(a,b)<<endl;
    cout<<obj.sum(c,d)<<endl;
}
```

例 5-3　用纯面向对象 Java 语言实现。

```
class Calculate
{
    int sum(int x,int y)
    {
        return x+y;
    }
    public static void main(String[] args)
    {
        Calculate obj=new Calculate();
        int a=3,b=4,c=5,d=6;
        System.out.println(obj.sum(a,b));
        System.out.println(obj.sum(c,d));
    }
}
```

以上三例的计算结果相同，都是：

```
7
11
```

先比较例 5-1 和例 5-2 语法上的不同之处，例 5-1 是一个最简单的使用函数模块实现计算功能的程序，在面向过程的 C 语言中，可复用的模块主要就是指函数。例 5-2 中使用了类 Calculate，sum()函数定义在类 Calculate 中。在主函数 main()中，定义了一个 Calculate 类的对象 obj，然后通过 obj 对象调用自己的 sum()函数实现加法运算，这是面向对象程序设计的基本思路，通过定义类的一个对象，然后对象调用成员函数来完成对数据的操作。

再比较例 5-2 和例 5-3，例 5-3 中的 Java 程序也定义了类 Calculate，sum() 函数定义在类 Calculate 中。不同的是，main() 函数的位置不是在类外部，而是在类 Calculate 内部，除此之外与例 5-2 基本相同，但这也是 Java 与 C++本质上的不同之处。在 Java 中不再有过程化的内容，如文件级变量和游离于类体外部的函数等，所有的内容都包含在类体内部，main() 函数（准确的叫法应该是“main()方法”）也不例外。也就是说，Java 程序完全由类模块构成，是一种真正意义上的纯面向对象程序设计语言。

5.1.2 类与对象

类与对象是 OOP 中最基本的两个概念，类是对象的模板，对象是类的具体实现，如图 5-1 所示。

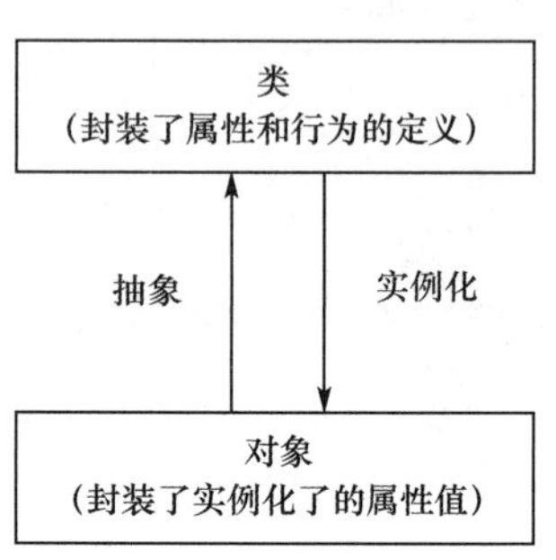

图 5-1 类与对象

实例化是将类的属性设定为确定值的过程，是“一般”到“具体”的过程。

抽象是从特定的实例中抽取共同的性质以形成一般化概念的过程，是“具体”到“一般”的过程。

假设学生是一个类，那么班级里所有的同学都是对象，他们都具有学生的基本特征，但各个学生之间的某些特性可能不一样，如身高、性别、学习习惯等，当这些属性特征确定之后，一个对象就确定了下来，这就是实例化的过程；如果把所有学生的共同特点总结一下，会得到如下信息，如凡是学生都有性别、年龄、班级、选修专业等属性特征，而且有学习习惯、说话方式等行为特征，把这些共有的特征集成到一个模块中就形成了类，这就是抽象的过程。

以下的描述将有助于理解类与对象的概念。

关于“类”：

(1)类是具有共同属性和行为的对象的抽象。

(2)类可以定义为数据和方法的集合。

(3)类也称为模板，因为它们提供了对象的基本框架。

(4)类是对象的类型，在语句中相当于数据类型使用。

例如，可以参考例 5-2 和例 5-3，当定义一个对象时，使用的语法和定义普通类型变量的语法做一下对比，就会发现，实际上“类”相当于“数据类型”：

```
Calculate obj;
int a;
```

Calculate 类名相当于 int 型数据类型，obj 地位等同于 a 变量，对象定义后，将会在内存中开辟一块区域用于存储它的属性值，内存区域的大小取决于类定义中的属性类型和个数。

关于“对象”：

(1)对象具有两方面的含义：

在现实世界中：是客观世界中的一个实体。

在计算机世界中：是一个可标识的存储区域。

(2)对象相当于变量。

5.1.3　OOP 基本特性

OOP 的三个基本特性是封装、继承和多态。这里继承和多态的概念只做简要介绍，在后面相应的章节里再做详细介绍。

1. 封装(Encapsulation)

把类中的一些描述细节隐藏在内部，用户只能通过接口访问类中的内容，这种组织模块的方式称为“封装”。

封装是一种信息隐藏的技术，用户在访问对象的时候，只能看到对象表面的内容，即留给用户访问对象的接口(Application Program Interface，API)，而内部的信息，外界用户是不能直接访问的，这就保证了类中数据的安全。如图 5-2 所示。

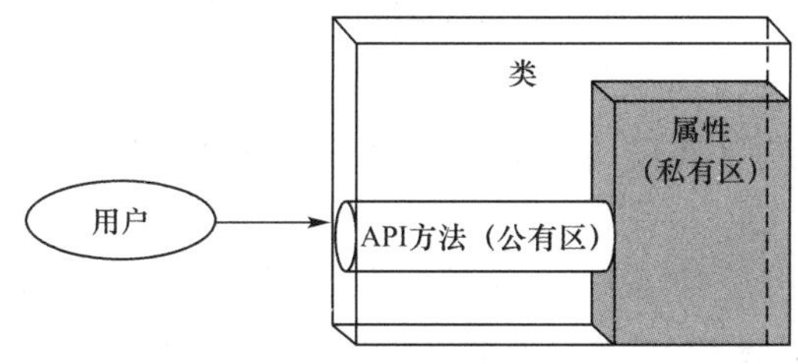

图 5-2　OOP 的封装

2. 继承(Inheritance)

为了实现代码复用功能，OOP 语言允许一个类(子类)使用另一个类(父类)的属性和方法，这种子类使用父类属性和方法的特性称为“继承”，反之则称为“派生”。例如，公司的雇员(Employee)派生为销售员(Saler)和部门经理(Manager)两类，销售经理(Sale_Manager)又继承了销售员和经理两个类的共同特征，如图 5-3 所示。

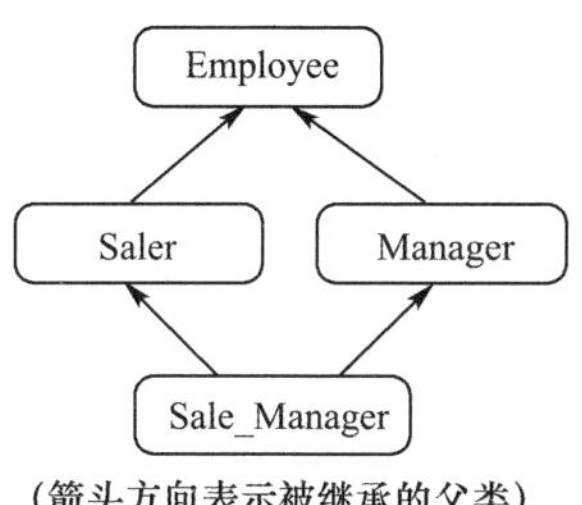

图 5-3　OOP 的多继承

从图 5-3 中可以看出，一个父类可以被多个子类继承(单继承)，一个子类也可以继承多个父类的属性和方法(多继承)。即：一个子类只继承自一个直接父类，称为单继承；一个子类同时继承自多个父类，称为多继承。

因此，继承方式可以分为单继承和多继承(又称多重继承)。单继承又可以分为单层继承和多层继承(注意和多重继承之间的区别)。

例如：Saler 类与 Employee 类之间就是单继承的关系，因为 Saler 类只有一个直接父类 Employee；同样的，Manager 类与 Employee 类之间也是单继承的关系。

而 Sale_Manager 类因为同时继承自两个父类 Saler 类和 Manager 类，所以它们之间是多继承的关系。

那么什么是单层继承和多层继承呢？如图 5-4 所示，动物类(Animal)是哺乳动物类

(Mammal)的直接父类,哺乳动物类(Mammal)又是老虎类(Tiger)的直接父类,所以 Animal 类与 Mammal 类,以及 Mammal 类与 Tiger 类之间都是单继承的单层继承的关系,而 Animal 类是 Tiger 类的间接基类,所以它们之间是单继承的多层继承的关系。

Animal 类就是 Mammal 类的直接基类,是 Tiger 类的间接基类(Java 中都可称为"超类"); Tiger 类是 Mammal 类的直接子类,是 Animal 类的间接子类。

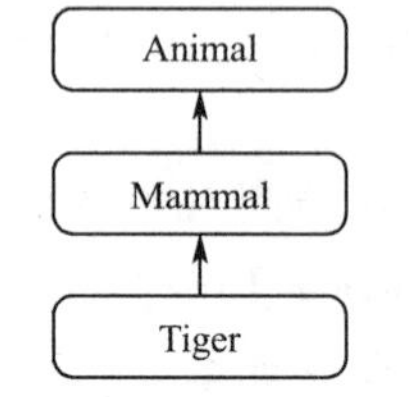

图 5-4 OOP 的单继承

子类中除了包含继承自父类的属性和方法之外,还可以自行定义本类所需的属性和方法,以突出子类与父类的不同之处。

不过,在 Java 中只支持单继承方式,这使得 Java 的继承方式比 C++等 OOP 语言要简单得多。虽然 Java 不支持多继承,但是并不意味着 Java 不能实现多继承的效果,在后面讲述的"接口"(Interface)可以实现多继承的效果。

3. 多态(Polymorphism)

"多态"(Polymorphism)一词来自希腊语"poly"和"morpho"的组合,意思是"多种形态"。例如 H_2O 在不同温度下可能是固态、液态或者气态。在编程上,简单讲就是"类的不同对象可以对同一个消息做出不同的响应"。

回忆例 5-2 和例 5-3,面向对象的语言操作求和方法的基本格式是:obj. sum();那么对象是如何完成对方法的调用的呢?对象之间又是如何相互传递信息的呢?原来它们是通过传递消息(Message)来完成的。因为消息是一个很"底层"的概念,所以这里尽量浅显地解释它的作用,消息的作用如图 5-5 所示。

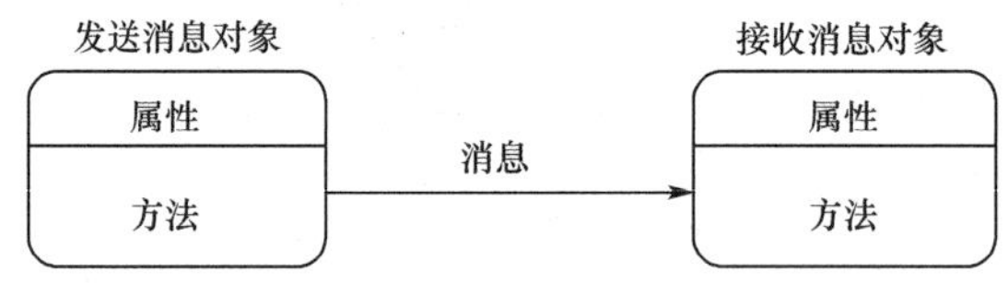

图 5-5 消息的作用

对象之间通过发送消息来传递信息,那么消息中应该包含三个方面的信息:

(1)要接收消息的对象

(2)接收对象应操作的方法

(3)方法中需要的参数

指定了这三方面的信息,对象要操作的方法功能就可确定。

那么为什么编程语言要引入多态呢?多态有什么具体作用呢?多态更多的是从程序整体设计的高度上体现的一种技术,简单地说就是"会使程序设计和运行时更灵活"。对象封装了多个方法,这些方法调用形式类似,但功能不同,对于使用者来说,不必去关心这些方法功能设计上的区别,对象会自动按需选择执行,这不仅减少了程序中所需的标识符的个数,对于软件工程整体的简化设计也有重大意义。

注　意：

“多态”历来是 OOP 理解上的难点，如果看完本节的介绍还有不理解的感觉也不要着急，在后面方法重载、方法重写和接口的相应章节会有详尽的描述。

多态分为两种：静态多态和动态多态。静态多态是编译时多态，比如方法重载；动态多态是运行时多态，典型的是方法重写和接口的引用，本书将在下一章介绍。

5.2　Java OOP 语法基础

设计第一个 Java 类

5.2.1　类的定义

Java 中类定义的一般格式为：

```
[类修饰符]class<类名称>[extends<父类名>][implements<接口名>]     ⇦ 类声明
{
        [static {    }]
        [成员修饰符] 数据类型 成员变量1;
        [成员修饰符] 数据类型 成员变量2;
        ……                  //其他成员变量
        [成员修饰符] 返回值类型 成员方法1(参数列表)                 类体
        {    }
        [成员修饰符] 返回值类型 成员方法2(参数列表)
        {    }
        ……                  //其他成员方法
}
```

说明：

➢ 类是由类声明和类体组成的。声明部分由类修饰符、类关键字 class、类名称等组成。

➢ 类修饰符分为“访问修饰符”和“存储类型修饰符”两类。访问修饰符有 public 和缺省两种；存储类型修饰符有 abstract 和 final。其中，public 用于说明该类能被其他包中的类使用，若无 public 关键字，则表示该类只能被同一包内的类访问；用 abstract 修饰的类为抽象类，抽象类必须被其他类继承；用 final 修饰的类为最终类，这种类不能被其他类继承。由此可见，abstract 和 final 不能同时修饰一个类，因为两者的作用是相反的。

注　意：

(1)类访问修饰等级有 public 和缺省两种(“缺省”即无修饰符)。

(2)类访问修饰符只有一个 public。在一些教材中将“缺省”表示为 friend(友好)等级，但需注意，Java 中无此关键字。

➢ 类的关键字为 class，其后给出类的名称。类名称可以是任意合法的 Java 标识符，习惯上类名称的首字符用大写字母。

➢ 类可以继承其他类，用 extends 关键字指出被继承的类。因为 Java 规定，一个类只能有一个父类，即只能单重继承。如果要实现多重继承的效果，必须采用实现接口的方式，此时，用关键字 implements，后跟接口名，如果要实现多个接口，可以用逗号(,)隔开。有关接口的内容将在后续的章节中介绍。

➢ 类体由成员变量和成员方法组成。成员变量可以是 Java 的基本数据类型变量，也可以是复合数据类型变量，如数组和类的对象。成员方法主要用于实现特定的操作，如进行数据处理、显示等，它决定了类要实现的功能。

➢ 类体也可以包含静态块(static block)，用来初始化类的静态成员。

下面举例说明类的定义方法。

例 5-4 定义一个描述圆的类，并能根据给定的半径计算和显示圆的面积。

Circle.java 程序代码

```
public class Circle                                   //类开始
{
    private float fRadius;                            //成员变量
    final float PI=3.14f;                             //定义常变量 PI
    void setRadius(float fR)                          //设置圆半径
    {
        fRadius=fR;
    }
    void showArea()                                   //显示圆面积
    {
        System.out.println("The area of circle is "+fRadius*fRadius*PI);
    }
    public static void main(String[] args)            //主方法，即程序入口
    {
        Circle circle=new Circle();                   //创建圆类的对象
        circle.setRadius(5);                          //引用对象方法，设置圆半径
        circle.showArea();                            //引用对象方法，显示圆面积
    }
}
```

【运行结果】

The area of circle is 78.5

【代码说明】

(1)例 5-4 定义了名为 Circle 的类，该类修饰符为 public，是一个公共类，能被其他包中的类访问。在一个程序文件中，允许有多个类存在，但只能有一个类是 public 类型，且类名必须与文件名相同。

(2)成员变量 fRadius 是一个浮点型，并被 private(私有)访问限定符修饰的变量，说明该变量只能被 Circle 类自身的方法访问，其他类的对象不能直接引用该变量，只能通过类提供的方法访问 fRadius。例如，程序中通过 setRadius(float fR)方法，给该变量赋值。

(3)方法 showArea()计算并显示圆的面积，方法 showArea()的类型修饰符为 void，表明该方法是无值型方法，没有返回值，因此，不需要 return 语句，它只进行一些处理功能，如显示结果等。

(4)方法 main(String[] args)是类的主方法,一般应用程序以主方法为程序的入口。在执行程序时,用命令行"DOS 提示符>java Circle"。main()方法中参数数组 args 用于取得命令行参数,这是用户控制程序运行的"句柄"。new 运算符用于创建类的对象(或称"实例"),会在内存中开辟一段空间存放实例的属性值,然后将空间的地址赋给引用名 circle。操作成员属性和成员方法时,可以使用这个实例的引用名来操作,如 circle.setRadius(5)。

(5)static(静态)修饰符用于说明 main()方法的存储方式,该修饰符同样可以修饰变量。一般变量和方法属于某个对象,也就是说,只有在创建对象之后,这些方法或变量才存在于内存中。静态方法或变量属于类,定义一个类后,静态变量或方法即存在于内存中,其他类可以直接使用类的静态成员。

5.2.2　Java 的纯面向对象特性

1. 以下语法在 Java 中需要注意:

(1)除成员变量、成员方法和静态块(static block)之外,类模块中不包含任何其他组成部分,除声明或初始化语句之外的所有语句应写入方法体中。

(2)在 Java 源程序代码中,除类模块之外,不包含任何游离于类模块之外的成分,如文件级变量和函数等。

(3)一个扩展名为.java 的源文件可以包含多个类,但最多只能有一个公有类(public 类),它是程序的公共入口类,main()方法须放在 public 类中,且源文件名应与 public 类名一致。如果文件中无 public 类,源文件名可以任意,但建议读者设置 public 类。

2. 因为 Java 具备纯面向对象的特点,因此它的一些术语和概念从现在开始应加以确定:

(1)"方法"与"函数"的区别

读者可能注意到了,在本书前面章节中更多地使用了"方法"这个术语来代替"函数"。这是因为 Java 是一门纯面向对象的语言,没有非面向对象的特性,"方法"强调模块自身是属于类的成员,而"函数"是面向过程的结构化语言模块的基本单位,因此这里使用"方法"这个术语更准确。

(2)"实例"与"对象"的区别

"对象"是类的"实例",这个教科书式的说法实在是太抽象了!这两个概念意义基本相同,实际使用中为了区别,通常可以把"对象"理解成"一般性"的概念,而"实例"则是具体的"个例"。例如,全班同学都是学生类 Student 的对象,"王小丽"是 Student 类的一个实例。在后续章节中,将遵循这个原则使用这两个概念。

5.2.3　成员变量

成员变量的声明或定义完整格式:

[成员访问修饰符][成员存储类型修饰符] 数据类型成员变量[=初值];

格式说明:

(1)类的成员变量在使用前必须加以声明,除了声明变量的数据类型外,还需要说明变量的访问属性和存储方式。访问修饰符包括:public、protected、private 和缺省(不带访问修饰符)(参考表 5-1);存储类型修饰符包括:static、final、volatile、transient(参考表 5-2)。Java 中允许为成员变量赋初值。

(2)成员变量根据在内存中的存储方式和作用范围可以分为:类变量和实例变量。

普通的成员变量也称实例变量。成员变量如果用static修饰,表示成员变量为静态成员变量(也称类变量)。类变量作用范围属于类,不像一般实例变量是依赖于对象的。一般实例变量伴随着实例的创建而创建,伴随着实例的消亡而消亡。静态成员随着类的定义而诞生,被所有实例所共享。关于static变量的意义和用法,将在后续的章节中介绍。

(3)访问成员变量格式:对象.成员变量

如果考虑static关键字,那么访问格式可细化为:

对象.静态成员变量(或实例成员变量)

或:类名.静态成员变量

因此点操作符(.)也称为"对象成员操作符"。

(4)表5-1给出了各种成员变量访问修饰符的功能。

表5-1　　成员变量访问修饰符的功能

关键字	用途说明
public	此成员能被任何包中的任何类访问
protected	此成员能被同一包中的类和不同包中该类的子类访问
private	此成员能被同一类中的方法访问,包以外的任何类不能访问
缺省(没有修饰符)	此成员能被同一包中的任何类访问

表5-2给出了各种成员变量存储类型修饰符的功能。

表5-2　　成员变量存储类型修饰符的功能

关键字	用途说明
static	声明类成员,表明该成员为所有对象共有
final	声明常变量,该变量将不能被重新赋值

abstract、native只用于成员方法,将在后面介绍。volatile、transient关键字本书不做介绍。

用final修饰符修饰的成员变量就是常成员变量,如:

final double PI=3.14159;

在Java中,习惯上常变量用大写的标识符表示,如果标识符由多个单词组成,中间用下划线分隔,如MAX_VALUE。

(5)需要强调的是:在一个类中声明成员变量时,必须在任何方法之外声明,它的作用范围是整个类,如果定义在方法体内部就成为局部变量;另外需要注意,不要把语句写在方法外部(属性定义区)。

例5-5　在类中声明成员变量。

```
public class Student
{
    String name=new String("tom");      //这是正确的
    void setName()
    { …… }
}
```

```
public class Student
{
    String name;
    name=new String("tom");        //这是不正确的，语句不能放在属性区
    void setName()
    {   ……  }
}
```

```
public class Student
{
    String name;
    void setName()                 //也可以这样改动
    {   name=new String("tom");
        ……
    }
}
```

这就是初始化与赋值之间的区别：对于语句“String name=new String("tom");”是创建字符串实例兼初始化，属于定义语句，因此可以写在属性区；而对于语句“name=new String("tom");”则属于赋值语句，只能写在方法体内部。

成员变量的初始值规则见表 5-3。

表 5-3　　初始值规则

成员变量的数据类型	初始值
整型(byte,short,int,long)	0
字符型	'\u0000'
布尔型	false
浮点型	0.0

而局部变量在调用时必须初始化，这是与全局变量(成员变量，类变量)的区别。

例 5-6　局部变量调用时须初始化。

行号　　Circle.java 程序代码

```
public class Circle                          //类开始
{
    private float fRadius;                   //成员变量
    void showRadius()                        //显示半径
    {
        //int fRadius;                       //局部变量必须初始化
        System.out.println("The Radius of circle is "+fRadius); //输出半径值
    }
    public static void main(String[] args)   //主方法，即程序入口
    {
```

```
11            Circle circle=new Circle();          //创建圆类的对象
12            circle.showRadius();                 //引用对象方法,显示圆半径
13        }
14    }
```

【运行结果】

The Radius of circle is 0.0

如果去掉代码第 6 行注释,运行结果为:

variable fRadius might not have been initialized(提示变量 fRadius 尚未初始化)

5.2.4 成员方法

➢ 成员方法的声明完整格式:

[成员访问修饰符][成员存储类型修饰符] 数据类型成员方法([参数列表])[throws Exception];

➢ 成员方法定义的完整格式:

[成员访问修饰符][成员存储类型修饰符] 数据类型成员方法([参数列表])[throws Exception]{

  [＜类型＞ ＜局部变量＞;]

  ……方法体语句;

};

格式说明:

(1)类的成员方法的声明或定义前,除了声明方法的返回值数据类型外,还需要说明方法的访问属性和存储方式。访问修饰符包括:public、protected、private 和缺省;存储类型修饰符包括:static、final、abstract、native、synchronized。

各种成员方法访问修饰符的作用与成员变量相同,请参见表 5-1。

表 5-4 给出了各种成员方法存储修饰符的功能。

表 5-4　　成员方法存储修饰符的功能

关键字	用途说明
static	声明类方法,表明该方法为所有对象所共有
final	声明最终方法,该方法不能被子类重写
abstract	声明抽象方法,没有方法体,该方法需要其子类来实现
native	声明本地方法,本地方法用另一种语言(如 C)实现
synchronized	声明同步方法,该方法在任一时刻只能由一个线程访问

(2)注意,如果类体中一个方法只有声明,没有定义(没有方法体),则此方法是 abstract 的,且类体和方法体前都须加 abstract 关键字修饰。

注　意:

native(本地的)关键字本书不做介绍,synchronized(同步)关键字请参看多线程一章,throws Exception 用来声明方法可能抛出的异常,将在异常处理一章中介绍。

(3)访问成员方法格式:对象.成员方法

如果考虑 static 关键字,那么访问格式可细化为:

对象.静态成员方法(或实例成员方法)

或:类名.静态成员方法

(4)方法的返回值

方法按返回值可分为两类:无返回值的方法和有返回值的方法。有返回值方法的返回值类型可以是 Java 允许的任何数据类型。无返回值的方法用 void 关键字声明,不能包含 return 语句;有返回值的方法需在方法名前指出方法的返回值类型,并且包含 return 语句,return 后跟返回的结果,结果的数据类型即返回值类型。为了兼顾初学者,这里给出一个小例子来说明方法返回值的作用,注意对比例 5-4。

例 5-7　方法返回值的作用。

Circle.java 程序代码

```
public class Circle                          //类开始
{
    private float fRadius;                   //成员变量
    final float PI=3.14f;                    //定义常变量 PI
    void setRadius(float fR)                 //设置圆半径
    {
        fRadius=fR;
    }
    float getArea()                          //这里增加了带返回值的方法 getArea()
    {
        return fRadius * fRadius * PI;
    }
    void showArea()                          //显示圆面积
    {
        System.out.println("The area of circle is "+getArea()); //输出 getArea()值
    }
    public static void main(String[] args)   //主方法,即程序入口
    {
        Circle circle=new Circle();          //创建圆类的对象
        circle.setRadius(5);                 //引用对象方法,设置圆半径
        circle.showArea();                   //引用对象方法,显示圆面积
    }
}
```

注意,如果 getArea()无返回值,则 showArea()不能输出。

(5)方法的参数列表

在声明方法中的参数时,需要说明参数的类型和个数。

参数之间用逗号隔开,参数的数据类型可以是 Java 认可的任何数据类型。参数名称在它的作用范围内是唯一的,即同一个方法中的参数名称不能相同。

对象可以作为方法的参数,如例 5-8。

例 5-8 对象作为方法的参数。

ObjectParaDemo. java 程序代码

```
class Complex
{
    int real,virtual;
    public Complex(int r,int v)
    {
        real=r;
        virtual=v;
    }
    void showValue()
    {
        System.out.println("复数值为:"+real+"."+virtual);
    }
    static Complex addComplex(Complex c1,Complex c2)
    {
        Complex c=new Complex(0,0);
        c.real=c1.real+c2.real;
        c.virtual=c1.virtual+c2.virtual;
        return c;
    }
}
public class ObjectParaDemo
{
    public static void main(String[] args)
    {
        Complex c,c1,c2;
        c1=new Complex(2,3);
        c2=new Complex(4,5);
        c=Complex.addComplex(c1,c2);
        c.showValue();
    }
}
```

本程序用来计算两个复数的和,addComplex()方法的参数为两个复数类的实例。

注 意:

在 Java 中虽然是按引用传递对象,但是在 Java 函数的参数传递机制中,有且仅有一种参数传递机制,即按值传递。参考例 5-9。

例 5-9　通过引用改变对象的值。

ReferenceDemo.java 程序代码

```
class Timer
{
    int minute,second;
    public Timer(int m,int s)
    {
        minute=m;
        second=s;
    }
    void showTime()
    {
        System.out.println("现在时间是:"+minute+"分"+second+"秒");
    }
    static void swapTime(Timer t1,Timer t2)
    {
        Timer t=t1;//定义了局部变量t,利用t交换t1和t2的值
        t1=t2;
        t2=t;
    }
}
public class ReferenceDemo
{
    public static void main(String[] args)
    {
        Timer t1=new Timer(9,10);
        Timer t2=new Timer(11,12);
        t1.showTime();
        t2.showTime();
        System.out.println("使用swapTime方法交换Timer实例后:");
        Timer.swapTime(t1,t2);
        t1.showTime();
        t2.showTime();
    }
}
```

【运行结果】

程序运行结果如图 5-6 所示。

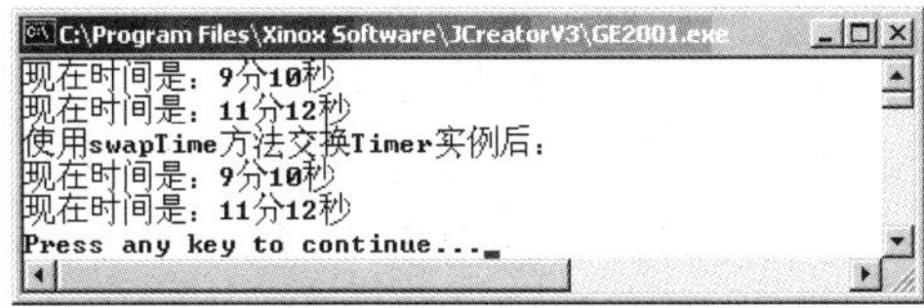

图 5-6　例 5-9 运行结果

程序代码第 13 行试图通过 swapTime()方法交换两个 Timer 实例 t1 和 t2 的值，但是程序结果显示它们的值并没有交换成功。

(6)方法块括号{ }的书写形式

括号{ }的位置在 Java 中有两种，一种写法是源自 C 的写法，方法体左括号{的位置另起一行，并且与方法声明部分的语句缩进一致，方法体的语句相应向内缩进一部分，并保持对齐，如本书前面大部分示例的写法都是如此。

另一种写法，方法体左括号{的位置在方法声明行的结尾，然后语句另起一行书写，如 5.2.5方法重载的示例写法，这是 Java 语言自行引入的格式。

那么究竟该采用哪种写法呢？实际上它们在功能上没有什么不同，这更多的是一种习惯上的选择。笔者因为是从 C 及 C++学起，所以更习惯前一种写法，这种写法，{ }位置缩进格式工整，比较易于阅读。后一种写法多见于 Java 相关的 IDE 工具，在这些工具中默认就生成这种形式的代码格式，笔者认为它的好处在于省略了代码行，使源程序显得更紧凑。

5.2.5 方法重载

方法重载实例

在同一个类体中有多个名称相同的方法，但这些方法具有不同的参数列表(参数的个数不同，或参数的类型不同)，这种现象称为方法的重载(OverLoad)，参考例 5-10。

例 5-10 方法的重载。

行号 **Sum.java 程序代码**

```
1   public class Sum {
2       static int add(int x,int y){
3           return x+y;
4       }
5       static int add(int x,int y,int z){
6           return x+y+z;
7       }
8       static float add(float x,float y){
9           return x+y;
10      }
11      public static void main(String[] args) {
12          System.out.println(add(2,3));
13          System.out.println(add(2,3,4));
14          System.out.println(add(2.1f,3.2f));
15      }
16  }
```

程序中第 2、5、8 行的 add()方法之间互为方法重载，其中第 2、5 行的 add()方法之间参数个数不同，第 2、8 行的 add()方法之间参数数据类型不同。方法重载是一种静态多态，有时也称为“编译时绑定”。编译器习惯上将重载的这些方法确认为不同的方法，因此它们可以存在于同一作用域内。调用时，根据不同的方法调用格式(代码第 12、13、14 行)自动判断、定位到相应的方法定义地址。

使用方法重载，会使程序的功能更清晰、易理解，并使调用形式更简单。

注　意：

方法的参数名以及返回值类型不是方法重载的判断条件，例如：

```
static int add(int x,int y){
    return x+y;
}
static int add(int x2,int y2){
    return x2+y2;
}
static double add(int x2,int y2){
    return (double)(x2+y2);
}
```

上面三个方法之间都不是重载关系，如果同时出现在同一类模块中属于重复定义，会有编译错误。

在 JDK 1.5 之后，像 C# 一样引入可变参数的功能，改进了 Java 的参数重载语法格式，如例 5-11 所示。

例 5-11　方法重载的可变参数特性。

Sum.java 程序代码

```
public class Sum{
    static int add(int... x){//可变参数定义，用来替代多个方法重载
        System.out.println("begin to demo------->");
        int sum=0;
        for(int var:x){
            sum+=var;
        }
        System.out.println("end to demo-------->");
        return sum;
    }
    public static void main(String[] args){
        System.out.println(add(2,3));
        System.out.println(add(2,3,4));
    }
}
```

【运行结果】

```
begin to demo------->
end to demo-------->
5
begin to demo------->
end to demo-------->
9
```

【代码说明】

代码第 2 行 add()方法的参数列表为(int... x),它将接收不同个数的参数,来实现不定数目的多个整数相加,从而实现了一定程度上的方法重载。

5.2.6 构造方法

1. 什么是构造方法

构造方法是一种特殊的方法,用来创建类的实例。声明构造方法时,可以附加访问修饰符,但没有返回值,不能指定返回类型。构造方法名必须和类名相同。调用构造方法创建实例时,用 new 运算符加构造方法名,如创建学生类 Student 类的实例:

```
class Student
{
    public Student(){}                          //构造方法
    public static void main(String args[])
    {
        Student tom=new Student();           //调用了构造方法来创建实例
    }
}
```

构造方法的使用意义

2. 为什么要使用构造方法

用代码来说明构造方法的作用比较易于理解,如例 5-12。

例 5-12 使用普通成员方法来为对象的成员属性赋值。

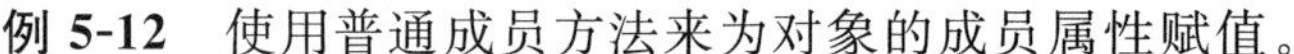

行号　　Timer.java 程序代码

```
public class Timer
{
    int hour,minute,second;
    void setTime(int h,int m,int s) //用来赋值的成员方法
    {
        hour=h;
        minute=m;
        second=s;
    }
    void showTime()
    {
        System.out.println("现在时间是:"+hour+":"+minute+":"+second);
    }
    public static void main(String[] args)
    {
        Timer t1=new Timer();
        t1.setTime(10,11,12);
        t1.showTime();
    }
}
```

在 main()方法中，这个示例用 Timer t1 语法来定义类的实例，用 new Timer()语法创建实例，然后在代码 17 行，实例名 t1 调用自己的普通成员方法 setTime(10,11,12)来为 hour、minute、second 属性赋值。我们使用构造方法来完成同样的效果。

例 5-13　使用构造方法。

行号	Timer.java 程序代码

```
1   public class Timer
2   {
3       int hour,minute,second;
4       public Timer(int h,int m,int s)        //自定义的构造方法
5       {
6           hour=h;
7           minute=m;
8           second=s;
9       }
10      void showTime()
11      {
12          System.out.println("现在时间是:"+hour+":"+minute+":"+second);
13      }
14      public static void main(String[] args)
15      {
16          Timer t1=new Timer(10,11,12);
17          t1.showTime();
18      }
19  }
```

第 4 行的构造方法 public Timer(int h,int m,int s)，方法名与类名一致，而内部功能代码与前示例的 setTime()方法完全相同。调用构造方法时语法为第 16 行的 Timer t1＝new Timer(10,11,12);，本行代码调用"new 构造方法(参数)"格式创建了一个本类的实例，为实例分配了内存空间，并对实例空间里的成员属性初始化，然后将内存地址赋给引用名 t1，后续的代码中，t1 将代表此实例使用。

从例 5-13 中可以看出，为实例的属性设置值有两种方式：

(1)先创建实例，后调用自己的普通成员方法来完成设置，称为"赋值"。

(2)使用 new 运算符调用构造方法，一次性完成实例的创建和属性值设置，称为"初始化"。

比较两种方式可以容易地知道构造方法的使用时机和作用：

(1)构造方法是专门用于构造实例的特殊成员方法，在创建实例时起作用；而使用普通成员方法为实例属性赋值，则是在实例创建后才调用。

(2)构造方法可以自行定义，以满足程序的需要。

(3)在创建实例并设置属性值时虽然我们有两种选择，但推荐使用构造方法的形式来创建实例，这会使程序更简洁和易于理解，运行效率也更高。

3. 构造方法的重载

从上面的示例我们知道，构造方法是可以根据需要自行定义的，对于具有不同参数列表的构造方法就构成了重载的关系。

4. 默认构造方法与自定义构造方法

一个类如果没有定义构造方法，Java 系统会自动生成一个不带参数的构造方法用于创建实例，这个方法就是默认构造方法，如例 5-14。

例 5-14 默认构造方法。

行号 **Timer. java 程序代码**

```
public class Timer
{
    int hour,minute,second;
    //public Timer() {}              //默认构造方法，此方法可以省略
    public static void main(String[] args)
    {
        Timer t1=new Timer();
    }
}
```

在具有自定义构造方法的类体中，如果调用了默认构造方法来创建实例，那么默认构造方法必须显式地书写在类体中，不能省略，如例 5-15。

例 5-15 默认构造方法不能省略。

行号 **Timer. java 程序代码**

```
public class Timer
{
    int hour,minute,second;
    public Timer()                  //默认构造方法，此例中不能省略
    {//下面赋值语句不写也可，创建实例时会按照成员变量的默认值规则赋值
        hour=0;
        minute=0;
        second=0;
    }
    public Timer(int h,int m,int s)      //自定义的构造方法
    {
        hour=h;
        minute=m;
        second=s;
    }
    void showTime()
    {
        System.out.println("现在时间是:"+hour+":"+minute+":"+second);
    }
```

```
    public static void main(String[] args)
    {
        Timer t1=new Timer(10,11,12);
        t1.showTime();
        Timer t2=new Timer();              //调用了默认构造方法创建实例
        t2.showTime();
    }
}
```

原因是：当类体自定义了其他构造方法时，编译器会认为自定义所有构造方法，此时默认构造方法也会失效，所以必须重新定义。

5.2.7　main 方法

主方法 main()是整个程序进程的入口，也称主线程。和构造方法一样，主方法也是类的特殊成员方法。

想一想：

main()方法也是类的成员方法，这一说法有何根据？

main()方法格式如下：

public static void main(String args[]){ }

其中方法的访问修饰符，存储类型修饰符和返回值类型都是固定的，不能省略，如果省略虽然不一定会有编译错误，但会造成程序找不到入口。命令行参数为 String 类型数组，参数名 args 可以改变，args[]数组是一个可变数组，它可以接受任意长度的控制台参数，如例5-16，有可带控制台参数的类 Sum.java。

例 5-16　有可带控制台参数的类 Sum.java。

行号　Sum_Args.java 程序代码

```
public class Sum_Args
{
    public static void main(String[] args)
    {
        int a=Integer.parseInt(args[0]);
        int b=Integer.parseInt(args[1]);
        System.out.println("a+b="+(a+b));
    }
}
```

先编译：

DOS 提示符>javac Sum_Args.java

运行：

DOS 提示符>java Sum_Args 2 3

结果为:

a+b=5

如果输入的参数个数不匹配,将产生 ArrayIndexOutOfBoundsException 异常。在 JCreator 中输入控制台参数的方法,请参考实训教材的附录。

main 虽然不是关键字,但建议不做其他方法名使用。

5.3 Java 的修饰符

5.3.1 Java 的访问控制修饰符

前面章节我们提到过"封装"的概念,封装的基本思路是:将成员属性设为 private,使用户不能直接访问;将成员方法设为 public,然后通过 public 成员方法访问 private 成员属性。封装虽然在最大限度上保证了数据访问的安全,但 private 成员仅可供本类内的方法访问,限制太严格。OOP 提供了其他的访问控制修饰符用来控制在类、包内外部的访问权限,详见表 5-1。

Java 中访问控制共有四个等级,其中三个关键字(访问修饰符)分别是 public、protected 和 private,按照访问控制权限的高低依次为:public→protected→缺省→private。

功能如下:

(1)当成员被声明为 public 时,该成员可以被程序中的任何代码模块所访问。

(2)当成员被声明为 protected 时,该成员只可以被该类的子类的程序代码模块所访问。

(3)当缺省即无访问修饰符时,该成员只可以被该类所在包的类的程序代码模块所访问。

(4)当成员被声明为 private 时,该成员只可以被本类程序代码模块所访问。

参考例 5-17,大致了解一下 private 访问控制修饰符的作用,因为 protected 和缺省控制等级涉及"包"的概念,将在后面章节详细介绍。

例 5-17 private 访问控制修饰符的作用。

行号 AccessDemo.java 程序代码

```
class Access
{
    private int data;  //private 属性成员只能被本类访问
    void show()
    {
        System.out.println("data's value is : "+data);
    }
}
public class AccessDemo
{
    public static void main(String[] args)
    {
        Access obj=new Access();
        obj.show();
```

```
15            System.out.println("object's data is :"+obj.data);
16        }
17    }
```

该程序无法编译，并提示错误信息：AccessDemo.java：15：data has private access in Access。

【代码说明】

错误提示说明代码第 15 行访问了一个 Access 类的 private 属性 data，而 private 属性成员只能被本类访问，将第 3 行代码 data 成员变量的 private 修饰符去掉即可正常运行。

下面通过例 5-18 来理解 main()方法在类中的作用。

例 5-18 main()方法在类中的作用。

行号　　AccessDemo.java 程序代码

```
public class AccessDemo
{
    private int data;
    void show()
    {
        System.out.println("data's value is : "+data);
    }
    public static void main(String[] args)
    {
        AccessDemo obj=new AccessDemo();
        obj.show();
        System.out.println("object's data is :"+obj.data);
    }
}
```

【运行结果】

data's value is:0

object's data is:0

【代码说明】

虽然 data 成员变量仍然是 private，但因为 main()方法与 data 在同一类体内，所以可以访问。这说明了 main()方法也是类的成员方法的事实，只不过 main()方法和类的构造方法不参与继承。

5.3.2 Java 的存储修饰符

1. static 修饰符

static(静态)可以用于修饰成员方法和成员变量(也称为类方法和类变量)，但需要注意不能用于修饰局部变量。相对于实例变量，类变量是真正意义上的全局变量，而类方法只能调用类变量，不能调用实例变量。

static 修饰符的使用实例

(1)static 成员的意义

static 成员也称类成员，存储在公有的静态内存区，是所有实例共有的，可以被所有实例调用。因此类成员既从属于类整体，也是每个实例的一部分。

例如，假设在 F1 大赛中有多辆汽车参与比赛，汽车类(RacingCar)有多个实例 car1，car2，car3……，每辆赛车都需要在自己的仪表盘上即时地看到赛道上正在比赛的赛车的数量 num，以制定自己的进站策略，而这个仪表盘上的数字 num 应该被所有赛车共用，即每辆赛车进站或出站都会引起此数字的变化，因此最好将 num 设为类变量，如图 5-7 所示。

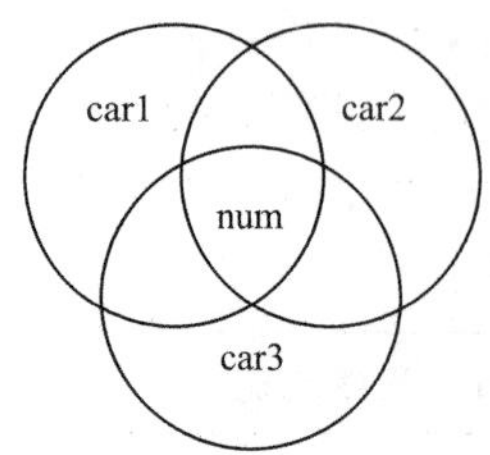

图 5-7 RacingCar 类和 num 的关系

类成员的访问格式可以有以下两种：

类名.类成员　　　　如：RacingCar. num＝3；

实例名.类成员　　　如：car. num＝car. num－1；

从图 5-6 中可以分析出 static 成员变量可以有这两种访问格式的原因。

例 5-19 类变量的应用。

```
public class RacingCar
{
    static int num;
    RacingCar()
    {
        num++;
    }
    static void showNum()
    {
        System.out.println("现在赛道上赛车总数为:"+num);
    }
    public static void main(String[] args)
    {
        RacingCar car1,car2,car3;
        car1=new RacingCar();
        car1.showNum();                //static 方法可以被实例名调用
        car2=new RacingCar();
        car3=new RacingCar();
        RacingCar.showNum();           //static 方法也可以被类名调用
    }
}
```

(2)初始化 static 成员变量

类变量从属于类,因此与实例变量不同,不能使用构造方法来初始化。

可以使用下面的几种方法来初始化类变量:

①如果不显式地赋值或初始化,类变量将使用默认值(与实例变量默认初始化规则相同),如:有类变量 static int a;若不显式地赋值,则 a 的值默认为 0。

②声明时初始化,如:static int a=3。

③使用静态块初始化,如:

```
class Demo
{
    static int a[]=new int[3];
    static
    {
        for(int i=0;i<a.length;i++)
        {
            a[i]=(int)(10*Math.random());
        }
    }
}
```

static 块在类加载时先初始化,然后再执行 main()方法。

④使用类方法初始化,如:

```
class Demo
{   static int a[]=new int[(int)(Math.random()*10)];
    static void setValue()
    {
        for(int i=0;i<a.length;i++)
        {
            a[i]=i+1;
            System.out.println(a[i]);
        }
    }
}
```

(3)static 方法

static 方法是从属于类的方法,主要用来操作 static 成员。方法中可调用的成员规则见表 5-5。

表 5-5　方法中可调用的成员规则

调用的方法 \ 被调用成员	static 成员	非 static 成员(实例成员)
static 方法	可以	不可以
非 static 方法(实例方法)	可以	可以

注　意:

static 方法中不能使用 this 和 super 关键字。this 和 super 关键字将在 5.4 节介绍。

2. final 修饰符

final 修饰符可以修饰类、方法和变量，部分功能前面的章节中曾有介绍，还有部分内容涉及类的继承，建议读者看完 5.4 节再阅读这部分内容。

final 修饰符的功能简要介绍见表 5-6。

表 5-6　　final 修饰符的功能

被 final 修饰的内容	final 关键字的作用
类	声明最终类，该类不能被子类继承
方法	声明最终方法，该方法将不能被子类重写
变量	表示修饰的变量是常变量

5.4　类的继承

类通过继承可以实现代码复用，从而提高程序设计效率，缩短开发周期。Java 的类大致有两种：系统提供的基础类和用户自定义的类。系统类面向系统底层，为用户进行二次开发提供技术支持，如果没有系统类支持，用户自行开发应用程序的任务将会变得繁重和复杂；自定义类是用户为解决特殊问题、面向实际问题设计的类。用户通过在已有类的基础上扩展子类的形式来构建程序的新功能，子类可以继承父类的属性和方法，同时也可以加入自身独特的属性和方法，以区别于父类。

5.4.1　Java 类继承的实现形式

Java 中使用 extends 关键字来继承父类，格式为：

[类访问控制修饰符] [类存储修饰符] class 子类名 extends 父类名{…}

Java 中所有类的终极父类是 java. lang. Object，该类是所有类的根，如果一个类没有声明 extends 父类，则默认父类为 Object 类。

例 5-20　使用 extends 关键字来继承父类。

行号　　Children. java 程序代码

```
class Children extends Parent
{
    int age;                              //子类自定义的成员变量
    Children(String cName,int cAge)       //构造方法
    {
        //super();                        //默认省略了此语句
        name=cName;                       //name 属性继承自父类 Parent
        age=cAge;
    }
    public static void main(String[] args)
    {
        Children children=new Children("王强",10);
        System.out.println("子类信息如下:");
```

```
14              children.showInfo();              //showInfo()方法继承自父类 Parent
15          }
16      }
17      class Parent
18      {
19          String name;                          //姓名
20          Parent(){}                            //此处默认构造方法为必需
21          Parent(String pName)                  //构造方法
22          {
23              name=pName;
24          }
25          void showInfo()                       //显示个人信息
26          {
27              System.out.println("姓名:"+name);
28          }
29      }
```

【运行结果】

子类信息如下：

姓名:王强

【代码说明】

(1)例 5-20 中的 Parent 类为父类,Children 类为子类。在继承时,父类所有的普通成员方法和成员变量都继承到子类中。父类定义了成员变量 name 和显示信息的成员方法 showInfo();子类中额外定义了一个成员变量 age,因为父类的 name 成员变量和 showInfo()成员方法会被子类继承下来,所以子类中没有对其重新定义。

(2)子类 Children 中 main()方法定义了子类实例 children,在第 7、14 行代码,分别调用了 name 和 showInfo(),但子类中并未重新定义,这里充分利用了继承的特性。

(3)本例中的父类 Parent 需要定义默认构造方法 Parent(),因为 Java 语言的类在继承时,子类的构造方法会默认调用父类的默认构造方法,见代码第 6 行,super()方法是子类的超类的构造方法,这里相当于调用 Parent()方法,而构造方法是不参与继承的,所以第 20 行的代码是必需的。

5.4.2　成员变量的覆盖和方法重写

通过类的继承,子类可以使用父类的成员变量和成员方法。但当子类重新定义了与父类同名的方法时,子类方法将会覆盖父类同名方法,叫作方法重写(Override)。同样,当子类的成员变量与父类的成员变量同名时,在子类中将隐藏父类同名变量的值,叫作变量覆盖。

方法重写发生在有父子类继承关系、父子类中的两个同名的方法的参数列表和返回值完全相同的情况下。另外,还需注意下面的两条限制:

(1)重写的方法不能比被重写的方法拥有更严格的访问权限。

(2)重写的方法不能比被重写的方法产生更多的异常。

方法重写实例

例如,例 5-21 中,第 36 行代码前加上 public,则 showInfo()方法将不能被重写,因为有编译错误。原因是 showInfo()方法的默认访问控制权限低于 public 权限(参考 5.3.1 节)。关于异常处理部分,将在后面章节讲述。

例 5-21 成员方法重写。

行号　　Children.java 程序代码

```
class Children extends Parent
{
    String name;                    //子女姓名
    int age;
    Children(String cName,char cSex,int cAge)  //构造方法
    {
        //super();                  //默认省略了此语句
        name=cName;
        sex=cSex;
        age=cAge;
    }
    void showInfo()                 //显示子类实例信息,重写了父类的 showInfo()方法
    {
        System.out.println("孩子的姓名:"+name);
        System.out.println("孩子的性别:"+sex);
        System.out.println("孩子的年龄:"+age);
    }
    public static void main(String[] args)
    {
        Children children=new Children("王强",'M',10);
        System.out.println("子类信息如下:");
        children.showInfo();
    }
}
/*------- 定义父类 -------*/
class Parent
{
    String name;                    //姓名
    char sex;                       //性别
    Parent(){}                      //此处默认构造方法为必需
    Parent(String n,char s)         //构造方法
    {
        name=n;
        sex=s;
    }
    void showInfo()                 //显示个人信息
    {
        System.out.println("姓名:"+name);
        System.out.println("性别:"+sex);
```

```
40            }
41      }
```

【运行结果】

子类信息如下：
孩子的姓名：王强
孩子的性别：M
孩子的年龄：10

【代码说明】

例中的 Parent 类为父类，Children 类为子类，在继承时，父类所有的普通成员方法和成员变量都继承到子类中。父类定义了两个成员变量姓名 name 和性别 sex，并自定义了带两个参数的构造方法 Parent(String n，char s)和显示信息的成员方法 showInfo()；子类中额外定义了成员变量年龄 age 和姓名 name，虽然父类也定义了 name，但子类中重新定义了这个变量，因此是对此父类 name 变量的覆盖。

因为子类中需要输出额外的 age 信息，所以子类重新定义了方法 showInfo()，子类的这个方法重写了父类的 showInfo()方法的功能，也就是说，当子类的实例调用 showInfo()方法时，调用的将是子类的方法，见代码第 22 行，这就是方法重写。

注　意：

Java 不支持多继承，如果要实现多继承的功能可以采用扩展接口的形式。

5.4.3 this 和 super 关键字

this 是对象的别名，是当前类的当前实例的引用，而 super 是当前类的父类实例的引用。

1. this 关键字

this 用于类的成员方法的内部，用于代替调用这个方法的实例。this 本质上是一个指针，指向操作当前方法的实例，这与 C++的 this 指针完全相同，但因为 Java 中没有显式指针，我们可以把它理解为引用(隐式指针)。如果方法中的成员调用前没有操作实例名，实际上默认省略了 this。而且在某些特殊情况下，this 是不能省略的。例如当方法的局部变量与全局变量重名时，则必须使用 this 来区分全局变量，参考例 5-22。

例 5-22　this 关键字应用。

行号　　Children.java 程序代码

```
class Children
{
      int age;                  //age 是成员变量，属于全局变量
      void setAge(int age)      //age 是局部变量
      {
            this.age=age;       //此处的 this.age 代表成员变量
                                //this 代表代码 12 行的实例 children
      }
      public static void main(String args[])
      {
```

```
            Children children=new Children();
            children.setAge(9);     //实例 children 操作了 setAge 方法
            Children children2=new Children();
            children2.setAge(10);  //实例 children2 操作了 setAge 方法
        }
    }
```

注　意：

this 关键字不能在 static 方法中使用，否则会有“non-static variable this cannot be referenced from a static context”编译错误。

2. super 关键字

super 有两种调用形式，参考例 5-23。

(1)super　　　　代表父类的实例

(2)super()　　　代表父类的构造方法

例 5-23　super 关键字应用。

行号　　　　Children.java 程序代码

```
class Children extends Parent
{
    String cName;                    //子女姓名
    char cSex;                       //子女性别
    Children(String pName,String cName,char cSex)
    {
        super(pName);                //利用 super()调用父类构造方法
        this.cName=cName;            //this.cName 表示当前类成员
        this.cSex=cSex;              //this.cSex 表示当前类成员
    }
    /*--- 定义布尔型方法，判断 this 是否为 Children 的对象的引用---*/
    boolean isChildren()
    {
        if(this instanceof Children)
            return true;
        else
            return false;
    }
    void showFamilyInfo()
    {
        System.out.println("父母姓名:"+super.pName);//利用 super 引用父类实例
        System.out.println("子女姓名:"+cName);
        System.out.println("子女性别:"+cSex);
    }
    public static void main(String[] args)
    {
```

```
27            Children children=new Children("刘强,王丽","刘华",'F');
28            System.out.println("this 为当前类的实例吗?"+children.isChildren());
29            children.showFamilyInfo();
30        }
31    }
32    /*--- 定义父类 ---*/
33    class Parent
34    {
35        String pName;            //父母姓名为类的成员变量
36        Parent(String pName)     //pName 为方法的参数
37        {
38            this.pName=pName;
39        }
40    }
```

【运行结果】

this 为当前类的实例吗? true
父母姓名:刘强,王丽
子女姓名:刘华
子女性别:F

【代码说明】

(1)在 Children 类的构造方法中,调用 super(pName)方法引用了父类 Parent 的构造方法,等同于 Parent(pName)。

(2)在 Children 类的 showFamilyInfo()方法中使用 super.pName 引用了父类 Parent 的成员变量 pName,见代码第 36 行。

(3)当子类的方法覆盖父类方法时,如果要在子类中调用父类的方法,可采用"super.父类方法"的形式调用父类中被覆盖的方法。

(4)super()方法只能是子类的构造方法中第一条语句。

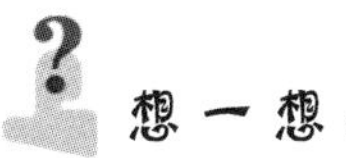

对比 5.4.2 节的示例,想想为什么 5.4.3 节例 5-22 的父类 Parent 不再需要定义默认构造方法 Parent()。

关于继承到子类中的内容

(1)在继承中,父类的属性和方法会派生到子类中,但是父类的构造方法和 main()方法是不能被继承的。按 Sun 官方的说法,static 成员也不能被继承。

(2)既然构造方法不能被继承,那么 5.4.1 节的例 5-20 为什么会在第 6 行代码处隐含一个 super()调用呢?因为这造成了有时我们不得不自定义默认构造方法的麻烦。实际上这是一个默认调用,与继承无关。而且,在子类的构造方法中只隐含调用父类的默认构造 super(),而不负责调用其他的构造方法。

本章小结

本章讲述了Java的OOP特性及其基本语法，它是我们学习Java的重要基础，特别对于没有接触过C++等OOP语言的读者来说，最容易混淆的就是Java类结构语法，不少初学者因为缺乏Java类结构基础知识，不得不在学过后期的GUI设计之后再重新学习这部分知识。因此学好这一章内容，对于学好Java语言有决定性的意义。

本章讲述的内容总结如下：

- OOP的三种基本特性：继承、封装和多态。
- Java类的结构。
- Java中简单的调用格式，常用关键字super和this的使用等。

本章介绍了类定义的基本结构，根据作用域范围将变量划分为全局变量和局部变量，而全局变量根据是否有static修饰又可以划分为类变量和实例变量。

修饰符可以用于修饰类、方法和属性。其中，访问控制修饰符有三个关键字，四个控制等级(public、protected、缺省和private)。因为Java语言中类的访问还涉及"包"的问题，所以访问控制修饰符将在"包"技术介绍完毕之后再详细讲解，请读者参考后续的内容。

本章中初次接触到"多态"的概念，"重载方法"是一种静态多态，后续的章节还会介绍一种动态多态"重写方法"。需要注意的是构造方法是可以重载的。

super关键字用于需要在子类中快速调用父类的方法和属性的情况，调用父类的构造方法可以使用super()。在某些情况下(比如重写)，使用"super.父类的成员"的格式是唯一可以在子类中访问父类的成员的途径。

探究式任务

1. 了解"正则表达式"的用法。
2. 了解Java的Cloneable接口及其clone()方法在深拷贝中的使用。
3. 观察一下方法的可变参数特性与数组之间的联系。

习 题

一、选择题

1. 下面哪个不是Java的访问修饰符关键字？(　　)

A. private　　B. friend　　C. protected　　D. public

2. 关于下面语句：

void show(int x,int y){…}

下面哪个语句是它的重载？(　　)

A. int show(int x,int y){…}　　B. void show(int x2,int y2){…}

C. void show(int x,int y,int z){…}　　D. int show(){…}

3. 关于下面语句：

protected void show(int x,int y){…}

下面哪个语句是它在子类中的重写？(　　)

A. protected int show(int x,int y){…}

B. protected void show(int x,int y,int z){…}

C. public void show(int x,int y){…}

D. void show(int x,int y){…}

4. 下面哪个是类 Student 的 static 变量 name 的正确调用形式?(　　)

```
public class Student                    //类开始
{
    static String name;
    public static void showName(){
        name="tom";                     //1
    }
    public void showName2(){
        name="tom";                     //2
    }
    public static void main(String args[]){
        Student s1=new Student();
        s1.name="tom";                  //3
        Student.name="Marry";           //4
    }
}
```

A. 1、2 注释处　　B. 1、2、3 注释处

C. 1、3、4 注释处　　D. 所有注释处

二、编程题

1. 编写一个计算类 Calculate 并重载 maxNum()方法,显示两个整型数中的最大值和三个浮点型数中的最大值。

2. 定义一个动物类 Animal,有成员方法 void voice(),再定义两个子类:狗类 Dog 和猫类 Cat,在子类中自行重写成员方法 voice()实现其功能。当调用格式如下时,分别实现其输出信息:

```
Dog doggie=new Dog();
doggie.voice(); //输出信息:"汪汪"
Cat kitty=new Cat();
kitty.voice();  //输出信息:"喵喵"
```

三、课程思政题

课程思政:

学生活动:了解软件项目开发文档,制作需求分析文档。

思政目标:传承与工匠精神。

时事:软件项目管理是管理整个软件工程的技术。为使软件项目开发获得成功,关键工作是对软件项目的工作范围、风险、资源、任务、成本、进度等作出合理安排。其中的项目开发文档将会作为企业资产不断更新和传承。请自行上网了解了解企业传承项目开发经验的重要性,了解企业项目开发文档的功能与要求。

与知识点结合:软件项目开发中的 OOAD(面向对象的分析与设计)与 OOP 开发的紧密关系。

第6章 接口与包

知识目标

在本章，我们将要：

- 使用抽象类完成动物类设计
- 完成“圆”接口的设计
- 使用运行时多态完成雇员发薪功能
- 完成一个访问包示例

技能目标

在本章，我们可以：

- 掌握 abstract 类、方法、接口的定义格式和多态
- 理解包的定义、编译、导入和调用
- 理解并掌握包功能在 Java 中的访问控制方法
- 了解匿名类与内部类的使用意义

素质目标

- 培养自学方法与习惯，具备主动探究能力；培养良好的团队合作意识；正确理解项目需求，具备信息收集、分析与解决问题的能力。提高综合职业素养。

6.1 接　口

6.1.1 抽象类与抽象方法

1. 什么是抽象类和抽象方法

简单地说，抽象方法是只有方法声明而没有方法体的特殊方法，例如：

```
abstract void talk();
```

如果一个类中含有抽象方法，这个类就自然成为抽象类，例如：

```
abstract class Animal
{
    abstract void talk();
    void getSkinColor(){…}
}
```

从上面的代码可以看出：

(1)talk()方法只有修饰符和方法名，而没有方法体，所以它是一个抽象方法，需要用 abstract 关键字修饰。

(2) Animal 类中有抽象方法 talk()，虽然 Animal 类中也有其他有方法体的方法，如 getSkinColor()，但只要类体中有一个方法是抽象的，则该类就是抽象的。因此该类自然成为抽象类，也需要 abstract 关键字修饰。

2. 抽象类和方法的作用

在设计程序时，通常先将一些具有相关功能的方法组织在一起，形成特定的类，然后由其他子类来继承这个类，在子类中将覆盖这些没有实现的方法，完成特定的具体功能。这种编程模式通常用于相对较大型工程的设计，在这些大型工程中，实现的技术比较复杂，模块多，代码量大，涉及编程的相关人员较多，角色和任务也不尽相同，为了合理安排软件工程的开发工作，需要一部分资深程序员先对程序框架进行整体设计，然后其他程序员在建立好的框架基础上再做更细致的开发，就好比建一座大厦要先建好钢筋混凝土框架再垒墙砖一样，抽象类和方法就是起到“建立框架”的作用。

在某些特殊情况下，一些类和方法的功能无法固定，比如上面的 Animal 类，它是所有动物的统称，每种动物的“说话”方式不同，小狗可能是“汪汪”地叫，而小猫是“喵喵”地叫，在 Animal 类中无法确定 talk()方法的具体功能，只有在子类中才能确定，因此把它设为抽象类最合适。

3. 抽象类和方法的具体示例(参考例 6-1)

例 6-1　使用抽象类完成动物类设计。

行号　　DemoAbstract.java 程序代码

```
abstract class Animal            //定义抽象类 Animal
{
    private String type;
    public Animal(String type)
    {
        this.type=type;
    }
    abstract void talk();        //声明抽象方法 talk()
}
class Dog extends Animal         //定义 Animal 类的子类 Dog
{
    private String name;
    public Dog(String type,String name)
    {
        super(type);
        this.name=name;
    }
    void talk()                  //覆盖 talk()方法
    {
        System.out.println("汪汪");
    }
}
class Cat extends Animal         //定义 Animal 类的子类 Cat
```

```
24  {
25      private String name;
26      public Cat(String type,String name)
27      {
28          super(type);
29          this.name=name;
30      }
31      void talk()             //覆盖talk()方法
32      {
33          System.out.println("喵喵");
34      }
35  }
36  public class DemoAbstract  //定义主类
37  {
38      public static void main(String[] args)
39      {
40          Dog doggie=new Dog("犬科动物","德国黑贝");    //指向子类对象
41          Cat kitty=new Cat("猫科动物","波斯猫");       //指向子类对象
42          doggie.talk();    //显示doggie的声音
43          kitty.talk();     //显示kitty的声音
44      }
45  }
```

【运行结果】

汪汪

喵喵

【代码说明】

Animal类是抽象类,其中定义了抽象方法talk(),Dog和Cat是Animal类的子类,两个子类均覆盖了talk()方法。在DemoAbstract类中,定义了两个子类类型的变量doggie和kitty,语句:

```
Dog doggie=new Dog("犬科动物","德国黑贝");
Cat kitty=new Cat("猫科动物","波斯猫");
```

通过调用这两个变量的talk()方法(代码第42、43行),显示两个子类实例talk()方法的输出结果。

注　意:

(1)抽象类因为功能没有定义完善,是不能创建实例的,如:“Animal obj=new Animal();”是错误的。抽象类必须经过继承才能使用。

(2)在某些情况下,可能需要定义不允许其他类继承的类,这种类被称为最终类,用final关键字说明。从类的使用方式上可以看出,抽象类和最终类在使用方式上正好相反,一个必须通过继承才能使用,一个不允许继承。因此,两个关键字不能同时修饰一个类。

(3)如果子类没有重写抽象父类中的全部方法,按照继承的规则,抽象方法会被子类继承,子类成为抽象类。

6.1.2　接口概述

前面提到，为了利于软件工程的开发，使继承的类层次结构更清晰，可以使用抽象类来完成整体的设计工作。但因为 Java 不支持多继承，如果希望一个类能同时继承两个以上的父类，抽象类作为父类就显得力不从心了。这时，可以考虑使用接口（Interface）来实现多继承的效果。

接口是一种“纯粹”的抽象类，只包含了抽象方法和常量的定义。这些抽象方法必须由其他子类来实现（关键字为 implements），才能赋予方法新的功能。

1. 接口的格式

```
[访问修饰符] interface 接口名
{
    [访问修饰符][存储修饰符] 静态常量;
    [访问修饰符][存储修饰符] 抽象方法;
}
```

说明：

（1）接口中的常量默认是 public、static 和 final 类型的，定义时无须指定这些属性。

（2）接口中的方法默认是 public 和 abstract 类型的，定义时也无须指定这些属性。

（3）事实上，接口成员（包括成员变量和成员方法）的访问修饰符都必须是 public 的。

（4）接口的访问修饰符与类的访问修饰符规则一致，缺省时为包内访问，但建议设为 public，因为从接口的使用上看，接口只有被其他子类实现才有实际意义，为了调用方便，设为 public 较为合适。Java 系统类库的接口都是 public 的。

2. 接口的使用

子类实现接口时使用 implements 关键字，可以实现多个接口，接口名之间用逗号隔开。

格式为：

```
[访问修饰符][存储修饰符] class 类名 implements 接口名 1,接口名 2,…
{…}
```

例 6-2　定义一个接口，并定义相应的类来实现接口中的方法。

行号　　DemoInterface.java 程序代码

```
interface Circle                                  //定义接口 Circle
{
    double PI=3.14159;                            //定义常量
    void setRadius(double radius);                //定义抽象方法
    double getArea();                             //定义抽象方法
}
//类 DemoInterface 实现接口 Circle 中的方法，用关键字 implements
public class DemoInterface implements Circle
{
     double radius;                               //定义成员变量
```

```
    public void setRadius(double radius)            //实现接口中的 setRadius 方法
    {
        this. radius=radius;
    }
    public double getArea()                          //实现接口中的 getArea()方法
    {
        return (radius * radius * PI);
    }
    public static void main(String[] args)
    {
        DemoInterface di=new DemoInterface();                //创建类对象 di
        System. out. println("接口中定义的 PI="+PI);       //显示接口中的常量
        di. setRadius(5. 6);  //设置半径
        System. out. println("The area is "+di. getArea()); //显示圆面积
    }
}
```

【运行结果】

接口中定义的 PI=3. 14159

The area is 98. 52026239999998

【代码说明】

(1)程序中定义了接口 Circle,PI 为接口中定义的常量。虽然定义 PI 时只用了 double 指定常量的存储类型,但该常量默认应当是公共的、静态的。在类 DemoInterface 中的 main()方法中可以直接使用 PI,恰恰说明 PI 是静态的;否则,不能直接使用。

(2)接口中定义的两个方法也只是指定了返回值类型,并没有指定其他属性。但这两个方法是抽象方法,如果实现该接口的类 DemoInterface 不实现其中的任何一个方法,编译时将提示"DemoInterface should be declared abstract; it does not define…",意思是 DemoInterface 类应为抽象类,并指出哪个方法没有定义。

(3)在类中实现两个接口中的方法时,给方法指定了 public 属性,其原因是接口中定义的方法默认为 public,实现这个接口的子类中重定义的该方法也必须指定 public 属性,否则编译时将提示错误信息,因为重写的方法不能比被重写的方法拥有更严格的访问权限(参考 5. 3. 1 节)。

(4)实现接口用关键字 implements。一个类可以同时实现多个接口,这可以解决类不能多重继承的问题。

3. 接口与抽象类的区别

(1)接口是一种"纯粹"的抽象类,接口中的所有方法都是抽象的(只有声明,没有定义);而抽象类允许包含有定义的方法。

(2)子类实现接口用 implements 关键字;继承抽象类用 extends 关键字。

(3)子类可以实现多个接口,但只能继承一个抽象类。

(4)一个子类如果实现了一个接口,那么子类必须重写这个接口里的所有方法;抽象类的子类可以不重写抽象父类的所有方法,但这个子类会自然成为抽象类。

6.1.3　运行时多态

在 5.1.3 节中介绍了“多态”的概念，并且介绍了多态的分类（分为静态多态和动态多态），本节介绍动态多态（运行时多态）。

运行时多态是指在运行时对重写方法进行调用的机制。在运行时，JRE 根据调用这个方法的实例类型临时决定调用哪个类的方法。运行时多态用一句话概括就是：父类的引用可以指向子类的对象。

例 6-3　使用运行时多态完成雇员发薪功能。

行号　　EmpDemo.java 程序代码

```
abstract class Employee            //雇员类，是抽象类
{
    int salary;                    //雇员薪水
    void setSalary(int salary)     //设置薪水
    {
        this.salary=salary;
    }
    abstract void showSalary();    //显示薪水，是抽象方法
}
class Saler extends Employee       //销售员类，是雇员类的子类
{
    void showSalary()              //重写父类的 showSalary()方法
    {
        System.out.println("销售员的月薪为：¥"+salary*8*30);
    }
}
class Manager extends Employee     //经理类，是雇员类的子类
{
    void showSalary()              //重写父类的 showSalary()方法
    {
        System.out.println("经理的月薪为：¥"+salary);
    }
}
public class EmpDemo               //主类
{
    public static void main(String[] args)
    {
        Employee emp;              //定义父类的引用
        emp=new Saler();           //父类的引用指向子类 Saler 的实例
        emp.setSalary(15);
        emp.showSalary();          //显示销售员的月薪
        emp=new Manager();         //父类的引用指向子类 Manager 的实例
        emp.setSalary(5000);
```

```
34            emp.showSalary();      //显示经理的年薪
35        }
36    }
```

【运行结果】

销售员的月薪为:￥3600

经理的月薪为:￥5000

【代码说明】

(1)程序中定义了 4 个类,其中 Employee 类是抽象父类,Saler 类和 Manager 类是它的子类。Employee 类中有抽象方法 showSalary()(代码第 8 行),用来显示雇员的薪水;Saler 类和 Manager 类重写了 showSalary()方法,用以完成销售员和经理不同的输出显示。而父类中的 setSalary()方法有方法体(代码第 4 行),所以两个子类没有重写它,而是从父类自然继承了它。

(2)代码第 28 行,定义了 Employee 类的引用 emp,分别指向了 Saler 类的实例(代码第 29 行)和 Manager 类的实例(代码第 32 行)。当 emp 指向 Saler 类的实例时(或这样解释代码第 29 行:new 运算符创建了 Saler 类的实例,并把实例的地址赋给引用 emp),emp 就作为 Saler 类的实例使用,当 emp 操作 setSalary()方法和 showSalary()方法时,调用的就是 Saler 类的 setSalary()方法和 showSalary()方法;同样当 emp 作为 Manager 类的实例使用时,调用的就是 Manager 类的 setSalary()方法和 showSalary()方法。同一个引用 emp,操作名称相同的方法,但呈现出了不同的结果,这就是"多态"。

(3)代码第 28 行定义了 Employee 类的引用 emp,但此时 emp 并没有指向一个具体的实例,因此没有确定的功能,直到代码第 29 行才确定 emp 代表 Saler 类的实例,这种在程序运行的过程中才确定方法的操作实例的机制就是"运行时多态"。

如果将父类替换为接口,那么接口多态的调用方式与抽象类相同。简要代码如下:

```
interface Employee{
    void setSalary(int salary);
    void showSalary();
}
class Saler implements Employee{
    public void setSalary(int salary){…}
    public void showSalary(){…}
}
class Manager implements Employee{
    public void setSalary(int salary){…}
    public void showSalary(){…}
}
```

注　意:

(1)接口 Employee 中的两个方法都是抽象的,因此两个子类 Saler 和 Manager 中必须重写这两个方法。

(2)两个子类 Saler 和 Manager 中方法的访问控制权限都设为 public,是因为接口 Employee 中的方法默认访问控制权限均为 public,而类继承时,子类重写方法的访问控制权限不能低于被重写的方法。

6.1.4　多态的使用意义

运行时多态的使用意义

先看下面的示例，在例 6-3 的基础上稍做改造。现在为了输出销售员 Saler 的月薪，自制了一个 Show 类，其中有 printInfo()方法，代码如下：

```
class Show    //主类
{
    public static void printInfo(Saler obj){
        obj.showSalary();
    }
    public static void main(String args[]){
        Saler saler=new Saler();
        saler.setSalary(10);
        Show.printInfo(saler);
    }
}
```

【运行结果】

销售员的月薪为：￥2400

上面的例子是比较容易理解的，假如想再输出经理 Manager 的月薪，该如何处理呢？一些读者很快就会想到下面的代码：

```
class Show    //主类
{
    public static void printInfo(Saler obj){
        obj.showSalary();
    }
    public static void printInfo(Manager obj){
        obj.showSalary();
    }
    //…
    public static void main(String args[]){
        Saler saler=new Saler();
        saler.setSalary(10);
        Show.printInfo(saler);
        Manager manager=new Manager();
        manager.setSalary(5000);
        Show.printInfo(manager);
    }
}
```

【运行结果】

销售员的月薪为：￥2400

经理的月薪为：￥5000

细心的读者很快就发现了问题。在 Show 类中为了显示不同对象的信息，我们自定义了两个 printInfo()方法，如果再有其他对象的信息也需要显示该如何处理呢？要继续定义新的

printInfo()方法吗？很明显这样处理使得代码累赘且程序的扩展性和可维护性变差。那么如何改进呢？读者参考例6-3就会找到答案，即依靠多态的帮助。

上面的代码可以修改如下：

```
class Show
{
    public static void printInfo(Employee obj){//将父类的引用作为参数
        obj. showSalary();
    }
}
```

由于父类的引用可以代替子类的对象，这样Show类代码中只要定义一个printInfo(Employee obj)方法就行了。实际运行时，JVM会根据实际的参数对象类型来决定运行哪个对象的方法，这无疑极大提高了程序的扩展性和可维护性。同样的多态优势也体现在接口与其子类中，请读者自行试验。

6.2 包

包(package)是Java代码复用的重要特色之一，实现了对类库的封装，并在代码层上实现了包机制的OOP调用形式。

在Java提供的类库中，将一组相关的类和接口放在同一目录下，该目录就称作“包”(package)。包内可以包含其他目录(“子包”)，同一包内不允许有重名的类和接口，但在不同的包中则没有此限制，因此包有助于区分和管理类，避免命名冲突。

“包”中包含的内容有：子包、类(class)和接口(interface)。

6.2.1 使用Java提供的系统包

本书的第1章中曾经介绍过Java的部分系统包(参考第1.1.5节)，这些包在需要的时候可以通过设置classpath环境变量和在代码中使用import语法导入当前程序中。这里重点提一下rt.jar和tools.jar这两个类库归档文件(它们的作用请参考第1.1.5节)，在现阶段的编程中需要引入这两个类库文件，将它们设置到classpath环境变量中。

因为本书的第1.1.5节已经介绍了Java的各基本包，这里简单介绍一下各基本包中的常用类：

1. java. lang 包

该包包含了Java语言的基本核心类，如：

(1)数据类型包装类：Double、Float、Byte、Short、Integer、Long和Boolean等。

(2)基本数学函数类：Math。

(3)字符串处理类：String和StringBuffer。

(4)异常类：Runtime。

(5)线程类：Thread、ThreadGroup和Runnable。

(6)其他类：System、Object、Number、Cloneable、Class、ClassLoader和Package等。

2. java. awt 包

该包中存放了AWT(Abstract Window Toolkit，抽象窗口工具包)组件类，如：组件类

Button 和 TextField 等;绘图类 Grahpics;字体类 Font;事件子包 event 等。

3. java. awt. event 包

该包是 java. awt 包的一个子包,存放用于事件处理的相关类和监听接口,如:ActionEvent 类、MouseEvent 类和 KeyListener 接口等。

4. java. applet 包

该包是 Applet 类的支持包,包中还有支持 Applet 媒体播放的 AudioClip 接口。

5. java. net 包

该包提供了与网络操作功能相关的类和接口,如:套接字类 Socket、服务器端套接字类 ServerSocket、统一定位地址类 URL 和数据报类 DatagramPacket 等。

6. java. io 包

该包提供了处理输入、输出的类和接口,如:文件类 File、输入流类 InputStream 和 Reader 及其子类、输出流类 OutputStream 和 Writer 类及其子类。

7. java. util 包

该包提供了一些使用程序类和集合框架类,如:列表类 List、数组类 Arrays、向量类 Vector、堆栈类 Stack、日期类 Date、日历类 Calendar 和随机数类 Random 等。

8. javax. swing 包

该包是 Java 扩展包,用于存放 Swing 组件类,如:JButton、JTable、控制界面风格显示的 UIManager 和 LookAndFeel 等。

当然,也可以自行定义包来管理类和接口,下面将介绍如何自定义包,并导入和使用这些包。

6.2.2 声明包

声明包用关键字 package,该语句必须是类文件的第一条语句,具体格式如下:

package *包名标识符*;

表示该类属于由包名标识符指定的包。实际上,包名和存放类文件的目录名存在一定的关系,包名必须和目录名相同。例如:源文件 Calculate. java 放在 C:\mysrc 目录下,如果想将编译成的类文件 Calculate. class 打包在 mysrc 包中,类定义的方法如下:

```
package mysrc;
public class Calculate{…}
```

如果源文件中没有 package 语句,则默认情况下,此源文件会打包到当前源文件所在的目录下。另外,类的修饰符 public 指明该类可以被包以外的类访问,如果没有 public 修饰,则该类只能被同一包中的类访问。

6.2.3 编译包

编译包的基本格式如下:

DOS 提示符> javac -d *目录名 源文件名*

-d 参数表示源文件编译后生成的类文件所在的包的位置。

假设有源文件 Calculate. java 放在 C:\mysrc 目录下,它的简要源代码如 6.2.2 节所示,那么编译这个源文件的命令为:

```
DOS提示符> javac -d C:\ Calculate.java
```

Calculate.java 编译完成后会生成 mysrc 文件夹，-d 参数指定将此文件夹放置在C:\目录下，最后的文件目录结构为 C:\mysrc\Calculate.class。

当然，在实际操作中，也可以自行建立文件夹 mysrc，然后将 Calculate.java 复制到该文件夹中再编译，效果与使用 -d 参数相同。

6.2.4 导入包

导入包成员使用 import 关键字，语法有以下三种：

(1)import 包名.*;　　　　　　(使用通配符 *，导入包中的通用类和接口，不含子包)

(2)import 包名.类名;　　　　　(导入包中指定的类)

(3)import 父包名.子包名.*;　　(导入父包内子包中的通用类和接口)

import 语句的位置在 package 语句之后、类定义之前，例如：

```
package mypack;
import mysrc.*;
class Demo{…}
```

当然，在导入包进行编译和运行之前，必须让编译器和 JRE 能识别它，这需要配置 classpath 变量，配置的过程可以参考后面的示例。

java.lang 包是唯一在编译过程中自动导入的包，无须用 import 导入。

如果程序中调用使用频率不高的类，直接使用包的全名也可以，不需 import 导入，例如：

(1)创建包 mysrc 中的类 Calculate 的实例

```
mysrc.Calculate cal=new mysrc.Calculate();
```

(2)获取一个随机整数

```
int i=java.lang.Math.random();
```

因为 java.lang 包是自动导入的，可以省略，所以也可以写成：

```
int i=Math.random();
```

6.2.5 静态引入

在过去，如果要使用其他包中某类的静态变量，一般都要在前面加上对应的类名，例如，求圆半径为 radius 的圆的面积：

```
double area=Math.PI * radius * radius;
```

使用静态引入后，就可以把前面的类名去掉。静态引入的语句如下：

```
import static java.lang.Math.PI;
```

必须注意，这里最后不是类 Math，而是直接引入了定义的静态变量 PI。

例 6-4　静态引入示例。

行号　　　StaticImport.java 程序代码

```
import static java.lang.Math.PI;
public class StaticImport{
    public static void main(String[] args){
        double radius=2;
```

```
            System.out.printf("半径 2 的圆,其面积为:%f",PI * radius * radius);
        }
    }
```

【运行结果】

半径 2 的圆,其面积为:12.566371

静态引入不仅针对静态变量,也可以针对静态方法。此外,还可以使用通配符 * ,如下面所示:

import static java.lang.Math.*;

用以表示导入 Math 类内所有可访问的属性和方法。

除非我们对某个静态常量(或方法)的访问频率很高,否则应该尽量避免使用静态引入。

6.2.6 访问包

访问包成员的格式为:

包名.类名

访问包成员多见于两种情况:运行时和程序源代码调用。但访问格式都是一样的。

例如:

(1)运行时访问包成员格式:

DOS 提示符>java 包名.类名

(2)程序源代码调用包成员格式:

包名.类名.类成员

如上例:java.lang.Math.random();

编译和访问包成员的形式相对比较复杂,读者可以参考下节内容和配套实训教材的完整示例。

6.2.7 包示例

本节示例是一个尽可能简单的包应用示例,其他相对复杂的包应用可以参考配套实训教材的完整示例。

例 6-5 简单的包应用示例。

行号 **Calculate.java 程序代码**

```
package mypackage;
public class Calculate
{
    public int sum(int x,int y)
    {
        return x+y;
    }
}
```

PackageDemo. java. java 程序代码

```
import mypackage. Calculate;
public class PackageDemo
{
    public static void main(String[] args)
    {
        Calculate cal=new Calculate();
        int a=3,b=4;
        System. out. println(a+"+"+b+"="+cal. sum(a,b));
    }
}
```

【运行过程说明】

(1)为了运行简便，把这两个源文件 Calculate. java 和 PackageDemo. java 放置在同一目录下，如 C:\mysrc 目录。其中，PackageDemo. java 为主调文件，Calculate. java 为被调文件。

(2)按照次序编译文件，先编译 Calculate. java，再编译 PackageDemo. java。这是因为 PackageDemo. java 程序中引用了 Calculate 类，如果找不到 Calculate. class 文件系统将会提示编译错误。

编译命令为：

DOS 提示符>javac -d C:\mysrc Calculate. java

在 C:\mysrc 目录下生成 mypackage 目录，内有 Calculate. class 文件，其完整路径为：

C:\mysrc\mypackage\Calculate. class

(3)编译 PackageDemo. java。

编译命令为：

DOS 提示符>javac PackageDemo. java

在 C:\mysrc 目录下生成 PackageDemo. class 文件，其完整路径为：

C:\mysrc\PackageDemo. class

(4)最后解释执行 PackageDemo. class。

解释执行命令为：

DOS 提示符>java PackageDemo

【运行结果】

3+4=7

【代码说明】

(1)在运行过程说明的第(2)步之后可以为被调文件设置 classpath 变量，格式为：

classpath=. ;…;C:\mysrc

在已有的变量字符串后面加上";C:\mysrc"，即 mypackage 包的父包所在路径。

本例没有涉及较复杂的情况，假如主调文件与被调文件所在的包不在同一目录下，则必须设置 classpath 变量，也可以在 javac 的命令行中加入-classpath 选项，这样格式就相对复杂得多，请读者参考配套实训教材的示例。

(2)Java 编译器在编译主调文件 PackageDemo. java 时，为了寻找 Calculate. class 文件，会

按顺序查找以下路径：

①JDK 安装目录中的 lib 目录；

②classpath 变量中自定义的路径；

③主调文件当前路径，如本例的 C:\mysrc；

④最后，编译器会寻找 java.lang 包。

本例中主调文件将会在第③步找到 C:\mysrc 目录下的 mypackage 包，因此不设置 classpath 变量也可以导入被调类。

6.3 访问控制

访问控制

在 5.3.1 节中，我们简要了解了访问控制修饰符 public、protected 和 private 的用法，本节将在考虑包机制的情况下，重新讨论访问控制修饰符的作用。

访问控制修饰符有三种(public、protected 和 private)，但修饰等级为四种(public、protected、缺省和 private)，通常用于修饰类、成员方法和成员变量，但大致可以分为两种情况：

(1)修饰类和接口(只有 public 和缺省两种)。

(2)修饰成员方法或成员变量(包括 public、protected、缺省、private 四种)。

Java 的成员访问控制修饰符作用见表 6-1("√"表示可以访问)。

表 6-1 Java 的成员访问控制修饰符

成员的修饰符 / 访问途径	private	缺省	protected	public
同一类内的方法	√	√	√	√
同一包子类的方法	×	√	√	√
同一包非子类的方法	×	√	√	√
不同包子类的方法	×	×	√	√
不同包非子类的方法	×	×	×	√

下面对表 6-1 中的内容进行详细分析。

1. private

类中被限定为私有(private)的成员只能被这个类本身的方法访问。

2. 缺省访问

类成员不做任何访问控制修饰时为缺省访问状态，此时成员只能被同一包内的类访问。

3. protected

类中被限定为保护(protected)的成员能被这个类的子类的方法访问，而与子类是否与父类是否处于同一包中无关。需要特殊注意的是，同一包的非子类也可以访问父类的 protected 成员，即 protected 访问权限包括缺省访问的所有情况。

4. public

类中被限定为公有(public)的成员能被其他类无限制地访问，而与访问类是否为子类或与被访问类在同一包中无关。当在包外访问某类的成员属性时，只有 public 成员支持"对象名.成员名"的访问格式。

5. 访问修饰示例

例 6-6 包访问中访问修饰符的作用。

行号　　Pack. java 程序代码

```
1   package mypackage;
2   public class Pack              //试试去掉 public
3   {
4       public int data=3;         //试试去掉 public,或将其改为 protected 和 private
5   }
```

行号　　PackAccess. java 程序代码

```
import mypackage. Pack;
public class PackAccess
{
    Pack pack=new Pack();
    void showPackData()
    {
        System. out. println("pack's data is:"+pack. data);
    }
    public static void main(String[] args)
     {
        PackAccess obj=new PackAccess();
        obj. showPackData();
     }
}
```

【运行方法】

(1)编译被调文件:将 Pack. java 和 PackAccess. java 文件放在 C:\mysrc 目录下,在 DOS 中输入命令"javac -d C:\mysrc Pack. java"将会在 C:\mysrc 目录下新建一个目录 mypackage,内有文件 Pack. class。

(2)设置 classpath 变量:将 C:\mysrc 设置到 classpath 变量中,注意不是 C:\mysrc\mypackage。

(3)编译主调文件:DOS 提示符>javac PackAccess. java。

(4)运行:DOS 提示符>java PackAccess。

【运行结果】

```
pack's data is:3
```

【代码说明】

(1)如果去掉 Pack. java 代码第 2 行的 public,程序会在运行第(3)步时提示"mypackage. Pack is not public in mypackage; cannot be accessed from outside package",因为 mypackage 包内的 Pack 类不是 public 的,所以不能被外部的包访问。

(2)如果去掉 Pack. java 代码第 4 行的 public,程序会在运行第(3)步时提示"data is not public in mypackage. Pack; cannot be accessed from outside package",因为 Pack 类的 data 属性不是 public 的,所以不能被外部的包访问。

(3)注意,PackAccess. java 代码第 6 行的 pack. data 语法(其原型为:实例名. 成员属性)格式仅适用于 public 成员的调用,其他访问属性(protected、缺省和 private)修饰的成员都不能在包外这样直接调用。

(4)PackAccess. java 代码第 1 行"import mypackage. Pack;"语句不能省略。

(5)本例中主调类 PackAccess. class 与被调类 pack. class 所在的包 mypackage 在同一目录下,即 C:\mysrc,因此实际上可以省略运行方法的第(2)步,即配置 classpath 变量。

请读者自行尝试使用 JCreator,编译和运行的过程将十分简便。

6.4　内部类

内部类的实例

内部类(Inner Class)是指嵌套定义在某个类内部的类。例如:

```
class OuterClass
{
    class InnerClass{…}
}
```

内部类与一般类的定义格式相同,也包含成员变量和成员方法。而内部类整体又可以当作外部类(Outer Class)的一个成员使用,这样就可以调用外部类的成员,所以正确使用内部类,可以使程序更加简单、易读。

(1)理解内部类与继承类之间的区别(见表 6-2)。

表 6-2　内部类与继承类之间的区别

类的类型	逻辑关系
继承类(父子类之间)	是
内部类(内外类之间)	有

(2)子类是父类的一个特例。例如,雇员类是经理类的超类,那么可以说经理是雇员。而内部类可看作外部类的一部分。例如,飞机类中有内部类引擎类,那么可以说飞机上有引擎,但不能说引擎就是飞机。

(3)了解内、外部类的调用关系,参考例 6-7。

例 6-7

InnerClassDemo. java 程序代码

```
class OuterClass
{
    String str;
    boolean outerClassAccessible;
    InnerClass in;
    public OuterClass()
    {
        str=new String("OuterClass variable");
        outerClassAccessible=true;
```

```
10              InnerClass in=new OuterClass.InnerClass();
11              System.out.println(str);
12              System.out.println("外部类>访问外部类成员:"+outerClassAccessible);
13              System.out.println("外部类>访问内部类成员:"+in.innerClassAccessible);
14          }
15          class InnerClass
16          {
17              String str;
18              boolean innerClassAccessible;
19              public InnerClass()
20              {
21                  str=new String("InnerClass variable");
22                  innerClassAccessible=true;
23                  System.out.println(str);
24                  System.out.println("内部类>访问外部类成员:"+outerClassAccessible);
25                  System.out.println("内部类>访问内部类成员:"+innerClassAccessible);
26              }
27          }
28      }
29      class InnerClassDemo
30      {
31          public static void main(String args[])
32          {
33              OuterClass out=new OuterClass();
34          }
35      }
```

【运行结果】

```
InnerClass variable
内部类>访问外部类成员:true
内部类>访问内部类成员:true
OuterClass variable
外部类>访问外部类成员:true
外部类>访问内部类成员:true
```

【代码说明】

(1)根据本示例,总结内、外部类的调用规则见表 6-3。

表 6-3　　内、外部类的调用规则

调用形式	调用规则
内部类调用外部类的成员	直接调用
外部类调用内部类的成员	先创建内部类实例,再由实例调用内部类成员

代码第 10 行,创建内部类实例 in;代码的第 13 行,in.innerClassAccessible 调用了内部类成员。

之所以有这样的调用规则，是因为在内部类中隐藏着一个外部类的引用。可以把内部类理解成外部类的“成员方法”，因此在内部类中可以直接调用外部类的成员，而内部类的成员对外部类来说相当于是内部类自身的“局部变量”，外部类的方法自然无法访问到。

(2)外部类编译完成后，内部类也以独立的文件(class 文件)存放在磁盘上，但文件名不是独立的内部类名称，而是在内部类名称前加上其外部类的名称，中间由“$”号分割，如本例的源文件编译完成后会生成三个类文件：InnerClassDemo.class、OuterClass.class 和 OuterClass$InnerClass.class。

内部类如果涉及 static 成员则形式多变，相对比较复杂，但实际作用并不大，本书对这部分知识不做详细讨论。

6.5　匿名类

匿名类(Anonymous Class)顾名思义就是没有名字的类。一般情况下，如果想使用类的成员，要先定义并创建类的一个实例，然后利用实例名操作类的成员。

匿名类的实例

如例 6-6 PackAccess.java 的第 11、12 行代码：

```
PackAccess obj=new PackAccess();
obj.showPackData();
```

其中，obj 就是类实例的名字，也就是引用名。

在某些编程场合下，可以简化以上步骤。比如，要使用的方法继承自某个接口或类，而且操作这些方法的实例在本类中只出现一次，则可以用匿名类来简化编程步骤。例如，以下代码是 JCreator 中默认 Application 工程的一个事件处理的代码片段，用于设置窗口的关闭功能：

```
this.addWindowListener
(
    new WindowAdapter(){
        public void windowClosing(WindowEvent e){
            System.exit(0);
        }
    }
);
```

例 6-8　为窗口设置关闭功能。

行号　　MyFrame.java 程序代码

```
import java.awt.*;
import java.awt.event.*;
public class MyFrame extends Frame
{
    public class WindowAdapter2 extends WindowAdapter        //自定义内部类
    {
        public void windowClosing(WindowEvent e)
        {
            System.out.println("window has closed!");
            System.exit(1);
```

```
11              }
12          }
13          public MyFrame()
14          {
15              this.addWindowListener(new WindowAdapter2());      //添加监视器
16              this.setTitle("test Anonymous Class");             //设置窗口标题文字
17              this.setSize(300,300);                             //设置窗口大小
18              this.setVisible(true);                             //设置窗口可见性
19          }
20          public static void main(String[] args)
21          {
22              new MyFrame();
23          }
24      }
```

【代码说明】

(1)MyFrame 类是窗口框架 Frame 类的子类,因此也是窗口。构造方法 MyFrame()中的 this 代表了当前窗口。代码第 16、17 和 18 行分别为当前窗口设置了标题文字、大小和可见性。

(2)WindowAdapter 类是一个系统的适配器类,定义了窗口的相关操作,如 windowClosing()方法用来关闭当前窗口。代码第 5 行定义了内部类 WindowAdapter2,该类是 WindowAdapter 类的子类,内部重写了 windowClosing()方法。

(3)为了使窗口响应关闭事件,需要为当前窗口添加监听器,代码第 15 行 this.addWindowListener(new WindowAdapter2());为 this 窗口添加了监听器,当窗口上发生关闭窗体事件时,就会执行监听器 new WindowAdapter2()相应的关闭方法 windowClosing()。

(4)同样的效果,也可以用匿名类来实现,如例 6-9 所示。

例 6-9

行号　　MyFrame.java 程序代码

```
import java.awt.*;
import java.awt.event.*;
public class MyFrame extends Frame
{
    public MyFrame()
    {
        this.addWindowListener
        (
            new WindowAdapter(){
                public void windowClosing(WindowEvent e){
                    System.exit(0);
                }
            }
        );
```

```
            this.setTitle("test Anonymous Class");
            this.setSize(300,300);
            this.setVisible(true);
        }
        public static void main(String[] args)
        {
            new MyFrame();
        }
    }
```

【代码说明】

(1)WindowAdapter2 类的实例在前例中只出现一次,因此没有必要定义实例名,可以直接将此类的功能定义在 new WindowAdapter(){…}的方法体内,这样书写在最大程度上缩减了代码量。

(2)需要注意的是,new WindowAdapter(){…}是作为 addWindowListener()方法的参数出现的,因此写在 addWindowListener()方法的参数列表中。

注　意:

这两个示例涉及了 GUI 组件和事件处理部分的语法,本节只做了简单介绍,详细的语法请参考后面"图形用户界面"以及"事件处理"的章节。在后面的事件处理一章中,我们也将接触到大量的内部匿名适配器类的示例。

本章小结

本章讲述的内容总结如下:

- abstract 类与方法以及 interface 的定义格式
- 多态的特性和应用
- 包
- 匿名类与内部类

本章讲述了 Java OOP 高级特性——动态多态,其具体应用体现在抽象类和接口的方法重写中。多态是 Java 程序设计中非常重要的应用,更多的是体现在程序的整体设计中。

interface 是一个纯粹的 abstract 类。它本质上是一个类,通过编译 interface 得到 class 文件就可以知道。interface 的方法和属性都有默认的访问修饰和存储修饰,如接口中的常量默认是 public、static 和 final 类型的,而接口中的方法默认是 public 和 abstract 类型的。

包是一个很重要的概念,在实际应用中我们会经常使用它,特别是后继的 Java 构架的应用中(如网站编程),包的应用非常广泛,因此应该熟练掌握。当 Java 引入了包机制后,对象之间的访问就多了"包间访问"这种形式,因此 Java 的访问形式比 C++要略为复杂。

匿名类与内部类是简化类书写形式的一种手段,但值得提出的是,有时我们并不需要总是使用匿名类与内部类。例如,在 JBuilder 等可视化 IDE 中,采用了普通的外部类来代替匿名类或内部类,以起到提高程序可读性和易维护性的作用。

探究式任务

1. 了解 Java 的注解(Annotation)技术。
2. Java 的反射(reflect)机制主要用于哪里?
4. 了解什么是"远程方法调用"(RMI)?
5. 软件工程中的"高内聚,低耦合"的思想是什么意思?
6. 了解"回调函数"的知识。

习 题

一、选择题

1. 假设有下面的接口定义

```
interface Book{
    float priceRate=0.05f;
}
```

那么其成员属性 priceRate 的默认修饰符有(　　)。

A. public　　B. static　　C. final　　D. void

2. 上题接口 Book 的定义,其类的默认修饰等级是(　　)。

A. public　　B. protected　　C. 缺省　　D. private

3. 日期类 Date 来自(　　)。

A. awt　　B. util　　C. lang　　D. io

4. 同一包中的子类可以访问父类哪些访问修饰类型的成员?(　　)

A. public　　B. protected　　C. 缺省　　D. private

二、编程题

1. 编写一个多边形抽象类 Polygon,具有成员属性面积 area。再编写 Polygon 类的两个子类矩形类 Rectangle 和三角形类 Triangle,它们都有计算面积的方法 getArea()。请读者自行添加并完善这两个子类,完成各自面积的计算。

提示:已知三角形三边长度为 a、b、c,则面积为 $\Delta=\sqrt{s(s-a)(s-b)(s-c)}$,其中 $s=(a+b+c)/2$。Java 中计算根号的方法为 java.lang.Math.sqrt(double)。

2. 假设有一个飞机类 Airplane 有 1~4 个引擎,请读者自行为该类设计一个内部引擎类 Engine,它有一个引擎类型的属性 type,其值可能为喷气引擎(whiff)或螺旋桨引擎(airscrew),并定义初始化两个对象:喷气式飞机(jet)和螺旋桨飞机(PDAirplane)。

三、课程思政题

课程思政:

学生活动:实施课程分组考评。

思政目标:协作精神。

时事:学生时代,在学习和生活中如何处理与同学的关系,就是今后在职场中与同事的关系的预演。在日常的学习与生活中的,要勇于承担自己的角色和责任。在今后的职场中,在软件开发团队中,伙伴形形色色,脾气秉性和行为方式各异,怎样协同攻关、合作共赢,是每个职业人必须处理好的问题。试着组成学习小组,接纳其他同学一起工作并完成考核任务。

与知识点结合:软件项目开发中的团队分层合作。

第7章 数组、字符串与类型新特性

知识目标

在本章,我们将要:

➢ 使用数组生成一个随机整数数列,并排序

➢ 随机生成数组成员长度不同的二维数组

➢ 完成数组的各种快速操作

➢ 完成字符串的各种操作方法以及 String 数据类型的转换

➢ 使用 StringTokenizer 类完成字符串分析

➢ 了解其他的 JDK 数据特性(如泛型、自动装箱和自动拆箱、类型安全的枚举等)

技能目标

在本章,我们可以:

➢ 掌握数组的定义、创建、初始化和赋值的语法

➢ 了解字符串类 String 与 StringBuffer 的区别

➢ 掌握 StringTokenizer 类的用法

素质目标

➢ 培养自学方法与习惯,具备主动探究能力;培养良好的团队合作意识;具备编写代码规范性等项目开发的相关职业素养。了解技术强国,提高综合职业素养。

7.1 数 组

数组(Array)是相同类型变量的集合,这些变量具有相同的标识符即数组名,数组中的每个变量称为数组的元素或成员(Array Element)。为了引用数组中的特定成员,使用数组名加中括号"[]"括起来的整型表达式,该表达式称为数组的索引(index)或下标。

例如,对于一个数组 a,假如它的下标为 10,则它的成员分别为 a[0]~a[9]。

Java 中的数组和字符串都是复合数据类型,因而同其他语言中使用的数组和字符串有一些区别。在 Java 中,数组必须通过创建类对象的方式使用,例如:

```
int[] a;                    //定义
a=new int[10];              //创建
```

基本数据类型变量的定义和创建是同时产生的;而对于像数组这样的类对象来说,定义(相当于声明)和创建是分开的。也就是说,数组使用时与基本数据类型变量不同,它的定义与创建是两个不同的步骤。

7.1.1 数组的定义

Java 中一维数组的定义格式有两种:

数据类型 数组名[];

或

数据类型[] 数组名;

其中,数据类型为 Java 中的任意数据类型,可以是基本数据类型或复合数据类型,数组名须为合法标识符,如:

```
int a[];
String[] name;
```

但是因为 Java 数组与 C 和 C++不同,定义的数组名仅仅是一个引用,没有分配实际的内存空间,必须通过创建才能使用,因此定义时不能加入下标,如"int a[3];"是错误的。

7.1.2 数组的创建

创建数组指的是为数组分配内存空间的过程。创建数组的格式为:

数组名=new 数据类型[下标];

也可以在定义的同时创建,格式为:

数据类型[] 数组名=new 数据类型[下标];

或

数据类型 数组名[]=new 数据类型[下标];

例如:

```
int a[];
a=new int[3];            //为数组 a 分配了 3 个 int 型的内存空间
String[] name=new String[5];
char ch[]=new char[20];
```

Java 中的字符型数组 char[]与字符串没有关系,这与 C++不同。

7.1.3 数组的初始化

1. 数组成员默认初始化

前面提到过 Java 变量可以分为两类:全局变量和局部变量。当全局变量不赋值时,它是有默认值的;而局部变量则必须赋值后使用,没有默认值。但是引用类型(如数组和字符串)例外,即使它们用作局部变量也有默认值,默认值与全局变量的规则相同。例如:

(1)如果数组的成员变量是基本数据类型,其默认值规则见表 2-4。

(2)如果数组的成员是对象,其默认值为 null。

```
public class Demo{
    public static void main(String[] args){
        int a[]=new int[3];
        String s[]=new String[5];
        System.out.println(a[0]);     //结果为 0
        System.out.println(s[0]);     //结果为 null
    }
}
```

2. 定义的同时进行初始化

格式为：

数据类型[] 数组名=new 数据类型[]{成员初值列表}；

或

数据类型[] 数组名={成员初值列表}；

例如：

```
String name1[]=new String[]{"tom","marry","john"}; //不能在 new String[]中加下标
String name2[]={"tom","marry","john"};
```

(1)注意第一种格式，不能在 new 数据类型[]的方括号中加入下标。

(2)这种初始化的方法适用于数组成员个数不多的情况。

7.1.4　数组的赋值

如果没有在定义并创建数组的同时进行初始化操作，而是之后对数组成员赋数据则称为赋值，基本格式为：

数组名[成员下标]=值；

1. 对数组成员赋值

例如：

```
int a[]=new int[3];
a[0]=1;
a[1]=2;
a[2]=3;
```

如果是有规律的值，也可以使用循环语句赋值，例如：

```
int a[]=new int[3];
for(int i=0;i<3;i++)
{a[i]=i;}
```

2. 数组间的复制

如果想把已有的数组快速复制给另一个数组，可以使用如下方法：

```
int a[]={1,2,3};
int b[]=a;
```

用数组实现冒泡排序

7.1.5　一维数组示例

例 7-1　生成一个随机整数数列，并排序。

行号	ArraySort.java 程序代码

```
public class ArraySort
{
    public static void main(String args[])
    {
        System.out.println("输入要排序数列的数的个数:");
        int len=Integer.parseInt(args[0]);
        int a[]=new int[len];
        System.out.println("成员个数为"+len);
```

```
9            for(int i=0;i<len;i++)
10           {
11               a[i]=(int)(Math.random()*20);
12           }
13           System.out.println("显示数组值:");
14           for(int i=0;i<len;i++)
15           {
16               System.out.print(a[i]+" ");
17           }
18           System.out.println("");
19           for(int i=0;i<len-1;i++)   //排序
20           {
21               for(int j=i+1;j<len;j++)
22               {
23                   if(a[i]<a[j])
24                   {
25                       int temp=a[i];
26                       a[i]=a[j];
27                       a[j]=temp;
28                   }
29               }
30           }
31           System.out.println("显示排序后数组值:");
32           for(int i=0;i<len;i++)
33           {
34               System.out.print(a[i]+" ");
35           }
36           System.out.println("");
37       }
38   }
```

【运行结果】

在 DOS 控制台输入“java ArraySort 5”，输出结果如图 7-1 所示。

图 7-1　例 7-1 运行结果

【代码说明】

(1)代码第 9～12 行，生成了 0～20 的随机数数列，并赋值给数组 a。

(2)代码第 19～30 行，对数组进行从大到小的排序。

7.1.6　多维数组

Java 中的二维数组是由多个一维数组构成的，每个一维数组都是这个二维数组的成员，且各成员的一维数组的长度可以不同。但与 C++ 等语言不同，二维数组与一维数组之间不能相互转换。三维以上数组的原理与二维数组相同，本书不再赘述。

1. 二维数组的定义、创建及初始化

因为二维数组的定义、创建及初始化的格式与一维数组相似，这里不再逐一给出详细的格式描述，只通过示例介绍一下二维数组的使用。如定义一个 int 型二维数组 a：

(1)定义格式

int a[][]；

(2)创建格式

a[][]=new int[3][2]；

(3)定义、创建并初始化格式

int a[][]=new int[][]{{1,2},{3,4},{5,6}}；

或

int a[][]={{1,2},{3,4},{5,6}}；

①二维数组书写的一些正确格式

int a[][]=new int[3][]；　　//表示二维数组 a 由 3 个一维数组构成

int[] a[]=new int[3][2]；　　//前面的方括号[]代表数组，而这个数组是由多个一维数组 a[]构成，每个一维数组又包含两个 int 型成员

int [][]a=new int[3][2]；　　//数组的方括号标记[]可以放在数组名前面

②二维数组书写的一些错误格式

int a[][]=new int[3][2] {{1,2},{3,4},{5,6}}；　//数组创建时不能有下标

int a[][]=new int[][3] {1,2,3,4,5,6}；　//不要试图像 C++ 那样定义数组，多维数组与一维数组之间不能由下标划分相互转换

int a[][]=new int[3][]；

a={{1,2},{3,4},{5,6}}；　　//二维数组不能这样赋值

2. 二维数组示例

例 7-2　随机生成数组成员长度不同的二维数组，完成学校各年级和班级学生人数的赋值。

行号	Student.java 程序代码

```
public class Student
{
    public static void main(String[] args)
    {
        int[][] a=new int[3][];//假设学校有 3 个年级
        for(int i=0;i<a.length;i++)
        {
            //每个年级的班级数在 0～10
            int data=(int)(10 * Math.random());
            a[i]=new int[data];
```

```
11                  System.out.println("* * * 第"+(i+1)+"年级有"+a[i].length+"个班级。* * *");
12                  for(int j=0;j<data;j++)
13                  {
14                      //让每个班的学生数在 25～30
15                      a[i][j]=(int)(5*Math.random()+25);
16                      System.out.print((j+1)+"班有"+a[i][j]+"个学生。");
17                  }
18                  System.out.print("\n");
19              }
20          }
21      }
```

【运行结果】

* * * 第 1 年级有 1 个班级。 * * *
1 班有 28 个学生。
* * * 第 2 年级有 3 个班级。 * * *
1 班有 27 个学生。2 班有 27 个学生。3 班有 26 个学生。
* * * 第 3 年级有 0 个班级。 * * *

【代码说明】

(1)代码第 5 行,创建了二维数组 a[][],它包含 3 个一维数组成员,分别是 a[0]、a[1]和 a[2]。

(2)代码第 6 行,for 循环中的 a.length 值是二维数组 a 的一维数组成员的个数,所以为 3。

(3)代码第 10 行,为这 3 个一维数组成员分别分配 int 型成员个数,个数由随机数 data 决定。

(4)代码第 15 行,为每个 int 型成员设定一个值,Math.random()方法的返回值在 0～1,5 * Math.random()+25 则表示范围在 25～30 的数。

7.1.7 数组的快速操作

1. 数组排序

java.util.Arrays 类中常用的方法 sort()可以对数组中的数字进行排序,语法格式为:

static void sort(数据类型[] array)

例 7-3 数组排序。

ArraySort.java 程序代码

```
public class ArraySort{
    public static void main(String[] args){
        int[] array=new int[]{3,2,5,1,4};
        java.util.Arrays.sort(array);
        for (int i=0; i<array.length; i++)
            System.out.print(array[i]);
```

```
        }
}
```

【运行结果】

12345

2. 数组拷贝

用 System 类的 arraycopy()方法，可以实现一个数组的拷贝，其语法如下：

System. arraycopy(fromArray，fromIndex，toArray，toIndex，count)；

其中，fromArray 参数是指原数组的数组名，fromIndex 是指从原数组的哪个下标起开始拷贝，toArray 是指要拷贝到的目标数组的数组名，toIndex 是指拷贝到目标数组的开始位置，count 是指要拷贝的原数组元素个数。

例 7-4 数组拷贝示例 1。

行号 **ArrayCopy1.java 程序代码**

```
public class ArrayCopy1{
    public static void main(String[] args){
        int[] array1=new int[]{3,2,5,1,4};
        int[] array2=new int[5];
        System.arraycopy(array1,0,array2,0,array1.length);
        for(int i=0;i<array2.length;i++)
            System.out.print(array2[i]);
    }
}
```

【运行结果】

32514

在 JDK 6 中，Arrays 类新增了 copyOf()方法，可以更方便地拷贝一个数组的副本，如例 7-5 所示。

例 7-5 数组拷贝示例 2。

行号 **ArrayCopy2.java 程序代码**

```
public class ArrayCopy2{
    public static void main(String[] args){
        int[] array=new int[]{3,2,5,1,4};
        int[] array2=java.util.Arrays.copyOf(array,array.length);
        for(int i=0;i<array2.length;i++)
            System.out.print(array2[i]);
    }
}
```

【运行结果】

32514

【代码说明】

这种方式与例 7-4 相比,不用创建数组,可以直接返回一个新的数组拷贝。

7.2 字符串

字符串(String)是由多个字符构成的序列,其结束标志是"\0"。但需要注意,Java 中的字符串与字符数组无关。

Java 把字符串当作类处理,并提供了一些字符串的操作方法,使字符串处理更简单。另外,java.lang 包中还封装了 StringBuffer 类用于提高字符串的处理效率;java.util 包中提供了 StringTokenizer 类用于分析字符串,从而得到我们想要的信息。

7.2.1 String 类

1. 创建字符串变量

可以将一个字符串常量直接赋给一个字符串变量,如"String name="tom";"。除此之外,String 类作为系统类当然也支持通过 new 运算符调用构造方法来创建字符串变量。

String 类的常用构造方法如下:

(1)String():初始化一个新创建的 String 对象,它表示一个空串。

(2)String(byte[] bytes):使用平台的默认字符集解码指定的字节数组构造一个新的 String 对象。

(3)String(char[] value):使用当前字符数组中包含的字符序列构造一个新的 String 对象。

(4)String(char[]value,int offset,int count):构造一个新的 String 对象,它包含来自该字符数组的部分字符序列,序列起始位置为 offset,大小为 count。

(5)String(StringBuffer buffer):构造一个新的 String 对象,它包含当前在字符串缓冲类对象中的字符序列。

其他构造方法请参看 JDK API Document。

可以按例 7-6 所示的格式构建字符串。

例 7-6 创建字符串。

行号　　CreateString.java 程序代码

```
public class CreateString
{
    public static void main(String[] args)
    {
        char chs[]={'w', 'e', 'l', 'c', 'o', 'm', 'e', ',','t','o','m'};;
        byte bs[]={97,98,99,100};
        String s1=new String(chs);
        String s2=new String(bs);
        String s3=new String(chs,8,3);
        System.out.println("s1 的值是:"+s1);
        System.out.println("s2 的值是:"+s2);
        System.out.println("s3 的值是:"+s3);
```

```
        }
    }
```

【运行结果】

s1 的值是：welcome，tom

s2 的值是：abcd

s3 的值是：tom

2. String 的比较

比较两个字符串的大小可以用恒等号"=="、equals()和 equalsIgnoreCase()等方法，也可以用 compareTo()方法逐字节比较大小。

例 7-7　比较字符串。

行号　　CompareString.java 程序代码

```
public class CompareString
{
    public static void main(String[] args)
    {
        String s1="tom";
        String s2=new String("tom");
        String s3=s1;
        String s4=new String("tom");
        String s5=new String("Tom");
        if(s1==s2)                  //false
            System.out.println("s1==s2");
        if(s1==s3)                  //true
            System.out.println("s1==s3");
        if(s2==s4)                  //false
            System.out.println("s2==s4");
        if(s2.equals(s4))           //true
            System.out.println("s2.equals(s4)");
        System.out.println(s2.compareTo(s4));//返回 0
        if(s2.equalsIgnoreCase(s5))//true
            System.out.println("s2.equalsIgnoreCase(s5)");
    }
}
```

【运行结果】

s1==s3

s2.equals(s4)

0

s2.equalsIgnoreGase(s5)

【代码说明】

恒等号"=="比较等号两边是否为同一个值，两个值的数据和内存地址只有完全相等时结果才为真；equals()方法只比较两个字符串的数据；equalsIgnoreCase()方法也只比较两个字符串的数据，并且忽略大小写；compareTo()方法按照字符码表逐字节比较两个字符串的大小，如字符'b'大于'a'，因为字符'b'在码表中码值为98，而'a'为97。

(1)代码第10行，s1的值“tom”来自字符串常量池，而s2的值是new构建的动态池中的对象，它们的存储区域不同，因此判断结果为false。

(2)代码第12行，s1和s3之间是引用的关系，实际上它们指向的是同一个字符串，因此为true。

(3)代码第14行，s2和s4虽然存储的数据都是字符串“tom”，但它们是不同的两个实例，存储在不同的内存区域中，因此结果为false。

(4)代码第16、19行，比较的是字符串的数据。

(5)代码第18行，compareTo()方法比较大小时将两个字符串做逐字符比较，如果参数字符串等于此字符串，则返回0；如果按字典顺序此字符串小于参数字符串，则返回一个小于0的值；如果按字典顺序此字符串大于参数字符串，则返回一个大于0的值。

3. String 类的其他方法

常用的字符串类的方法有：length()、charAt()、concat()、getBytes()、getChars()、indexOf()、replace()、substring()、toCharArray()和valueOf()等。

注　意：

因为滥用运算符重载会降低程序的可读性，除String类型的“+”号运算符重载之外，Java语言不支持其他运算符重载。

下例说明了部分方法的作用。

例 7-8　字符串String类的方法。

行号　　StringMethod.java 程序代码

```
public class StringMethod
{
    public static void main(String[] args)
    {
        String s="This is test string!";
        System.out.println("原字符串为:"+s);
        System.out.println("s.length()为:"+s.length());
        System.out.println("s.charAt(8)为:"+s.charAt(8));
        System.out.println("s.indexOf('t')为:"+s.indexOf('t'));
        System.out.println("s.lastIndexOf('t')为:"+s.lastIndexOf('t'));
        System.out.println("s.substring(8,12)为:"+s.substring(8,12));
        System.out.println("\"hello,\".concat(s)为:"+"hello,".concat(s));
        char []chs=new char[20];
        s.getChars(8,12,chs,0);
        System.out.print("chs 为:");
        for(int i=0;i<chs.length;i++)
        {
            System.out.print(chs[i]);
        }
```

```
20            System.out.println("\nEnd");
21        }
22    }
```

【运行结果】

原字符串为:This is test string!

s.length()为:20

s.charAt(8)为:t

s.indexOf('t')为:8

s.lastIndexOf('t')为:14

s.substring(8,12)为:test

"hello,".concat(s)为:hello,This is test string!

chs 为:test

End

【代码说明】

(1)代码第 7 行:s 由 20 个字符构成(含空格),因此 s.length()的返回值为 20。

(2)代码第 8 行:s.charAt(8)代表下标为 8 的字符't'(下标从 0 开始)。

(3)代码第 9 行:与第 8 行代码相反,s.indexof('t')代表首个字符't'的下标位置,为 8。

(4)代码第 10 行:代表字符't'在字符串 s 中最后出现的下标位置,为 14。

(5)代码第 11 行:取出字符串 s 从下标 8～12 位置的子字符串。

(6)代码第 12 行:将字符串"hello,"与 s 相连接。

(7)代码第 14 行:取出字符串 s 从下标 8～12 位置的子字符串,放到目的字符数组 chs 中,最后取得的字符串从 chs 的 0 下标处开始。

4. String 类的数据类型转换

String 类的数据类型转换涉及两种情况:

(1)其他数据类型转换为 String 类型

把其他基本数据类型转换为 String 类型有两种方法:

①使用对应包装类的 parseXxx(String)方法。

②使用对应包装类的 valueOf(String)方法得到此包装类的实例,再调用 XxxValue()方法得到想要的数据。

例如:

```
Integer.parseInt("123456");
Long.parseLong("123456");
Float.valueOf("123456.00").floatValue();
Double.valueOf("123456.00").doubleValue();
```

如果想获得对象自己对应的字符串表示,可以使用 toString()方法,例如:

```
Date obj=new Date();
obj.toString();
```

(2)String 类型转换为其他数据类型

使用 String 类的 valueOf()方法即可,例如:

```
String.valueOf(123456.00);
```

例 7-9 String 数据类型的转换。

行号　　StringTransform.java 程序代码

```
1   public class StringTransform
2   {
3       public static void main(String[] args)
4       {
5           int a1=Integer.parseInt("123");
6           int a2=Integer.parseInt("456");
7           System.out.println(a1+a2);
8           float f1=Float.valueOf(12.34).floatValue();
9           float f2=Float.valueOf(56.76).floatValue();
10          System.out.println(f1+f2);
11          double d1=Double.valueOf("12.34").doubleValue();
12          double d2=Double.valueOf("56.76").doubleValue();
13          System.out.println(d1+d2);
14          String s1=String.valueOf(12.34F);
15          String s2=String.valueOf(56.76D);
16          System.out.println(s1+s2);
17      }
18  }
```

【运行结果】

```
579
69.1
69.1
12.3456.76
```

【代码说明】

代码第 16 行，s1＋s2 为 String 类型的"＋"号运算符重载，功能是将两个字符串连接在一起。

7.2.2 StringBuffer 类

StringBuffer 是字符串缓冲类，与 String 类相比，StringBuffer 类的实例是可变字符串，且利用缓冲区，可以获得更高的处理效率。

1. 创建 StringBuffer 字符串

与 String 类不同的是，StringBuffer 类的对象必须用 new 运算符创建，不能由字符串常量赋值，例如：

```
StringBuffer sbr=new StringBuffer("tom");
```

也可以用 String 的对象来为它赋值，例如：

```
String name=new String("tom");
StringBuffer sbr=new StringBuffer(name);
```

2. StringBuffer 类的方法

与 String 类类似，StringBuffer 类也有访问和操作字符串的 length()、charAt()和 concat()等方法，此外还提供了 capacity()方法来返回缓冲区的容量，append()方法来附加字符串，insert()方法来将指定字符串插入原字符串中。

3. String 类与 StringBuffer 类的异同点

(1)相同点：String 类与 StringBuffer 类都可以操作字符串，而且都是 final 类，即它们都不能被继承。

(2)不同点：除前面提到的 StringBuffer 类必须使用 new 运算符构建实例外，StringBuffer 类的方法也与 String 类有所不同，例如多出了 capacity()、append()和 insert()等方法，这是因为 String 类是不可变字符串(immutable)，不具备改变值的能力，例如：

假设有：

```
String s1="tom";
String s2=s1;
```

此时 s2 的值应该为"tom"，因为 s2 引用了 s1 的地址空间，如图 7-2 所示。

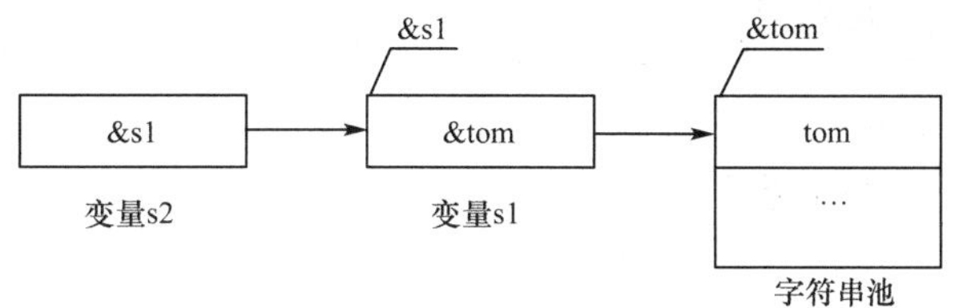

图 7-2　s2 引用 s1 的地址空间

现在改变 s2 的值：

```
s2="marry";
```

此时 s2 的值为"marry"，那么 s1 的值是什么呢？ s1 的值仍然为"tom"。虽然 s1 与 s2 有引用的关系，但字符串是 immutable 的，也就是说，一旦被赋值，s1 指向的内存空间的数据就永远不可改变，其结果如图 7-3 所示。s2 重新指向了"marry"的内存空间，所以 s1 的值并未发生改变。

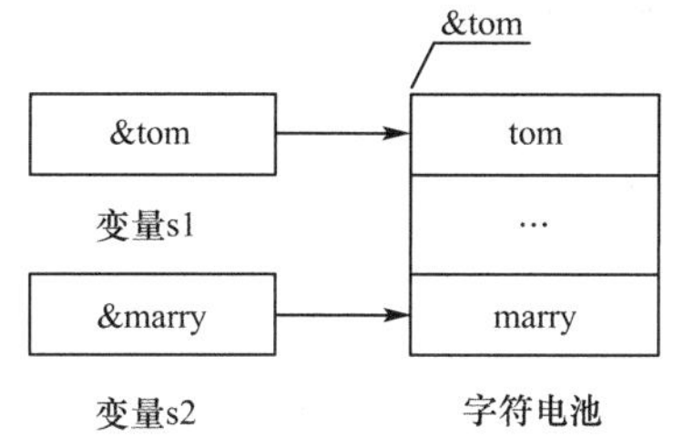

图 7-3　s1 的值不变

通过前面的分析，我们得出一个结论：在 Java 中，不要试图通过引用来改变原来变量的值。这个结论在方法参数的传递中得到了很好的体现，参考例 5-7。

随之而来，读者可能有这样的疑问：前面提到的 String 类的方法，如 concat()或“+”号不是改变了字符串的值吗？例如：

```
String s1="Welcome";
String s1=s1+"tom!"; //结果 s1="Welcome tom!"
```

这样 s1 的值不是可以改变吗？事实上，s1 的赋值过程如图 7-4 所示。

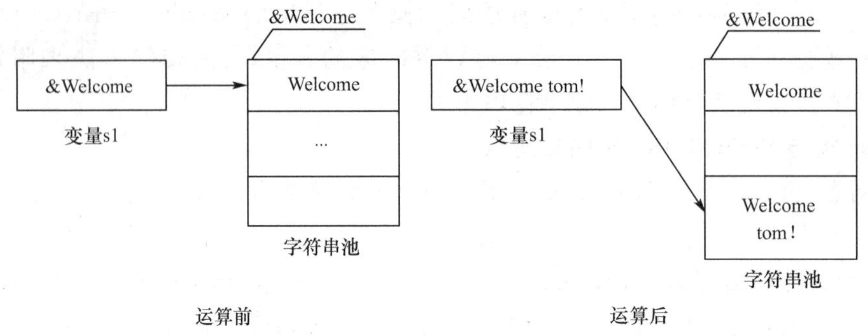

图 7-4　s1 的赋值过程

原来此 s1 已经非彼 s1，s1 已经指向了新的字符串。

7.2.3 StringTokenizer 类

有时我们想知道一个字符串由多少个单词构成，或根据自己的需要解析出想要的内容，例如，邮箱地址为 cy_java@126.com，如果想分别获得该用户名和各级域名，就需要 StringTokenizer（字符串分析）类的帮助。

1. StringTokenizer 类的构造方法

StringTokenizer(String s,String delim)；

以参数 delim 的字符作为分析符来分析字符串 s，分析结果的子段都存储在 StringTokenizer 类实例中。

2. StringTokenizer 类的常用方法

（1）nextToken()方法：返回此 StringTokenizer 实例的下一个子段。

（2）hasMoreTokens()方法：测试此 StringTokenizer 实例中是否还有可用子段。

（3）countTokens()方法：计算此 StringTokenizer 实例的子段的个数。

例 7-10　使用 StringTokenizer 类完成字符串分析。

行号	StringTokenizer.java 程序代码

```
import java.util.*;                          //StringTokenizer 在 util 包中
public class StringTokenizerDemo
{
    public static void main(String[] args)
    {
        String welcome="Welcome login 126.com E-mail!";
        String e_mail="cy_java@126.com";
        /* 以空格加"."为分析符，分析字符串 welcome */
        StringTokenizer st1=new StringTokenizer(welcome," .");
        /* 以@号为分析符 */
         StringTokenizer st2=new StringTokenizer(e_mail,"@");
         String[] con=new String[2];
         int i=0;
```

```
14            while(st1.hasMoreTokens())        //判断是否有子段
15            {
16                String s=st1.nextToken();     //将分析实例 st1 的下一个子段取出
17                System.out.print(s+"#");
18            }
19            while(st2.hasMoreTokens())
20            {
21                con[i]=st2.nextToken();
22                i++;
23            }
24            System.out.println("\nyour E-mail is:"+e_mail);
25            System.out.println("your username is:"+con[0]);
26            System.out.println("your domain_name is:"+con[1]);
27        }
28    }
```

【运行结果】

```
Welcome#login#126#com#E-mail! #
your E-mail is:cy_java@126.com
your username is:cy_java
your domain_name is:126.com
```

【代码说明】

(1)代码第 9 行，以空格加“.”为分析符来分析，当需要多个分析符的时候，可以把它们连续写在参数 delim 中，中间不需要用空格或其他字符分隔。

(2)代码第 14、19 行，hasMoreTokens()返回布尔值，判断 st1 和 st2 中是否有分析出的子段，如果有可用子段则返回 true。

(3)代码第 16、21 行，nextToken()返回 String 值，取出记录指针当前子段，再将指针移到下一个子段的位置。

7.3 泛　型

泛型的使用意义

泛型是 Java SE 1.5 的新特性，泛型的本质是参数化类型，也就是说所操作的数据类型被指定为一个参数。这种参数类型可以用在类、接口和方法的创建中，分别称为泛型类、泛型接口和泛型方法。

Java 语言引入泛型的好处是安全简单。泛型增强了 Java 的类型安全，可以在编译期间对容器内的对象进行类型检查，所有的强制转换都是自动和隐式的，在运行期不必再进行类型的转换。而在 Java SE 1.5 之前，没有泛型的情况下，通过对类型 Object 的引用来实现参数的“任意化”(“多态”)。“任意化”带来的缺点是要做显式的强制类型转换，而这种转换是要求开发者对实际参数类型可以预知的情况下进行的。当强制类型转换错误时，编译器可能不提示错误信息，在运行的时候才出现异常，这是一个安全隐患。

在第 6 章介绍多态技术时，我们多次在方法中使用了父类的引用作为参数，其优点在“多态的使用意义”一节中已经详细介绍过，这里通过编写一个示例来演示泛型的作用。

例 7-11 不使用泛型的示例（要求实现多态的效果）。

行号	GenericDemo.java 程序代码

```
1   public class GenericDemo{
2       public static void main(String[] args){
3           MyGeneric generic1=new MyGeneric(new Integer(3));
4           generic1.showType();
5           int value1=(Integer)generic1.object;    //JDK 5 之后增加的新特性，拆箱
6           System.out.println("===值为:"+value1);
7           MyGeneric generic2=new MyGeneric(new String("hello,this is string"));
8           generic2.showType();
9           String value2=(String)generic2.object; //强制类型转换
10          System.out.println("===值为:"+value2);
11      }
12  }
13  class MyGeneric{
14      public Object object;
15      public MyGeneric(Object obj){
16          this.object=obj;
17      }
18      public void showType(){
19          System.out.println("T 的数据类型是:"+object.getClass().getName());
20      }
21  }
```

【运行结果】

T 的数据类型是:java.lang.Integer
===值为:3
T 的数据类型是:java.lang.String
===值为:hello,this is string

【代码说明】

(1)代码第 13 行的类 MyGeneric 是被调用类，其构造方法 MyGeneric(Object obj)(代码第 15 行)中的参数使用了终极父类 Object，以实现多态的效果。

(2)代码第 5 行，右侧为 Integer 类型的返回值，可以直接赋值给左侧的 int 型变量，这是在 JDK 5 之后增加的新特性，叫作“拆箱”(详见 7.4 节的介绍)。

(3)代码第 19 行可以输出成员 object 的数据类型。

例 7-12 使用泛型的示例。

行号	GenericDemo2.java 程序代码

```
public class GenericDemo2{
    public static void main(String[] args){
        MyGeneric<Integer> generic1=new MyGeneric<Integer>(3);//JDK 5 之后
```

```
          增加的新特性,装箱
4         generic1.showType();
5         int value1=generic1.object;//JDK 5 之后增加的新特性,拆箱
6         System.out.println("===值为:"+value1);
7         MyGeneric<String> generic2=new MyGeneric<String>("hello,this is string");
8         generic2.showType();
9         String value2=generic2.object;
10        System.out.println("===值为:"+value2);
11    }
12 }
13 class MyGeneric<T>{ //自定义的带泛型的类
14    public T object;
15    public MyGeneric(T obj){
16        this.object=obj;
17    }
18    public void showType(){
19        System.out.println("T 的数据类型是:"+object.getClass().getName());
20    }
21 }
```

【运行结果】

```
T 的数据类型是:java.lang.Integer
===值为:3
T 的数据类型是:java.lang.String
===值为:hello,this is string
```

【代码说明】

(1)两个示例运行效果完全相同,观察代码第 13 行,MyGeneric<T>类使用了泛型,其构造方法也使用了泛型参数。

(2)代码第 3 行,在向构造方法传参数的过程中,整数 3 自动包装到了 Integer 类中,这也是在 JDK 5 之后增加的新特性,叫作“装箱”。在这里,参数如果不是放入 3 这个整数,而是一个浮点数(例如 3.2),就会发现无法编译通过!这就避免了因误传入错误数据类型的参数而导致的类型转换错误。

(3)同样,代码第 5 行,向变量赋值时也无须对数据类型进行转换。

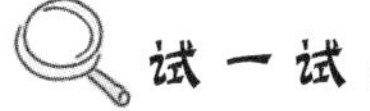

试一试:

在 IDE 中将例 7-12 代码第 3 行中的参数 3 修改为 double 类型的值,例如 3.1415,结果如何?

7.4　自动装箱和自动拆箱

基本数据(Primitive)类型的自动装箱(AutoBoxing)、拆箱(UnBoxing)是自 J2SE 5.0 开始提供的功能。7.3 节中通过例 7-11 和例 7-12 已经大致了解了装箱与拆箱的作用,简单来说,装箱就是将基本数据(Primitive)类型包装为包装类(WrapperClass)类型的操作,反之,则称为“拆箱”。

例如，在 J2SE 5.0 之前，要使用以下语句才能将 int 型数据包装为一个 Integer 对象：

```
Integer integer=new Integer(10);
```

而在 J2SE 5.0 之后提供了“装箱”的功能，可以直接使用以下语句打包基本数据类型：

```
Integer integer=10;
```

同样的功能可以适用于 boolean、byte、short、char、long、float 和 double 等基本数据类型，分别会使用对应的包装类(WrapperClass)类型 Boolean、Byte、Short、Character、Long、Float 和 Double。

而“拆箱”，也就是将对象中的基本数据从对象中自动取出，还原为基本数据类型。例如：

```
Integer myInteger=10;//装箱
int myInt=myInteger;//拆箱
```

7.5 类型安全的枚举

在 J2SE 5.0 中引入类型安全枚举的用法之前，我们知道，在 C 中，可以定义枚举类型来使用别名代替一个集合中的不同元素，通常是用于描述那些可以归为一类而又有有限数量的类别或者概念，如一周的每一天、月份、颜色、四则运算、五大洲、四大洋和季节等。它们通常描述如下：

```
typedef enum {SPRING, SUMMER, AUTUMN, WINTER} season;
```

实质上，这些别名被处理成 int 常量。比如 0 代表 SPRING，1 代表 SUMMER，以此类推。

Java 一开始并没有考虑引入枚举的概念，也许是出于维护 Java 语言简洁的考虑。对于描述简单的同类元素，Java 采取了使用静态常量(static final)的方式完成。例如，描述颜色，java.awt.Color 类中的红颜色值可以使用 Color.Red 来表示，实际上它是一个 static final Color 型值。

但是时过境迁，对于枚举的需求并没有因为 Java 本身没有提供而消失。在这期间，随着程序开发者对枚举的需求的增加，各种形形色色的枚举模式不断出现。最终，为了适应这一需求，在 J2SE 5.0 中引入了类型安全枚举。下面是一个典型的使用枚举的例子。

例 7-13 使用枚举的示例。

行号　　Operation.java 程序代码

```
public enum Operation{
    PLUS {double eval(double x, double y){return x+y;}},
    MINUS { double eval(double x, double y){return x-y;}},
    MULTIPLY {double eval(double x, double y){return x * y;}},
    DIVIDE {double eval(double x, double y){return x / y;}};
    abstract double eval(double x, double y);
    public static void main(String args[]){
        double x=3, y=5;
        for (Operation op:Operation.values()){
            System.out.println(x+" "+op+" "+y+"="+op.eval(x, y));
        }
    }
}
```

【运行结果】

3.0 PLUS 5.0=8.0

3.0 MINUS 5.0=-2.0

3.0 MULTIPLY 5.0=15.0

3.0 DIVIDE 5.0=0.6

【代码说明】

(1)从某种意义上讲,enum 关键字其实就是代表了一种新的类型的 class,因为从本质上看,它就是一个类,而且是一个抽象类(Abstract Class),而四个枚举项可以理解为它的四个子类,都分别实现了父类的抽象方法 eval(double x,double y),如代码第 6 行。

(2)对于每一个枚举类,都可以调用公用的方法,如 values(),该方法返回一个包含了所有枚举项的数组,见代码第 9 行。

(3)J2SE 5.0 的枚举中,所有项都自动默认为 static,也能够调用基本的对象方法,如 toString()。

7.6 集合框架

7.6.1 Java 集合框架综述

当需要存储类型相同且数量固定的数据时,可以选择数组,比如,存储 1～100 的连续整数。但在实际编程中,我们会遇到很多复杂的情况,比如一个新闻网站每天动态存储和显示新闻信息,每天的新闻数量动态更新,无法确定新闻的条数,因此就无法使用数组来存储;再比如,出版社的图书管理系统有时候可能需要通过输入图书的 ISBN 号码来获取该本图书的其他信息,这显然也无法用数组来完成。

幸好,Java 为我们提供了一套处理复杂数据存储问题的 API,这就是 Java 集合框架,它包含了一套性能优良,使用便捷的类和接口。在本节,将介绍几个常用的 Java 集合框架类和接口。

Java 集合框架类
——HashMap

Java 的集合框架由三部分构成:接口、接口的具体实现类、算法。图 7-5 列出了 Java 集合框架中一些常用类和接口之间的关系及其功能。

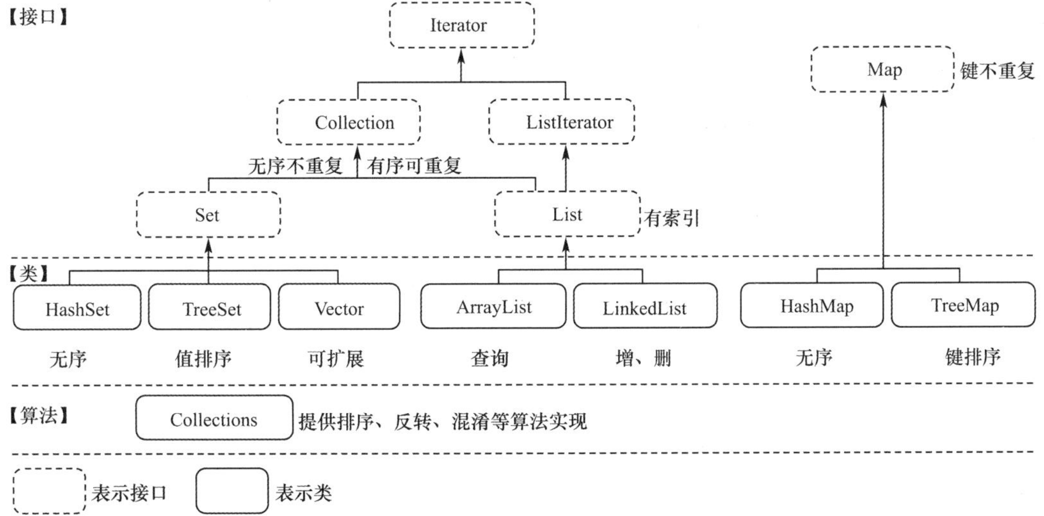

图 7-5 Java 集合框架结构图

1. 接口

(1)Collection(集合)是集合框架的根接口,是 Iterator(列举)接口的子接口。

(2)List(列表)接口继承自 Collection 接口,它是一组有序元素的集合,允许有相同的元素;有索引(下标),可以控制每个元素的插入位置,也能够使用索引来访问 List 中的元素,这个特点类似于数组。

(3)Map(图)接口提供键(key)与值(value)的映射,即一个 key 对应一个 value,且一个 Map 中不能有重复的 key。

2. 类

List 和 Map 接口扩展出一些常用类,提供一些具体的功能。例如 List 接口的常用子类有 ArrayList 和 LinkedList,它们可以存储所有类型的对象,包括 null,并且可以保证元素的存储顺序;Map 接口的常用子类为 HashMap 和 TreeMap,它们都实现了一个键-值映射的哈希表(HashTable)。

3. 算法

Java. util 包中还提供了一个 Collections 类,它包含了对集合进行排序、混淆等多种算法实现的一组静态方法。

7.6.2 ArrayList 类

什么时候使用 ArrayList 呢？通过前面的介绍,我们已经知道 ArrayList 实现了一个可变大小的数组,它的优点在于遍历和随机访问元素的效率比较高。例如,开发一个学生信息系统,要求如下:

(1)可以存储学生信息(包括每个学生的学号 id、姓名 name、电话号码 tel)。

(2)获取学生的总人数。

(3)逐条打印输出学生的信息。

在这个案例需求中,考虑到学生入学或转学退学的情况,学生总数(也就是集合中总元素)的个数是可变的。另外,为了逐条打印学生的信息,需要对该集合进行遍历。为了得到较高的遍历效率,使用 ArrayList 类是比较合适的。

接下来我们完成这个案例,首先,先创建一个学生信息类,包含了学生的学号 id、姓名 name、电话号码 tel 等属性,如例 7-14、例 7-15 代码所示。

例 7-14 学生信息类。

行号 **StudentInfo. java 程序代码**

```
public class StudentInfo {
    int id; //学号
    String name; //姓名
    String tel; //联系电话
    public StudentInfo(int id, String name, String tel) {   //自定义构造
        this. id = id;
        this. name = name;
        this. tel = tel;
    }
    public int getId() {
```

```
            return id;
        }
        public void setId(int id) {
            this.id = id;
        }
        public String getName() {
            return name;
        }
        public void setName(String name) {
            this.name = name;
        }
        public String getTel() {
            return tel;
        }
        public void setTel(String tel) {
            this.tel = tel;
        }
        //重写继承自 Object 类的 toString()方法,用于输出学生信息
        public String toString(){
            return name+"的联系电话是:"+tel;
        }
    }
```

例 7-15　测试 ArrayList 的添加与获取。

行号	**TestArrayList.java 程序代码**

```
import java.util.ArrayList;
import java.util.List;
public class TestArrayList {
    public static void printInfo(List arrList) { //打印输出指定列表的内容
        for (int i = 0; i < arrList.size(); i++) {
            StudentInfo stu = (StudentInfo) arrList.get(i);
            System.out.println("学号:" + stu.getId() + ";姓名:" + stu.getName() +
            ";电话号码:" + stu.getTel());
        }
    }
    public static void main(String[] args) {
        StudentInfo stu01 = new StudentInfo(1, "张华", "1111111");//创建对象
        StudentInfo stu02 = new StudentInfo(2, "李平", "2222222");
        StudentInfo stu03 = new StudentInfo(3, "王杰", "3333333");
        List stuList = new ArrayList();//创建列表对象
        stuList.add(stu01);//将 StudentInfo 对象添加到列表中
        stuList.add(stu02);
        stuList.add(stu03);
```

```
18              printInfo(stuList);//打印列表信息
19              System.out.println("目前学生总人数为:" + stuList.size() + "人");
20          }
21      }
```

【运行结果】

例 7-14、例 7-15 运行结果如图 7-6 所示。

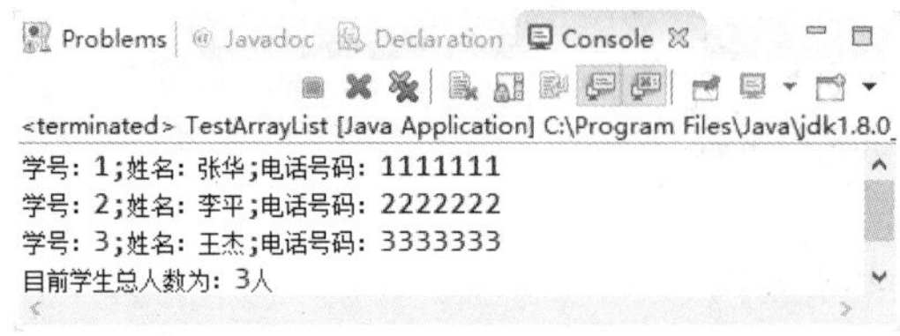

图 7-6　例 7-14、例 7-15 运行结果

【代码说明】

(1)代码第 11 行～13 行，创建了 3 个 StudentInfo 对象；代码第 14 行，创建了一个 ArrayList 对象，注意这里使用了父接口 List 的引用；代码第 15 行～17 行，使用 add()方法将 StudentInfo 对象添加到 ArrayList 中，而从 ArrayList 获取时则使用第 6 行的 get()方法。

接下来我们升级这段代码的功能，添加如下的需求：

(1)由于转来新同学，需要在指定位置添加新的学生。

(2)判断某学生是否在系统内。

(3)由于退学，需要删除指定位置的学生。

具体实现代码如例 7-16 所示。

例 7-16　测试 ArrayList，在指定位置插入和删除。

行号　　TestArrayList02.java 程序代码

```
import java.util.ArrayList;
import java.util.List;
public class TestArrayList02 {
    public static void printInfo(List arrList) { //打印输出指定列表的内容
        for (int i = 0; i < arrList.size(); i++) {
            StudentInfo stu = (StudentInfo) arrList.get(i);
            System.out.println("学号:" + stu.getId() + ";姓名:" + stu.getName() +
            ";电话号码:" + stu.getTel());
        }
    }
     public static void main(String[] args) {
        StudentInfo stu01 = new StudentInfo(1, "张华", "1111111");
        StudentInfo stu02 = new StudentInfo(2, "李平", "2222222");
        StudentInfo stu03 = new StudentInfo(3, "王杰", "3333333");
        List stuList = new ArrayList();
        stuList.add(stu01);
        stuList.add(stu02);
```

```
17            stuList.add(stu03);
18            // 创建并添加新同学
19            StudentInfo stu04 = new StudentInfo(4, "陈波", "4444444");
20            stuList.add(2, stu04);// 在索引位置 2(第 3 个)的位置添加
21            printInfo(stuList);
22            //判断是否有 stu04 同学
23            if (stuList.contains(stu04)) {
24                System.out.println("有陈波同学");
25            }else {
26                System.out.println("没有陈波同学");
27            }
28            //stuList.remove(1);// 在索引 1 的位置删除 stu02 同学
29            System.out.println("目前学生总人数为:" + stuList.size() + "人");
30        }
31    }
```

【运行结果】

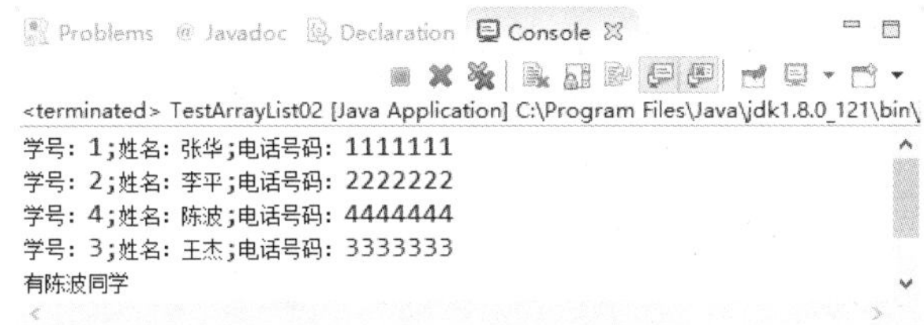

图 7-7　例 7-16 运行结果

例 7-16 运行结果如图 7-7 所示。【代码说明】

(1)代码第 20 行,可以在 ArrayList 集合的指定位置使用 add(int,Object)方法加入元素;同样,也可以在集合的指定位置删除元素,如代码第 28 行。

(2)代码第 23 行,boolean contains(Object)方法用来判断集合中是否包含此元素。

总结下 List 接口(也是 ArrayList 类)中常用的方法,见表 7-1。

表 7-1　　List 接口中定义的常用方法

返回值	方 法	说 明
boolean	add(Object obj)	向列表的尾部添加指定的元素
void	add(int index,Object obj)	在列表的指定位置插入指定元素
Object	get(int index)	返回列表中指定位置的元素
int	size()	返回列表中的元素数
boolean	remove(Object obj)	从列表中移除第一次出现的指定元素
boolean	remove(int index)	移除列表中指定位置的元素
boolean	contains(Object obj)	如果列表包含指定的元素,则返回 true
Iterator	iterator()	返回列表元素按适当顺序存放的迭代器形式
Object[]	toArray()	返回按适当顺序包含在列表中的所有元素的数组形式

7.6.3 LinkedList 类

什么时候使用 LinkedList 呢？当需要频繁地对集合的首部或尾部进行增删操作的时候，就可以考虑使用 LinkedList 类。例如，这个学生信息系统，新需求如下：

(1)转学来的新同学总是添加到信息表的最前面。

(2)可以删除最后的学生记录。

因为 LinkedList 类中提供了另外的 addFirst()、addLast()、removeFirst()、removeLast()方法，因此在集合的首部或尾部进行增删操作的时候，不用考虑索引的因素，性能较高。具体实现代码如例 7-17 所示。

例 7-17 测试 LinkedList，在集合首尾位置插入和删除。

行号　　TestLinkedList.java 程序代码

```
import java.util.LinkedList;
import java.util.List;
public class TestLinkedList {
    public static void printInfo(List list) {
        for (int i = 0; i < list.size(); i++) {
            StudentInfo stu = (StudentInfo) list.get(i);
            System.out.println("学号:" + stu.getId() + ";姓名:" + stu.getName() +
            ";电话号码:" + stu.getTel());
        }
    }
    public static void main(String[] args) {
        StudentInfo stu01 = new StudentInfo(1, "张华", "1111111");
        StudentInfo stu02 = new StudentInfo(2, "李平", "2222222");
        StudentInfo stu03 = new StudentInfo(3, "王杰", "3333333");
        LinkedList stuList = new LinkedList();
        stuList.add(stu01);
        stuList.add(stu02);
        stuList.add(stu03);
        //在集合首部添加陈波同学
        StudentInfo stu04 = new StudentInfo(4, "陈波", "4444444");
        stuList.addFirst(stu04);
        //删除集合尾部的同学
        stuList.removeLast();
        printInfo(stuList);
        System.out.println("目前学生总人数为:" + stuList.size() + "人");
    }
}
```

【运行结果】

例 7-17 运行结果如图 7-8 所示。

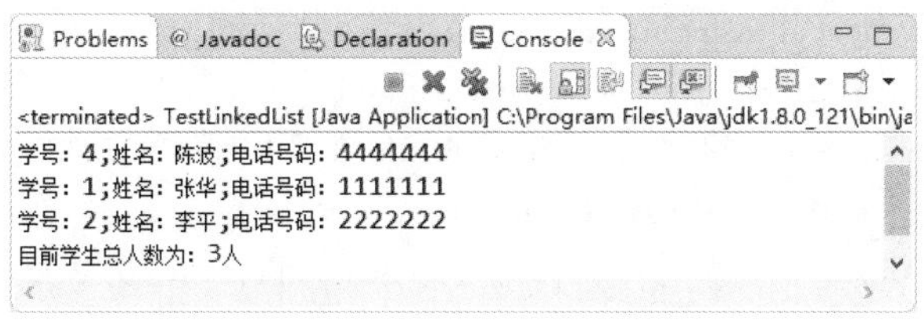

图 7-8　例 7-17 运行结果

【代码说明】

(1)代码第 14 行，不能再使用父接口 List 的引用来定义 LinkedList 对象，比如

List stuList = new LinkedList()；因为代码第 20、22 行使用的方法 addFirst()、removeLast()是定义在 LinkedList 类中，而不是 List 接口中。

总结下 LinkedList 类的方法，他除了具有从 List 接口继承下来的方法之外(参考表 7-1)，还有自身的一些独特的方法，见表 7-2。

表 7-2　　LinkedList 类中定义的常用方法

返回值	方法	说明
void	addFirst(Object obj)	在列表的首部插入指定元素
void	addLast(Object obj)	在列表的尾部插入指定元素
Object	getFirst()	返回列表的首元素
Object	getLast()	返回列表的尾元素
Object	removeFirst()	从列表中移除首元素
Object	removeLast()	从列表中移除尾元素

7.6.4　HashMap 类

Map 接口及其子类提供了键到值(key-value)的映射，那么什么时候应使用 HashMap 呢？当需要通过一个具备唯一性的主键来访问该集合的具体信息时，就可以考虑使用 HashMap 类，它根据 key 的哈希码(HashCode)值存储数据，根据 key 可以直接获取它的 value，具有很快的访问速度。HashMap 最多只允许一条记录的 key 为 null，允许多条记录的 value 为 null。例如，通过输入图书的 ISBN 号码来获取该本图书的其他信息；在淘宝上输入订单编号来查询该笔交易的详细内容等。接下来，我们仍然使用这个学生信息系统来练习 HashMap，假设其需求如下：

(1)每个学生都有一个唯一的学号。

(2)系统可以通过学生的学号来检索该学生的详细信息，比如姓名、联系电话等。

如果用 HashMap 类来实现的话，学生的学号就是 HashMap 的 key，而存储学生信息的对象就是 value，具体实现代码如例 7-18 所示。

例 7-18　测试 HashMap，利用学号 id 查询学生信息。

行号　　TestHashMap.java 程序代码

```
import java.util.HashMap;
import java.util.Map;
public class TestHashMap {
```

```
4        public static void main(String[] args) {
5            StudentInfo stu01 = new StudentInfo(1, "张华", "1111111");
6            StudentInfo stu02 = new StudentInfo(2, "李平", "2222222");
7            Map stuMap=new HashMap();
8            stuMap.put(1, stu01);//将学生对象放入集合,key 为学号,value 为对象本身
9            stuMap.put(2, stu02);
10            System.out.println("集合中包含的键有:"+stuMap.keySet());
11            System.out.println("集合中包含的值有:"+stuMap.values());
12            System.out.println("当前集合中的键值对为:"+stuMap);
13            //String key="1",即学生学号;
14            Integer key=1;//装箱,将基本数据类型 int 包装成 Integer 对象
15            if (stuMap.containsKey(key)) {
16                System.out.println(stuMap.get(key));
17            }
18            stuMap.remove(key); //删除指定 key 对应的元素
19            System.out.println("当前集合中的键值对为:"+stuMap);
20        }
21    }
```

【运行结果】

例 7-18 运行结果如图 7-9 所示。

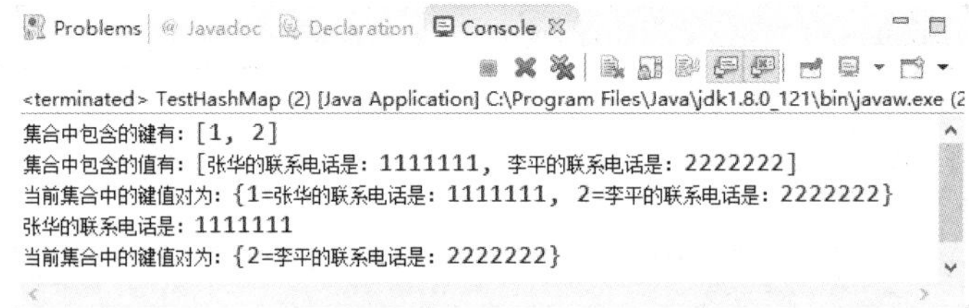

图 7-9 例 7-18 运行结果

【代码说明】

(1)代码第 10 行,keySet()方法输出了该 Map 集合的所有元素的键集合;代码第 11 行,values()方法输出了该 Map 集合的所有元素的值集合;代码第 12 行,输出 stuMap 相当于调用了 HashMap 类的 toString()方法,效果相当于输出该集合的键值对。

(2)代码第 15 行 containsKey(Object key)方法可以根据指定键查询是否有该条记录,注意,次方法的参数是 Object 类型,因此代码第 14 行对该 key 值进行了包装。

下面,总结下 HashMap 类的各种常用方法,见表 7-3。

表 7-3　　HashMap 类中定义的常用方法

返回值	方 法	说 明
Object	put(Object key,Object value)	以"键-值"对的形式存储(键必须唯一,值可以重复;如果添加重复的键,将覆盖原键-值对)
Object	get(Object key)	返回指定键对应的值,如果不存在该键,则返回 null
Set	keyset()	返回集合中所有元素的键的集合
Collection	values()	返回集合中所有元素的值的集合

（续表）

返回值	方 法	说 明
boolean	containsKey(Object key)	如果集合中存在指定键，则返回 true
Object	remove(Object key)	删除指定键对应的"键-值"对

7.6.5 TreeMap 类

树(Tree)本身具有排序的能力，因为 TreeMap(树图)类也继承自 Map 接口，所以它另外具备了根据 key 排序的能力。

TreeMap 常用的构造方法如下：

TreeMap()使用键(key)的自然顺序构造一个新的、空的树图。

TreeMap(Comparator comparator)使用指定的比较器构造一个新的、空的树图。

下面，给出一个使用简单比较器基于 key 排序的 TreeMap 实例，具体实现代码如例 7-19 所示。

例 7-19　测试 TreeMap，实现集合按键值有序存储。

行号　　**TestTreeMap.java 程序代码**

```
import java.text.Collator;
import java.util.Comparator;
import java.util.Map;
import java.util.TreeMap;
public class TestTreeMap {
    public static void main(String[] args) {
        Map<String, String> map = new TreeMap<String, String>(new Comparator<String>(){
            public int compare(String s1, String s2) {
                return s1.compareTo(s2);
        }});
        map.put("1", "value1"); //将第一个键值对放入 map
        map.put("2", "value2");
        map.put("11", "value11");
        System.out.println(map.toString());//打印输出 map 的内容
    }
}
```

【运行结果】

例 7-19 运行结果如图 7-10 所示。

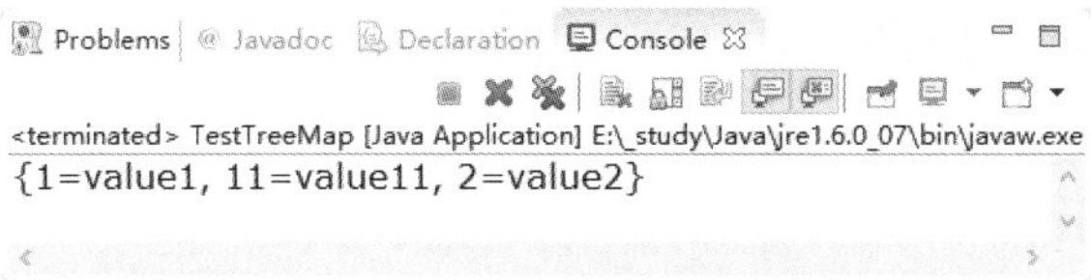

```
Problems  Javadoc  Declaration  Console
<terminated> TestTreeMap [Java Application] E:\_study\Java\jre1.6.0_07\bin\javaw.exe
{1=value1, 11=value11, 2=value2}
```

图 7-10　例 7-19 运行结果

【代码说明】

(1)代码第 7 行使用比较器(Comparator)为参数构建了一个 TreeMap 对象,比较器的定义采用了匿名类的语法格式,参考代码第 8 行～第 10 行。

(2)代码第 9 行,使用了 String 类的 compareTo(String s2)方法可以比较两个字符串 String 的大小,在这里是逐字节比较两个字符串,此方法的返回值作为比较器内置方法 compare()的返回值,返回给比较器使用。当元素放入 TreeMap 时,会自动按照 key 的大小顺序存储 key-value 对。参考运行结果,key 被自动排序为:"1""11""2"。

7.6.6 Iterator 接口

最后介绍一下 Iterator(迭代器)接口,它是 Java 集合框架的最顶层接口,为所有集合框架类和接口提供了统一的遍历功能(迭代访问),因此也称为"迭代器"。它的常用方法只有 4 个,参考表 7-4 所示。

表 7-4 Iterator 接口中的方法

返回值	方 法	说 明
boolean	hasNext()	如果被迭代的集合还有元素没有被遍历,则返回 true
Object	next()	返回集合里下一个元素
void	remove()	删除集合里上一次 next()方法返回的元素
void	forEachRemaining (Consumer action)	Java8 中为 Iterator 新增的方法,该方法可使用 Lambda 表达式来遍历集合元素

下面,我们改造上一个实例 7-19 的代码,使用 Iterator 来遍历 TreeMap 集合中的所有成员。具体实现参考代码 7-20。

例 7-20 测试 TreeMap,使用 Iterator 接口辅助遍历集合。

行号 TestIterator.java 程序代码

```
1   import java.util.Comparator;
2   import java.util.Iterator;
3   import java.util.Map;
4   import java.util.TreeMap;
5   public class TestIterator {
6       public static void main(String[] args) {
7           Map<String, String> map = new TreeMap<String, String>(new Comparator<String>(){
8               public int compare(String s1, String s2) {
9                   return s1.compareTo(s2);
10          }});
11          map.put("1", "value1");
12          map.put("2", "value2");
13          map.put("11", "value11");
14          Iterator iterator = map.values().iterator();//将集合 Collection 转换成迭代器
15          while (iterator.hasNext()) { //判断迭代器遍历时是否还有下一个元素
```

```
16                  String name = (String) iterator.next(); //返回迭代器里的下一个元素
17                  System.out.println(name);
18              }
19          }
20      }
```

【运行结果】

例 7-20 运行结果如图 7-11 所示。

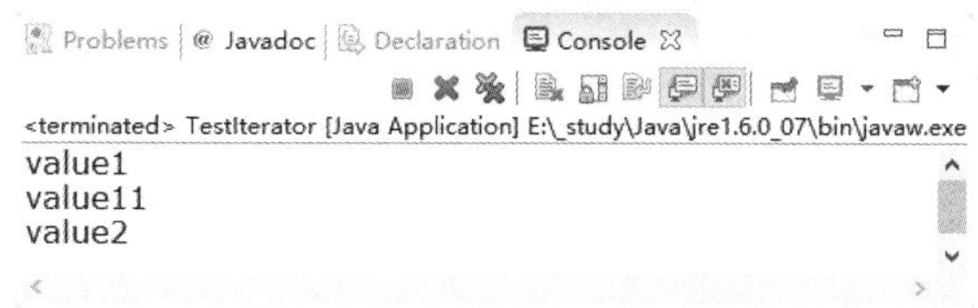

图 7-11　例 7-20 运行结果

【代码说明】

(1)用代码第 14 行～第 18 行，替换示例 7-19 代码第 14 行，实现对集合元素的遍历提取。

(2)代码第 14 行，map.values()方法的返回值类型是 Collection(参考表 7-3)，Collection 中有继承自 Iterator 接口的 iterator()方法，可以将集合转换成迭代器 Iterator；代码第 15 行～第 18 行，在循环中结合使用 hasNext()、next()方法遍历并获取其中的值。

Java 的集合框架类还有很多，覆盖了数据结构中的四类基本结构：集合(Set)、线性结构、树形结构(Tree)、图状结构(Map)；

除本节介绍的内容之外，还有一些常见数据结构的实现类，如 TreeSet(树集)、HashSet(散列集)、HashTable(散列表)，Vector(向量)、Stack(栈)、Queue(队列)等，限于篇幅，不一一介绍。

课程思政：

学生活动：自行搜索当前流行的网络存储技术有哪些？

思政目标：技术强国。

时事：党的十八届五中全会通过的“十三五”规划《建议》，明确提出实施网络强国战略以及与之密切相关的“互联网＋”行动计划。

数据是国家基础性战略资源，是 21 世纪的“钻石矿”。党中央、国务院高度重视大数据在经济社会发展中的作用，党的十八届五中全会提出“实施国家大数据战略”，全面推进大数据发展，加快建设数据强国。

与知识点结合：网络服务器、云计算、大数据技术与数据存储。

7.7　Lambda 表达式

JDK 8 之前，尤其是在写 GUI 程序的事件监听代码的时候，各种的匿名内部类，代码拖沓冗长！当 Lambda(希腊字符“λ”)表达式出现之后，这个语法缺陷得到极大改善，让我们先对比两段代码，从中了解 Lambda 表达式的优点。

参考前示例 7-20 代码第 7 行～第 10 行，匿名类通常被当作方法的参数使用，例如：

```
Map<String, String> map = new TreeMap<String, String>(new Comparator<String>(){
    public int compare(String s1, String s2) {
        return s1.compareTo(s2);
}});
```

这里的比较器(Comparator)对象就被当作 TreeMap 构造方法的参数使用。

先看第一段代码例 7-21。

例 7-21 构造比较器 Comparator 对象并实现其排序功能。

行号	**TestIterator.java 程序代码**

```
1   import java.util.Comparator;
2   public class TestLambda01 {
3       public static void main(String[] args) {
4           Comparator<String> c= new Comparator<String>() { //匿名类对象做方法参数
5               public int compare(String o1, String o2) { //匿名类需实现的方法
6                   return o1.compareTo(o2); //有返回值
7               }
8           };
9           System.out.println(c.compare("aaa", "ccc")); //调用
10      }
11  }
```

【运行结果】

例 7-21 运行结果如图 7-12 所示。

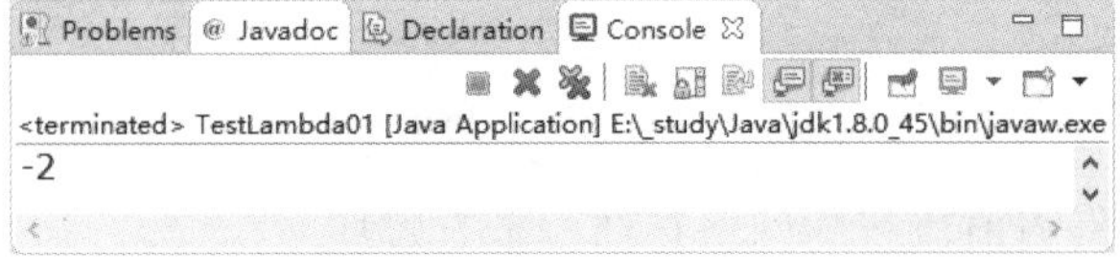

图 7-12 例 7-21 运行结果

【代码说明】

(1)本例中的比较器调用了 String 类的 compareTo(String)方法,将它的返回值(int 类型)作为比较器的比较结果;并且在代码第 9 行调用并输出了结果−2(因为字符 a 比字符 c 的 ASCII 码值少 2)。

现在我们使用 Lambda 表达式改造这段代码,改造结果如例 7-22 所示。

例 7-22 使用 Lambda 表达式改造匿名类。

行号	**TestIterator.java 程序代码**

```
import java.util.Comparator;
public class TestLambda01 {
    public static void main(String[] args) {
        Comparator<String> c = (String s1, String s2) -> s1.compareTo(s2);
        System.out.println(c.compare("aaa", "ccc"));
    }
```

```
7    }
```

【运行结果】与例 7-21 相同。

从改造结果上看，Lambda 表达式将原来比较烦琐的语法变得更清晰简洁了，在这段代码里将比较器对象、匿名类的参数、匿名类定义的内容只用一行代码完成。

总结下 Lambda 表达式语法，它包含 3 个部分：

（1）括弧包起来的参数（String s1，String s2）。

（2）一个箭头。

（3）方法体，可以是单个语句，也可以是语句块。（本例中是单个语句 s1.compareTo(s2);）

除此之外，使用 Lambda 表达式时还需要注意函数式接口的定义。

为了配合 Lambda，JDK 8 引入了一个新的定义叫作函数式接口（Functional interfaces），首先它是一个接口，其次它只有一个待实现的方法（从 Object 类中继承下来的方法除外）。因为从 JDK 8 开始，接口可以有 default 方法，所以，函数式接口也是可以有 default 方法的，但是，只能有一个未实现的方法。例如，下面的接口就是函数式接口：

```
interface MyInterface{
    public String doSomething(Integer i);
}
```

这样，当实现 Lambda 表达式时，只需要关注这一个方法的实现就可以了。例 7-22 中的表达式实际就是 Comparator 接口中待实现的方法 int compare(<T> obj1, <T> obj2);的具体实现。

Lambda 表达式简洁优美，功能强大，JDK 8 之后，我们将会在越来越多的 Java 源码中遇到它，限于篇幅，这里不做进一步介绍。

本章小结

数组和字符串都是编程语言的基本应用，因为数组和字符串在 Java 中都是引用类型，涉及类机制，所以直到本章才介绍。

本章介绍了一维和二维数组的定义、创建、初始化和赋值的格式，以一维数组 a 为例：

定义：int a[];

创建：int a[]=new int[3];

初始化：int a[]={1,2,3};

赋值：a[0]=1,a[1]=2,a[2]=3;

特别需要注意初始化和赋值之间的区别。另外介绍了数组的 length 属性，如有二维数组 int a[][]=new int[3][4];那么 a.length 为 3,a[0].length 为 4。

因为多维数组与二维数组的构成机制相同，所以本书没有重复介绍多维数组。

字符串也有计算长度的方法 length()，注意是方法而不是属性。

本章介绍了 StringBuffer 类与 String 类的区别，String 类是 immutable 的，而 StringBuffer 类的实例是可以修改的，且可以操作内存缓冲区，因此它的效率更高。

StringTokenizer 类是一个对分析字符串很有用的类，虽然通过使用 indexOf()、charAt() 和 substring()等方法也可以达到分析字符串的目的，但不如 StringTokenizer 类方便。

探究式任务

1. 了解 TreeSet 类的使用。
2. 了解比较接口 Comparator 在集合框架中的作用。
3. 你知道 Collection 接口与 Collections 类的区别吗?

习 题

一、选择题

1. 下面创建数组的形式(　　)是正确的。

A. int a[][]=new int[][] {{1,2},{3,4},{5,6}};

B. int[] a[]=new int[3][2];

C. int[][] a=new int[3][2];

D. int a[][]=new int[3][2] {{1,2},{3,4},{5,6}};

2. 下面(　　)是创建 String 的正确方法。

A. String s="Tom";

B. String s=new String("Tom");

C. String s1="Tom";
String s2=new String(s1);

D. String s1=new String("Tom");
String s2=s1;

3. 假设有

```
String s1="Tom";
String s2=new String("Tom");
```

下面表达式的结果为 true 的是(　　)。

A. s1==s2

B. s1. equals(s2)

C. s1. equalsIgnoreCase(s2)

D. s1. compareTo(s2)

4. 返回 E-mail 地址 cy_java@126. com 的域名“126. com”在字符串中起始位置的方法是(　　)。

设有 String e_mail="cy_java@126. com";

A. e_mail. indexof("126. com");

B. e_mail. indexOf("126. com");

C. e_mail. lastIndexOf("126");

D. e_mail. substring("126. com");

二、编程题

1. 设有三个学生的英语和数学成绩如下:

姓名	英语	数学
Tom	85	90
Marry	100	80
John	90	90

利用二维数组和循环,分别计算出这三个学生的各科总成绩和平均成绩。

提示:可将所有成绩放入一个二维数组,如:

```
int scores[][]={{85,90},{100,80},{90,90}};
```

2. 用键盘向控制台输入一个 E-mail 地址(如:cy_java@126. com),分析该地址,获取并输出域名(如:"126. com")。

要求:不使用 StringTokenizer 类,只使用 String 类的方法来完成。

第8章 异常及其处理

知识目标

在本章,我们将要:

- 了解异常处理类层次
- 在数学处理示例中使用异常处理
- 使用自定义异常抛出指定的信息

技能目标

在本章,我们可以:

- 掌握异常的概念和类层次
- 了解异常处理的格式
- 学会如何自定义异常

素质目标

- 培养自学方法与习惯,具备主动探究能力;培养良好的团队合作意识;具备编写代码规范性等项目开发的相关职业素养。了解国家安全意识,提高综合职业素养。

8.1 异　常

8.1.1 什么是异常

程序错误包含两类:编译时错误和运行时错误。编译错误是指编译器在编译源文件时发现的代码问题;运行时错误是指程序代码编译无误,但运行过程中发生的不正常情况。这种在程序运行过程中发生的不正常情况,简称异常(Exception)。比如数组下标越界、除数为0和文件无法找到等。为保证程序的健壮性,针对异常的处理工作称为异常处理。

Java作为网络应用语言,保证服务器端应用程序的稳定性和健壮性是至关重要的。为了阻止这些异常的发生,Java在程序的健壮性方面做了很多工作,例如制作了完整的异常处理类机制。

8.1.2 异常类层次

Java的异常处理类层次如图8-1所示。

类Throwable是所有错误类(Error)和异常类(Exception)的父类。

Error类及其子类由Java虚拟机生成并抛出,由系统接收并处理,程序员无法通过调整程序代码来避免这种错误,如VirtualMachineError和AWTError等。

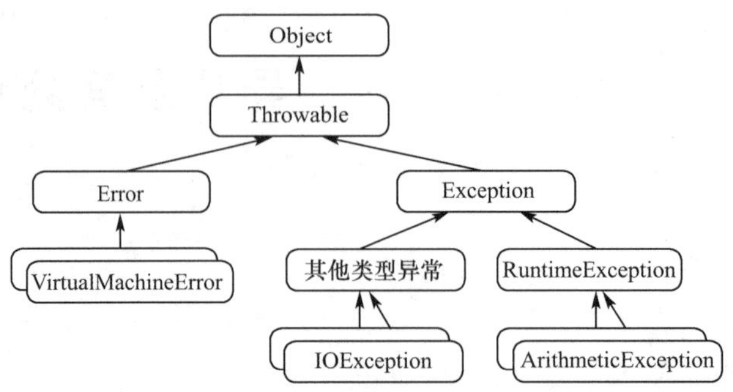

图 8-1 异常处理类层次

Exception 类是所有异常类的父类，其子类可分为两种：运行时异常（RuntimeException）和其他类型异常。其中，运行时异常是程序运行过程中出现的问题，如数组下标越界异常 IndexOutOfBoundsException 和数学异常 ArithmeticException 等。除运行时异常之外的异常统称为其他类型异常。

部分异常简介见表 8-1。

表 8-1 RuntimeException 类的子类

异常子类	说　明
ArithmeticException	算术错误，如除以 0
IllegalArgumentException	方法收到非法参数
ArrayIndexOutOfBoundsException	数组下标出界
NullPointerException	试图访问 null 对象引用
SecurityException	试图违反安全性
ClassNotFoundException	不能加载请求的类
ClassCastException	试图将对象强制转换为不是该实例的子类
NegativeArraySizeException	应用程序试图创建大小为负数的数组
AWTException	AWT 中的异常
IOException	I/O 异常的根类
FileNotFoundException	不能找到文件
EOFException	文件结束
IllegalAccessException	对类的访问被拒绝
NoSuchMethodException	请求的方法不存在
InterruptedException	线程中断
SQLException	数据库访问错误

8.1.3 异常处理的使用时机

在 Java 中规定，对其他类型异常必须捕获处理，RuntimeException 可以不做处理，也建议不做处理。

例 8-1　从键盘上输入两个数，并求和。

行号　　IOExceptionDemo.java 程序代码

```
1    import java.io.*;
2    public class IOExceptionDemo
3    {
4        public static void main(String[] args)
5        {
6            int n1,n2;
7            //使用输入流，从键盘接收数据
8            BufferedReader br=new BufferedReader(new InputStreamReader(System.in));
9            System.out.println("Please input first Integer Number:");
10           try{
11               n1=Integer.parseInt(br.readLine()); //从键盘接收第一个字符串
12               System.out.println("Please input second Integer Number:");
13               n2=Integer.parseInt(br.readLine()); //从键盘接收第二个字符串
14               System.out.println("The sum is:"+(n1+n2));
15           }
16           catch(IOException e){
17              System.out.println("The Input is error!");
18           }
19       }
20   }
```

【运行结果】

```
Please input first Integer Number:
3
Please input second Integer Number:
45
The sum is:48
```

【代码说明】

(1)从键盘上接收数据，需要使用流操作来完成，InputStreamReader 类和 BufferedReader 类都是输入流，分别是输入节点流和输入功能流(流的概念将在“流”一章中介绍)，组合起来完成对键盘数据的接收，而 BufferedReader 类有 readLine()方法可以从键盘读入一行字符串。

(2)因为 IOException 类和流类都来自 io 包，因此代码第一行导入了 io 包。

(3)代码第 8 行，System.in 代表标准输入设备键盘，此行代码创建了输入流实例 br，然后在第 11 行和第 13 行通过 br.readLine()将键盘输入数据读入，此时数据是 String 型，因此需要用包装类 Integer 的 parseInt()方法将其转换为 int 型。

(4)因为 readLine()方法在读入数据的过程中可能会产生异常 IOException，因此需要进行异常捕获处理，而且必须进行异常处理。

试一试：

如果上例不使用 try-catch 处理，编译时会出现什么问题？

异常的使用时机如下：

(1)如果是可以预料到的、通过简单的表达式修改或代码校验就可以处理好的，就不必使用异常(如运行时异常中的数组越界或除数为 0)，这是因为 Java 的异常都是异常类的对象，系统处理对象所占用的时间远比基本的运算要多得多(效率可能相差几百倍乃至千倍)，这也是为什么建议对 RuntimeException 异常不做处理的原因。

(2)因为异常占用了 Java 程序的许多处理时间，简单的测试比处理异常的效率更高。所以，建议将异常用于无法预料或无法控制的情况(如打开远程文件可能会产生 FileNotFoundException 异常，而从外设读入数据，可能会产生 IOException 异常)。

(3)而 Error 类对象就不必处理，Error 的实例是 Java 运行时环境(JVM)中的内部错误，通常是致命的，对它们无法做太多的工作。

(4)花费时间处理异常可能会影响代码的编写和执行速度，但在稍后的项目和在越来越大的程序中再次使用该类时，这种额外的小心将会带来极大的回报(当然 Java 类库是小心编写的，它已经足够强壮)。

8.2 异常处理实施

8.2.1 捕获异常

异常处理的实施

捕获异常的基本格式为：

try{产生异常的代码}
catch(Exception 类或子类 异常类实例){处理异常}
catch(Exception 类或子类 异常类实例){处理异常}
……
finally{代码}

格式说明：

1. try 语句

将可能产生异常的代码放在 try{}块中，这些代码可能会产生一个或多个异常。

2. catch 语句

catch 的参数为一个 Exception 类或其子类的实例，当 try 块中的代码出现异常时，将根据产生的异常类型，从出错的代码行处立即转到相匹配的 catch 块中执行，而异常信息也存储到相应 catch 块的参数实例中。

catch 块可以有多个，分别用于捕获处理不同的异常类型。Java 运行时系统将从前至后依次寻找相匹配的 catch 块，为了避免遗漏异常，建议将异常类的基类 Exception 放在 catch 块参数中，用于捕获前面所有异常处理都不匹配的情况，如：

try{产生异常的代码，可能产生多种异常}
catch(FileNotFoundException e){处理异常}
catch(SQLException e){处理异常}

……

catch(Exception e){处理异常}　//所有遗漏的异常将在这里捕获

但是需要注意，catch(Exception e)只能放在所有 catch 块的最后一句，因为 Exception 类是所有异常类的父类，如果放在前面将会屏蔽所有后面的子类。事实上，如果 catch(Exception e)语句放在前面，编译时会产生“Exception has already been caught”(异常已被捕获)错误。

3. finally 语句

finally 块是可选项，不管 try 块中是否产生异常，都要执行 finally 块的代码，执行过程如图 8-2 所示。

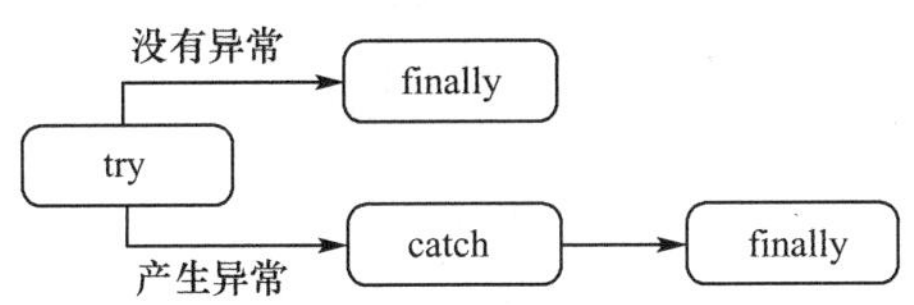

图 8-2　异常处理执行流程

例 8-2 是一个演示 finally 块执行流程的示例。

例 8-2　try-catch-finally 块执行流程。

FinallyDemo.java 程序代码

```
class FinallyDemo
{
    int no1,no2;
    FinallyDemo(String args[])
    {
        try{
            no1=Integer.parseInt(args[0]);
            no2=Integer.parseInt(args[1]);
            System.out.println("相除结果为 "+no1/no2);
        }
        catch(ArithmeticException e){
            System.out.println("除数不能为 0");
        }
        finally{
            System.out.println("Finally 已执行，程序结束！");
        }
    }
    public static void main(String args[]){
        new FinallyDemo(args);
    }
}
```

【运行过程及结果】

DOS 提示符>java FinallyDemo 10 2

相除结果为 5

Finally 已执行，程序结束！

DOS 提示符>java FinallyDemo 10 0

除数不能为 0

Finally 已执行，程序结束！

【代码说明】

(1)代码第 9 行，如果 no2 为 0 则会出现异常，System. out. println()将不会输出内容，直接转到第 11 行代码继续执行，catch 块执行完毕后，执行 finally 块。

(2)代码第 9 行，如果 no2 不为 0，catch 块就不会被执行，但 finally 块仍旧会执行。

8.2.2 声明异常

1. 异常调用链

Java 中经常可以这样处理异常：在产生异常的方法体中不做处理，而是在调用此方法的方法体中处理。当然，如果需要，可以继续把异常上传到更上一层的方法中，这就是异常调用链，如图 8-3 所示。

之所以在程序中将异常上传，是希望尽可能将异常上传到一个集中的块中处理，这样能使程序更简明并易于维护。但需要注意的是，尽量在异常被主方法抛离之前把异常处理掉，因为一旦异常被主方法抛离(如 public static void main(String [] args)throws Exception)，将由系统接收，我们将无法通过编写代码来处理它。

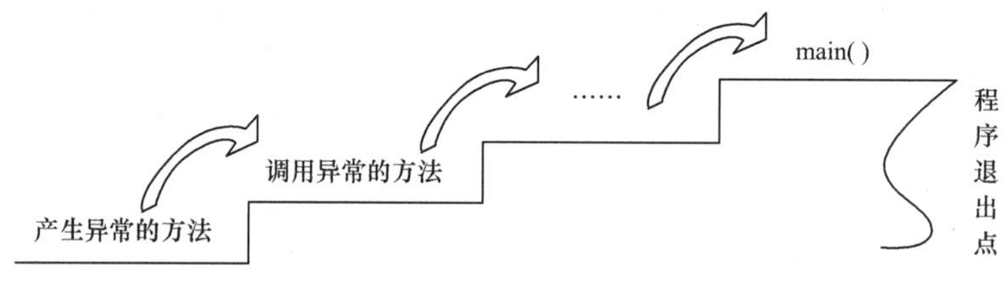

图 8-3 异常调用链

2. 声明异常

声明异常是指当异常在异常调用链中传递时，为了让上层的调用方法知道被调用方法可能抛出的异常种类，在被调用方法的声明后使用 throws 关键字指明要产生的异常种类。throws 关键字只是个声明式的语法，但对于产生自定义异常的方法却是必要的(见 8.3 节)。

下面通过例 8-3 和例 8-4 来理解声明异常。

例 8-3 声明异常 1。

行号 **ExceptionChain. java 程序代码**

```
public class ExceptionChain
{
    static void divide(int x,int y) //在此方法内进行了异常处理
    {
        try{
            int z=x/y;
            System.out.println("the result is :"+z);
```

```
        }
        catch(ArithmeticException e){System.out.println(e.getMessage());}
    }
    public static void main(String[] args)
    {
        divide(4,0);
    }
}
```

例 8-4　声明异常 2。

行号　　ExceptionChain.java 程序代码

```
public class ExceptionChain
{
    static int divide(int x,int y)throws ArithmeticException //抛出异常
    {
        return x/y;
    }
    public static void main(String[] args) //在主方法内进行了异常处理
    {
        try{System.out.println(divide(4,0));}
        catch(ArithmeticException e){System.out.println(e.getMessage());}
    }
}
```

【代码说明】

(1)两个示例运行结果相同(都是"/ by zero"),但在不同的位置做了异常处理。例8-3在divide()方法内部进行异常处理,例 8-4 则在主方法 main()中进行异常处理。

(2)例 8-4 的主方法 main()是 divide()方法的上层调用方法,divide()方法可以将自己产生的异常上抛到 main()方法中处理。但 divide()方法应该在声明部分的后面使用 throws 语法抛出自己代码可能产生的异常类型,以备 main()方法处理。

(3)main()方法中根据 divide()方法的声明使用 try-catch 来捕获处理异常,catch()块的参数应与 divide()方法声明的 throws 抛出的异常一致。也可以继续将异常上抛,如:public static void main(String[] args) throws ArithmeticException,但建议不要这样做。

8.2.3　抛出异常

前面提到,Java 的异常都是异常类的对象,当然我们可以自行触发一个异常,语法为:

throw 异常类对象;

例如:

```
throw new ArithmeticException();
```

通过例 8-5,可以了解 throw 的用法。

例 8-5 抛出异常。

ExceptionChain.java 程序代码

```
public class ExceptionChain
{
    static int divide(int x,int y) throws ArithmeticException
    {
        if(y==0)
            throw new ArithmeticException("除数不能为 0!");
        else
            return x/y;
    }
    public static void main(String[] args)
    {
        try{System.out.println(divide(4,0));}
        catch(ArithmeticException e){System.out.println("产生异常:"+e.getMessage());}
    }
}
```

【运行结果】

产生异常:除数不能为 0!

8.2.4 异常类中常用方法

Java 中的异常类都是 Exception 类的子类,Exception 类的构造方法有两种:

```
Exception();
Exception(String message);
```

第一种构造方法能创建无参数的异常类对象,第二种构造方法能创建带参数的异常类对象。所谓的参数是指 getMessage()方法得到的字符串类型的信息。例如:

```
Exception e=new Exception("The unexpected data Exception");
System.out.println(e.getMessage());
```

执行后,程序将输出“The unexpected data Exception”。

其他输出信息的常用方法有:

```
toString();
printStackTrace();
```

toString()方法以字符串的形式返回异常对象的字符串表示;printStackTrace()方法将异常堆栈跟踪输出,包括异常对象的字符串表示和出现异常的语句标号等信息。

8.3 自定义异常

尽管 Java 提供了完善的异常处理类库,但有时还是需要自定义一些异常类来满足特殊的要求。自定义的异常类可以继承 Exception 类和其子类,在需要的位置用 throw 关键字引发即可。例 8-6 为自定义异常示例。

例 8-6　自定义异常。

行号　　UserDefExceptionDemo. java 程序代码

```
class MyArrayException extends NegativeArraySizeException //自定义异常类
{
    public MyArrayException(String message)
    {
        super(message);     //调用父类的构造方法初始化 message
    }
    public String getInfo()  //自定义方法
    {
        String info="如看到此信息,请重新创建数组!";
        return info;
    }
}
public class UserDefExceptionDemo //主类
{
    static int size;
    static int a[];
    /* 检测数组下标的方法 */
    static void checkArraySize() throws MyArrayException
    {   if(size>0)
        {
            a=new int[size];
            System.out.println("数组创建成功!");
        }
        else
            throw new MyArrayException("数组创建错误,请检查下标!");
    }
    public static void main(String[] args)
    {
        size=Integer.parseInt(args[0]);  //size 值由控制台输入
        try{
            checkArraySize();
        }
        catch(MyArrayException e){
            System.out.println(e.getMessage());
            System.out.println(e.getInfo());
        }
    }
}
```

【运行步骤与结果】

DOS 提示符>java UserDefExceptionDemo 3

数组创建成功!

DOS 提示符>java UserDefExceptionDemo －2

数组创建错误,请检查下标!

如看到此信息,请重新创建数组!

【代码说明】

(1)代码第 1 行,自定义了异常类 MyArrayException,它是系统类 NegativeArraySizeException 的子类。

(2)代码第 5 行,super(message);相当于 NegativeArraySizeException(message)调用父类的构造方法初始化 message,message 的值在父类中定义为可以用 getMessage()获取。

(3)代码第 7 行,getInfo()方法为自定义方法,用以演示自定义异常类的构成。

(4)代码第 18 行,定义了检测数组的方法 checkArraySize(),因为方法体内部可能会产生 MyArrayException 异常(代码第 25 行 throw 语句),因此方法声明后使用了 throws 关键字来声明自身抛出了 MyArrayException 异常。

(5)代码第 31 行,main()方法调用了 checkArraySize()方法,因此 main()方法根据它 throws 声明的异常类型 MyArrayException 使用了异常处理 try-catch(MyArrayException e)来捕获并处理该异常。

本章小结

本章介绍了异常(Exception)的概念和使用时机、异常类层次与错误(Error)类层次及其功能特点。还详细说明了异常处理的调用格式 try-catch-finally,以及异常调用链的概念。最后介绍了如何自定义异常类。

需要注意的知识点有:

➢ Exception 是运行时发生的程序问题,而不是编译时错误。

➢ Exception 分为运行时异常(RuntimeException)和其他异常,其他异常必须捕获处理,而运行时异常基于程序运行效率,建议不做异常处理。

➢ 就像 if-else 语句一样,try-catch-finally 也可以嵌套调用。但没有太多实用性,本书从适用角度出发,去掉了这一部分内容。

➢ 异常调用链是一个很重要的概念,理解了异常在程序中可以上抛,才能理解一些程序中异常处理的代码中 throws 和 throw 的含义。而异常调用链对于服务器端的管理员来说可能具有特殊的意义,异常链中的异常在上抛过程中组成一个链表,提供了一个异常如何发生的完整记录,管理员可以通过阅读日志中一系列调用链的信息来了解程序的运行状况。

探究式任务

1. 多了解一些关于异常调用链的知识。

2. 对于 Log4j2 存储的日志文件,如果存满如何处理? 请找出解决方案。

3. 你听说过 LogCat 工具吗? 说说它应用于哪里。

习　题

一、选择题

1. 下面关于 try-catch-finally 结构的说法错误的是(　　)。

A. 一个 try 块后面必须至少带一个 catch 块或 finally 块

B. 一个 try 块后面可以带一个或多个 catch 块或 finally 块

C. try-catch-finally 结构中 finally 块可以没有

D. try-catch-finally 结构中如有 finally 块,则 finally 块一定被执行

2. 下面代码的空白处可以填写的类是(　　)。

```
try{
   BufferedReader br=new BufferedReader(fr);
}
catch(IOException e){}
catch(______ e2){}
```

A. RuntimeException　　　　B. ArithmeticException

C. Error　　　　D. Exception

3. 要输出异常的信息,(　　)方法不可用。

A. e. toString()　　　　B. e. printStackTrace()

C. e. getMessage()　　　　D. e. getClass()

4. 下面程序输出的结果是(　　)。

```
for(int x=0;x<5;x++){
    try{
        if(x>3){
            throw new Exception("x 已经大于 3");
        }
    }
    catch(Exception ex){
        x+=10;
        System.out.println(ex.getMessage());
    }
    finally{
        System.out.println(x);
        return;
    }
}
```

A. 0　　　　B. 1　　　　C. 40　　　　D. 43

二、编程题

自定义一个异常类 ByZeroException,当 a/b 的除数 b 为零时,提示“除数为 0,不合法,请重新输入除数!”,并要求在控制台中重新输入除数 b 的值。

提示:在循环中使用 try-catch 结构。

三、课程思政题

课程思政：

学生活动：上网搜索 log4j2 漏洞的解决方案。

思政目标：国家安全意识。

时事：2021 年 12 月，阿里云作为工信部网络安全威胁信息共享合作平台成员，在发现 Apache Log4j2 组件严重安全漏洞隐患时并未及时向工信部汇报，所以被暂停成员资格 6 个月。

工信部建立共享信息平台的目的就是当发现漏洞之后，上报给平台，平台可以向所有的合作单位发出预警，预防因此而带来的网络安全问题，防止信息泄露，威胁企业乃至国家安全。工信部网络安全威胁和漏洞信息共享平台的合作单位，有义务、也有责任向工信部上报这个漏洞。

与知识点结合：log4j2 的扩展介绍。

第9章 GUI界面设计

知识目标

在本章，我们将要：

➢ 学习各种 UI 组件外观和常用方法

➢ 学习创建窗体、对话框和面板等容器的方法

➢ 学习创建 AWT 基本组件和菜单

➢ 学习使用各种布局和布局嵌套完成“调查卡”应用界面

技能目标

在本章，我们可以：

➢ 学习 GUI 组件的构造和使用

➢ 了解各种布局管理器

➢ 初步了解 Swing 组件的特点

素质目标

➢ 培养自学方法与习惯，具备主动探究能力；培养良好的团队合作意识；具备编写代码规范性等项目开发的相关职业素养。了解了解社会主义核心价值观，提高综合职业素养。

9.1 GUI 组件

9.1.1 抽象窗口工具包

构建第一个 Java GUI 应用

抽象窗口工具包(Abstract Window Toolkit，AWT)，是为 Java 程序提供图形用户界面(Graphics User Interface，GUI)的一组 API。主要功能包括：用户界面组件、界面布局设计和管理、图形图像处理以及事件处理等。

下面是 AWT 包中部分重要的类和子包：

(1)java. awt. Component：抽象类，是 AWT 包所有组件类的超类。

(2)java. awt. datatransfer：提供数据传输和剪贴板功能的包。

(3)java. awt. dnd：提供用户拖曳操作功能的包。

(4)java. awt. event：提供事件处理功能的包。

(5)java. awt. image：提供图像处理功能的包。

(6)java. awt. peer：提供 AWT 程序运行所需界面的同位体运行。

(7)javax. swing：Swing 组件包。

组件是构成 GUI 的基本元素。Component 类是 AWT 包所有组件类的超类，为其他子类提供了很多组件设计功能，如位置、大小、字体、颜色和同位体等。

“同位体”(Peer)是个比较难理解的概念，简单来讲，同位体是对窗体界面系统的抽象。当程序员调用 AWT 对象时，调用被转发到该对象所对应的一个 Peer 上，再由 Peer 调用本地对象方法，完成对象的显示。例如，如果使用 AWT 创建了一个 Frame 类的实例，那么在程序运行时会创建一个窗口框架同位体的实例，而由该同位体的实例执行菜单的实现和管理。不同的系统有不同的同位体实现，这也是为什么同样的 AWT 程序窗口在不同的 Windows 系统平台(如 Windows 2000 和 Windows XP 等)下显示不同的外观的原因。图 9-1 表达了一个 AWT 的 Frame 组件是如何通过同位体显示出来的。

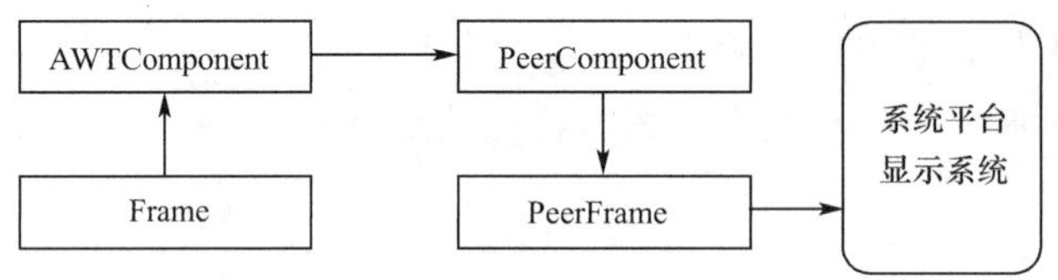

图 9-1 AWT 组件的同位体调用机制

并且，从同位体的使用机制来看，AWT 包组件的显示要受到本地平台的影响，因此现在大多使用 Swing 包来代替 AWT 包。

除 AWT 包之外，Swing 包也提供了 GUI 设计功能，它们都是 Java 基本类库(Java Foundation Class，JFC)的一部分，不过 Swing 包提供了比 AWT 包更强大的功能，且具备完全跨平台的能力，将在后面章节介绍。AWT 作为最基本的组件包，掌握了它有助于学习其他组件的功能。

图 9-2 是 Windows 平台中的部分 AWT 组件。

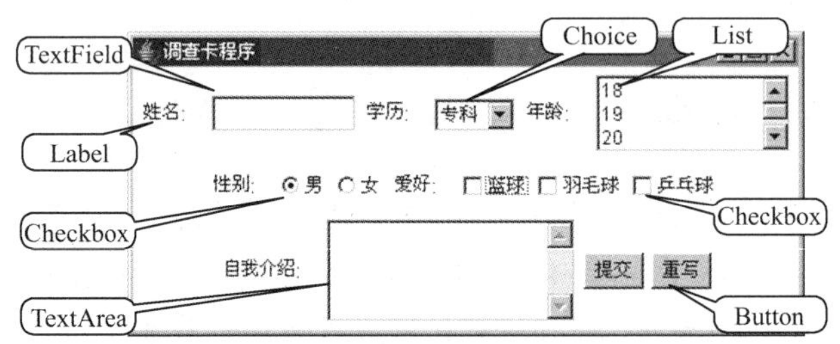

图 9-2 AWT 组件外观

图 9-3 描述了 AWT 包中组件类的层次关系。

其中，MenuComponent 类是各菜单子类的超类，Component 类是基本组件类的超类。Component 类的子类大致可分为两种：基本组件类(如 Button 和 Label 等)和容器类(Container 的子类)。容器也是组件(Component)，可以包含其他组件。容器类按照其内部组件的排列位置样式可分为两类：Panel 类及其子类和 Window 类及其子类。组件在容器中的位置由布局管理器(LayoutManager)决定，本书将在 9.2 节介绍这部分内容。

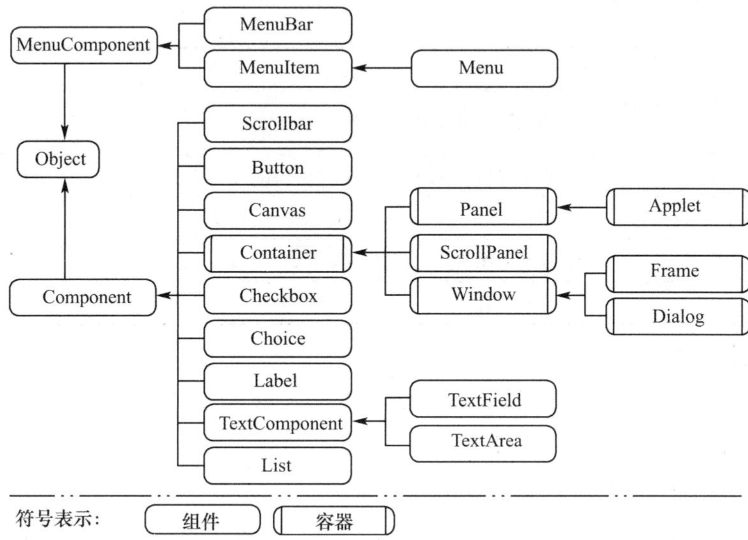

图 9-3　AWT 包中组件类的层次

9.1.2　GUI 组件与容器关系

所有 AWT 组件都是 Component 类和 MenuComponent 类的扩展子类。Component 类封装了所有 AWT 组件通用的方法和属性，其常用方法见表 9-1（其中 Xxx 为具体的事件类型，例如：addActionListener()）。

表 9-1　Component 组件类的常用方法

常用方法	功　能
addXxxListener(XxxListener l)	添加指定的 Xxx 监听器，接收此组件发出的事件
setBackground(Color c)	设置组件的背景色
getBackground()	获得组件的背景色
setForeground(Color c)	设置组件的前景色
getForeground()	获得组件的前景色
setFont(Font f)	设置组件的字体
getFont()	获得组件的字体
getSize()	返回组件的大小
getWidth()	返回组件的当前宽度
getHeight()	返回组件的当前高度
getX()	返回组件原点的当前 x 坐标
getY()	返回组件原点的当前 y 坐标
paint(Graphics g)	绘制此组件
repaint()	重绘此组件
requestFocus()	请求此组件获得输入焦点，并且此组件的顶层组件成为获得焦点的 Window

（续表）

常用方法	功　能
setBounds(int x, int y, int width, int height)	移动组件并调整其大小
setEnabled(boolean b)	根据参数 b 的值启用或禁用此组件
setVisible(boolean b)	根据参数 b 的值显示或隐藏此组件
toString()	返回此组件及其值的字符串表示形式
update(Graphics g)	更新组件

1. AWT 容器组件

AWT 容器组件是 Container 类的子类（如图 9-3 所示），可以容纳其他组件。本节简要介绍常用的 Frame、Dialog 和 Panel 容器组件。

(1)窗体（框架）(Frame)

Frame 类是 Window 类的子类，具备边框、标题栏、系统菜单、最大化按钮和最小化按钮，是一个具备完整功能的窗体。

其构造方法如下：

①Frame()：默认构造方法，创建没有标题的窗体。

②Frame(String title)：创建以 title 为标题栏文字的窗体。

其主要成员方法如下：

①setSize(int width,int height)：为窗体设置大小，width 为宽度，height 为高度。

②pack()：以紧凑组件的方式设置窗体大小。

③setTitle(String title)：为窗体设置标题。

④setVisible(boolean b)：为窗体设置可见性，默认为不可见。

例 9-1　创建简单窗体。

行号	FrameDemo.java 程序代码

```java
import java.awt.*;
public class FrameDemo extends Frame
{
    public FrameDemo(String title) //自定义构造方法，title 为窗体标题
    {
        super(title);              //调用超类的带参数的构造方法
        this.setSize(200,100);
        setVisible(true);
    }
    public static void main(String[] args)
    {
        new FrameDemo("简单窗体");
    }
}
```

【运行结果】

运行结果如图 9-4 所示。

图 9-4　例 9-1 运行结果

【代码说明】

①代码第 4 行，为自定义构造方法，带一个 String 类型的参数 title，title 传递给第 6 行的 super(title)方法，调用了超类的带 String 参数的构造方法构造了一个带标题文字的窗体。给窗体设置标题文字也可以使用 setTitle()方法。

②代码第 7 行，setSize()方法设置窗体大小，this 代表当前窗体实例，即显示出来的窗体。

③代码第 8 行，setVisible(true)语句一定要写，因为默认时，Frame 是隐藏的。省略方法的操作对象时，默认为 this。

再看一个 Frame 例子。

例 9-2　创建简单窗体的另一种形式。

行号　　FrameDemo. java 程序代码

```
import java.awt.*;
public class FrameDemo
{
    Frame f=new Frame();
    Label la1=new Label("您好，这是 Label 组件!");
    public FrameDemo()
    {
        f.add(la1);
        f.setTitle("简单窗体");
        f.pack();
        f.setVisible(true);
    }
    public static void main(String[] args)
    {
        new FrameDemo();
    }
}
```

【运行结果】

运行结果如图 9-5 所示。

图 9-5　例 9-2 运行结果

【代码说明】

①代码第 4 行，初始化了一个 Frame 类的实例 f 作为 FrameDemo 类的对象属性成员。

②代码第 8 行，add()方法为窗体添加了一个 Label 组件。

③代码第 9 行，setTitle()方法为窗体设置标题文字。

④代码第 10 行，pack()方法使得窗体尺寸紧凑到刚好容纳 Label 组件的大小。

(2)对话框(Dialog)

对话框是可以接受用户输入的弹出式窗体，也是一种带边框的容器，与 Frame 不同的是对话框依赖于其他的窗体，当窗体最小化时，对话框也会随之最小化。

对话框可分为模态对话框(model)和非模态对话框(modelless)。其中，模态对话框只能响应对话框内部的事件，对话框外部的事件则不能响应；而非模态对话框则不受该限制。所以模态对话框通常用于注册窗口或“另存为”窗口等必须等用户首先响应的情况。

Dialog 的常用构造方法如下：

①Dialog(Frame frm)：创建一个不可见、无标题的非模态对话框，相关联的窗体是框架类对象 frm。

②Dialog(Frame frm,String title,boolean model)：创建一个不可见、以 title 为标题的对话框，相关联的窗体是框架类的对象 frm，第三个参数为 true 表示创建模态对话框，为 false 表示创建非模态对话框。

Dialog 的方法继承自 Component 类和 Window 类，所以具备 Component 类和 Window 类的所有特征，如 setVisible()方法等，其他重要方法如下：

①boolean isModal()：返回对话框的类型，若为模态对话框返回 true；否则，返回 false。

②void setModal(boolean b)：设置对话框的类型，参数为 true 表示设置为模态对话框，为 false 表示设置为非模态对话框。

例 9-3 创建模态对话框。

行号　　MyFrame.java 程序代码

```
import java.awt.*;
public class MyFrame extends Frame
{
    Button btnOpen=new Button("打开");
    MyFrame(String s)
    {
        super(s); //调用父类构造方法
        add(btnOpen);//将按钮对象添加到窗体中
        setSize(200,150);
        setVisible(true); //设置窗体是可见的
    }
     public static void main(String args[])
     {
         MyFrame f=new MyFrame("窗口"); //创建窗体，标题为"窗口"
         MyDialog dlg=new MyDialog(f,"登录对话框",true);//创建对话框
     }
}
```

```
18    class MyDialog extends Dialog //对话框类
19    {
20        MyDialog(Frame f,String s,boolean b) //构造方法,f 是与对话框相关的窗体
21        {
22            super(f,s,b); //调用父类的构造方法,对话框将依赖于 f 窗体
23            setSize(120,50);
24            setVisible(true); //设置对话框可见
25        }
26    }
```

【运行结果】

运行结果如图 9-6 所示。登录对话框在窗体的前方,在未关闭对话框时不能操作窗体,即【打开】按钮无法使用。

图 9-6　例 9-3 运行结果

【代码说明】

①此示例由两个类构成,MyFrame 类是窗体类,MyDialog 类是对话框类。MyDialog 类有带三个参数的构造方法 MyDialog(Frame f,String s,boolean b)(见代码第 20 行),当第三个参数 b 设为 true 时代表模态对话框。

②代码第 14 行创建了窗体 f;代码第 15 行,以 f 为依赖窗体创建了模态对话框 dlg。

③按钮显示效果受其所在窗体的布局的影响,关于布局管理器请参考 9.2 节。

(3)面板(Panel)

面板是一种容器,与 Window 类的子类不同的是:面板(及其子类)无边框、无标题,且不能被移动、放大、缩小或关闭。因此,面板不能作为独立的容器使用,通常将其作为中间容器,用以容纳其他组件或子面板。通常面板被放置在其他能独立使用的容器中,如窗体。

Panel 类的构造方法如下:

①Panel():创建一个使用默认布局管理器的面板。

②Panel(LayoutManager layout):创建一个使用指定布局管理器的面板。

例 9-4　面板的使用。

行号　　**MyFrame.java 程序代码**

```
import java.awt.*;
public class MyFrame extends Frame
{
    Button btnOpen=new Button("打开");
```

```
5        Button btnClose=new Button("关闭");
6        Panel p=new Panel();
7        MyFrame(String s)
8        {
9            super(s); //调用父类构造方法
10             p.setBackground(Color.CYAN);      //将面板 p 的背景色设为青色
11             add(p);                           //把面板 p 添加到窗体上
12             p.add(btnOpen);                   //将按钮添加到面板中
13             p.add(btnClose);
14             setSize(200,100);
15             setVisible(true);
16         }
17         public static void main(String args[])
18         {
19             MyFrame f=new MyFrame("窗口"); //创建框架(窗口),标题为"窗口"
20         }
21     }
```

【运行结果】

运行结果如图 9-7 所示。窗体包含一个青色面板,此面板中包含两个按钮。

图 9-7　例 9-4 运行结果

【代码说明】

(1)代码第 10 行,为面板设置背景色。

(2)代码第 11 行,将面板 p 添加到窗体上;代码第 12、13 行,将两个按钮添加到面板上。

(3)按钮显示效果受其所在面板的布局的影响,关于布局管理器请参考 9.2 节。

2. AWT 基本组件

Component 类的子类除容器类之外就是基本组件类(如按钮和标签等)。还有一类组件比较特殊,就是菜单组件,它不是 Component 类的子类,但是因为菜单也是 GUI 界面常用的组成部分,因此本节也介绍这部分内容。

组件类常用的方法前面已经介绍过了(参考表 9-1),这里简要介绍各组件的常用构造和使用上的特点(其他未列出的方法和属性请查阅 JDK API Document)。

(1)按钮(Button)

Button 的构造方法:

Button(String label)

例如,构造一个标题文字为“save”的按钮 b,格式如下:

```
Button b=new Button("save");
```

常用成员方法:

①setLabel(String label):将按钮的标签文字设置为指定的字符串。

②getLabel():获得此按钮的标签文字。

③setActionCommand():设置此按钮激发的操作事件的命令名称(默认为按钮的标签文字)。

④getActionCommand():得到此按钮激发的操作事件的命令名称。

(2)标签(Label)

Label 的构造方法:

Label(String label)

例如,构造一个标签文字为"username"的标签 la,格式如下:

```
Label la=new Label("username");
```

常用成员方法:

①setText():设置此标签的文本。

②getText():获取此标签的文本。

(3)文本框(TextField)

TextField 的构造方法:

TextField (String label)

例如,构造一个默认文本为"username"的标签 tf,格式如下:

```
TextField tf=new TextField("username");
```

常用成员方法:

①setText (String str):将此文本框显示的文本设置为指定文本(继承自父类 TextComponent)。

②getText():获取文本框的文本(继承自父类 TextComponent)。

③setEditable(boolean b):设置此文本框是否可编辑。

④setEchoChar(char c):设置此文本框的回显字符(继承自父类 TextComponent)。

(4)文本区(TextArea)

TextArea 的构造方法:

①TextArea(String label):构造一个新文本区,该文本区具有指定的文本。

②TextArea(TextArea text,int rows,int columns):构造一个新文本区,该文本区具有指定的文本,以及指定的行数和列数(注意:列 columns 并不总是等于字符的个数,它近似平均字符宽度,与平台有关)。

例如,构造一个显示文字为"username"的文本区 ta,格式如下:

```
TextArea ta=new TextArea("username");
```

构造一个显示文字为"username"的文本区 ta,指定为 3 行 10 列,格式如下:

```
TextArea ta=new TextArea("username",3,10);
```

常用成员方法:

①setText(String str):与文本框中该方法的功能相同。

②getText():与文本框中该方法的功能相同。

③setEditable(boolean b):与文本框中该方法的功能相同。

④append(String str):将给定文本追加到文本区的当前文本。

⑤insert(String str,int pos):在此文本区的指定位置插入指定文本。

(5)单选框与复选框(Checkbox)

在 AWT 组件包中,单选框与复选框使用同一个类 Checkbox。

Checkbox 的构造方法:

①Checkbox(String label)

②Checkbox(String label,boolean state,Checkbox group):使用指定的标签文字构造一个 Checkbox,使用布尔值 state 将其设置为指定的默认选择状态,并使其处于指定的复选框组中(用于将多个复选框指定为一组单选框)。

例如,构造两个标题文字分别为"Male"和"Female"的单选框,格式如下:

```
CheckboxGroup sex=new CheckboxGroup();
Checkbox male=new Checkbox("Male",true,sex);
Checkbox female=new Checkbox("Female",false,sex);
```

常用成员方法:

①getLabel():获得此复选框的标签。

②setState(boolean state):设置复选框的"开""关"状态。

③getState():返回此复选框的"开""关"状态。

(6)列表框(List)与下拉选择框(Choice)

这两个组件的功能很相近,因此一起介绍。

List 的构造方法:

List(int rows,boolean multipleMode):创建一个初始化显示为指定行数 rows 的新滚动列表,如果 multipleMode 的值为 true,则可从列表中同时选择多项。

例如,构造一个 3 行的列表框 list,并设置为可以多选,格式如下:

```
List list=new List(3,true);
```

注意:如果行数 rows 为 0,则默认为 4 行。

Choice 的构造方法:

Choice():选择框只有这一种构造形式。

例如,构造一个选择框 choice,格式如下:

```
Choice choice=new Choice();
```

List 与 Choice 的内容,由 add()方法添加。

常用成员方法:

①add():将一个项目添加到此 List 或 Choice 中,替代已经过时的 addItem()。

②getItem(int index):获得此 List 或 Choice 中指定索引上的字符串。

③getItemCount():返回此 List 或 Choice 中项目的数量。

④getSelectedIndex():返回当前选定项的索引,如果没有选定任何内容,则返回 -1。

⑤getSelectedItem():获得当前选择项目的字符串表示形式。

⑥insert(String item,int index):将项目 item 插入指定位置 index 上。

⑦remove(int position):从指定位置 position 上移除一个项目。

(7)菜单组件

菜单的类层次见图 9-3,所有菜单类都继承自 MenuComponent 类,而不是 Component 类,因此菜单不能像按钮那样做前景色、背景色等个性化设置。菜单(Menu)应包含菜单项(MenuItem),并被包含在菜单栏(MenuBar)中,它们的位置关系如图 9-8 所示。

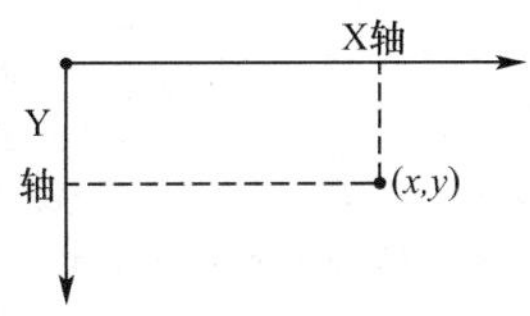

图 9-8　菜单类及其子类的位置关系

图 9-4 中，有一个菜单栏（MenuBar），它只能放置在 Frame 容器中，菜单栏内有 3 个菜单（Menu）（分别是“表格”“窗口”“帮助”）。“表格”菜单下包含多个菜单项（MenuItem），其中，“删除”菜单既是“表格”菜单的菜单项（MenuItem），又是“列”和“行”等菜单的菜单项（Menu），所以又被称为“嵌套菜单”或“多级菜单”。

菜单组件的构造方法：

①菜单项（MenuItem）

➢ MenuItem(String label)：构造具有指定标签的新菜单项。

➢ MenuItem(String label, MenuShortcut s)：创建具有关联的键盘快捷方式的菜单项。

②菜单（Menu）

➢ Menu(String label)：构造具有指定标签的新菜单。

③菜单栏（MenuBar）

➢ MenuBar()：创建新的菜单栏。

其中，键盘加速器的 MenuShortcut 类是使用虚拟键代码创建的菜单快捷方式。

例如，“Ctrl＋A”（假设 Ctrl 是加速键）的菜单快捷方式将通过类似以下的代码创建：

```
MenuShortcut ms=new MenuShortcut(KeyEvent.VK_A, false);
```

此加速键是与平台有关的，可通过 Toolkit.getMenuShortcutKeyMask()方法得到。

例 9-5　构建菜单示例。

行号　　**ShortcutMenu.java 程序代码**

```
import java.awt.*;
public class ShortcutMenu extends Frame
{
    MenuShortcut msOpen=new MenuShortcut('O');
    MenuShortcut msSave=new MenuShortcut('S');
    MenuShortcut msExit=new MenuShortcut('X');
    MenuBar menubar=new MenuBar();
    Menu mnFile=new Menu("文件");
    Menu mnHelp=new Menu("帮助");
    Menu mnNew=new Menu("新建"); //"新建"是嵌套菜单
    MenuItem miOpen=new MenuItem("打开",msOpen);
    MenuItem miSave=new MenuItem("保存",msSave);
    MenuItem miExit=new MenuItem("退出",msExit);
    MenuItem miAbout=new MenuItem("关于");
    MenuItem miC=new MenuItem("C/C++文档");
    MenuItem miJava=new MenuItem("Java 文档");
    public ShortcutMenu(String title)
    {
```

```
        super(title);
        mnNew.add(miC);
        mnNew.add(miJava);
        mnFile.add(mnNew);//将嵌套菜单 mnNew 加入菜单 mnFile 中
        mnFile.add(miOpen);
        mnFile.add(miSave);
        mnFile.addSeparator();
        mnFile.add(miExit);
        mnHelp.add(miAbout);
        menubar.add(mnFile);
        menubar.setHelpMenu(mnHelp);
        this.setMenuBar(menubar);
        this.setSize(200,150);
        this.setVisible(true);
    }
    public static void main(String[] args)
    {
        new ShortcutMenu("菜单的快捷键示例");
    }
}
```

【运行结果】

运行结果如图 9-9 所示。按下"Ctrl+X"键时,将退出窗体。

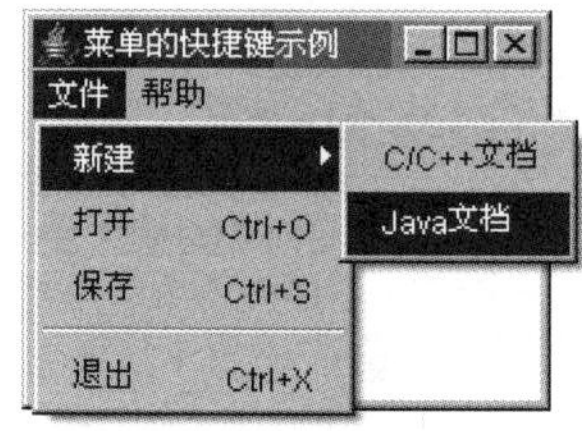

图 9-9 例 9-5 运行结果

如果想使用 Alt 或 Shift 等组合键,则只能使用键盘的事件处理功能。

9.2 布局管理器

9.2.1 什么是布局管理器

布局(Layout)就是指组件在容器中的分布情况。布局管理器(LayoutManager)是 Java 中用来管理组件的排列、位置和大小等分布属性的类,Java 通过对容器设置相应的布局来实现不同的外观。

GUI 应用的布局管理 1

9.2.2　为什么要使用布局管理器

GUI 应用的布局管理 2

通常的编程语言,在控制 GUI 显示时使用的是自身系统的坐标。例如,VB 的标准坐标系统的原点在界面的左上角,X 轴为水平方向,Y 轴为垂直方向,如图 9-10 所示。

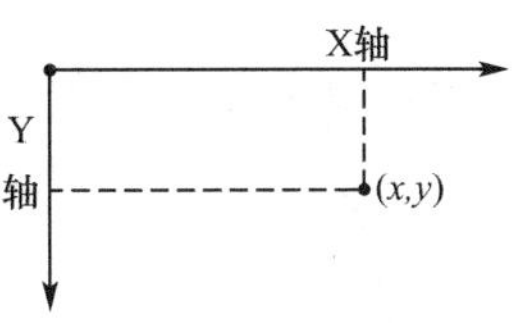

图 9-10　VB 的坐标系统

一般的 Windows 编程语言在设置界面布局时,组件的位置会严格按照这个坐标系统(X,Y)来定位,称为“绝对坐标定位”。这就带来一个问题,由于不同平台的组件外观不尽相同(如按钮和滚动条等组件的大小),一个 GUI 界面在 Windows 平台中可以正常显示,但是移植到其他平台时将会导致混乱,这也是一般编程语言不具备跨平台能力的一个重要原因之一。

Java 处理 GUI 界面的方法是:将容器界面按照一定规则划分为若干网格,然后根据网格中各单元格的位置及其相应布局规则放入指定组件。这种根据单元格位置定位组件的方法称为“相对坐标定位”,因为这种方法与坐标(X,Y)无关,所以解决了跨平台时的 GUI 界面显示问题。

9.2.3　常用的布局管理器

常用的布局管理器主要有:FlowLayout(流水式布局)、BorderLayout(边界式布局)、GridLayout(网格式布局)、CardLayout(卡片式布局)和 GridBagLayout(网格袋式布局)。以及 BoxLayout、SpringLayout 和一些第三方布局管理器类,本书不做介绍。下面,重点介绍 FlowLayout、BorderLayout、GridLayout 和 CardLayout 四种布局,GridBagLayout 尽管功能强大但极其复杂,不赞成读者强行记忆其语法,本节未详细描述。

对于 LayoutManager 和 LayoutManager2 的区别,请读者自行查找其他书籍,本书不做详细描述。

听一听:

Java 中的布局都是 LayoutManager 和 LayoutManager2 接口的子类。LayoutManager 接口是提供基本布局功能的接口,LayoutManager2 接口是 LayoutManager 接口的子接口,增加了约束对象,可以对布局进行显式地处理(该约束对象可以指定如何以及在何处将组件添加到布局中),某些布局(如网格袋式布局 GridBagLayout)还同时实现了这两个接口,因此具备更复杂的处理约束对象的能力。

下面先了解一下前面讲述的 AWT 容器的默认布局形式。如图 9-3 所示,Panel 类及其子类(如 Applet)的默认布局都是 FlowLayout,Window 类及其子类(如 Frame 和 Dialog)的默认布局都是 BorderLayout。

如果需要改变布局,可以使用 setLayout(LayoutManager mgr)方法,其中参数 mgr 为一个具体的布局管理器对象。

1. FlowLayout(流水式布局)

(1)布局特点

①FlowLayout 把组件按照从左到右、从上到下的顺序逐次排列,组件排满容器的一行后自动切换到下一行继续排列。

②是 Panel 类及其子类(如 Applet)的默认布局。

(2)构造方法

①FlowLayout():构造一个新的 FlowLayout,组件居中对齐,默认水平和垂直间距是 5 个像素。

②FlowLayout(int align):构造一个新的 FlowLayout,对齐方式由 align 指定。

③FlowLayout(int align,int hgap,int vgap):创建一个新的 FlowLayout,具有指定的对齐方式 align 以及指定的水平间隙 hgap 和垂直间隙 vgap。

注　意:

对齐参数 align 的值必须是下列值 FlowLayout. LEFT、FlowLayout. RIGHT、FlowLayout. CENTER、FlowLayout. LEADING 或 FlowLayout. TRAILING 中之一,它们都是 public static final int 型的静态常量,其相对应的整型值见表 9-2。

表 9-2　FlowLayout 对齐参数字符串表示及其对应常量值表

java. awt. FlowLayout	
align 参数字符串表示	对应常量值
LEFT	0
CENTER	1
RIGHT	2
LEADING	3
TRAILING	4

之所以为 int 型的参数配置相应的字符串表示,是因为数字值不利于记忆和理解。在 Java 方法中大量使用了这种参数字符串表示方式。

(3)流水式布局示例

例 9-6　流水式布局示例。

行号　FlowLayoutDemo. java 程序代码

```
import java.awt.*;
public class FlowLayoutDemo extends Frame
{
    Button b1=new Button("Button1");
    Button b2=new Button("Button2");
    Button b3=new Button("Button3");
    Button b4=new Button("Button4");
    Button b5=new Button("Button5");
    public FlowLayoutDemo(String title)
```

```
10        {
11            super(title);
12            this.setLayout(new FlowLayout());   //更改布局为流水式布局
13            this.add(b1);                       //向容器中添加组件
14            this.add(b2);
15            this.add(b3);
16            this.add(b4);
17            this.add(b5);
18            this.setSize(300,100);
19            this.setVisible(true);
20        }
21        public static void main(String[] args)
22        {
23            new FlowLayoutDemo("FlowLayoutDemo example!");
24        }
25    }
```

【运行结果】

程序运行结果如图 9-11 所示。窗体包含 5 个按钮，默认时组件从左到右放置，并居中排列，组件排满窗口的一行后自动切换到下一行继续排列，各组件之间的间隔为 5 个像素。

图 9-11　例 9-6 运行结果

【代码说明】

(1)因为 Frame 类的默认布局是边界式布局 BorderLayout，代码第 12 行，使用 setLayout()方法将窗口的布局更改为流水式布局。

(2)setLayout()方法的参数是一个 FlowLayout 类的对象。

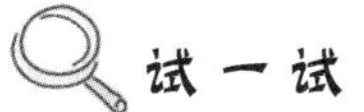

如果上例 setLayout()方法的参数使用 setLayout(new FlowLayout(FlowLayout.LEFT,10,20));会有什么效果?

2. BorderLayout(边界式布局)

(1)布局特点

①BorderLayout 按照位置将容器划分为 5 个区域："North""South""West""East""Center"，分别代表："上""下""左""右""中" 5 个位置。

②是 Window 类及其子类(如 Frame 和 Dialog)的默认布局。

(2)构造方法

①BorderLayout()：构造一个新的边界布局，组件之间没有间距。

②BorderLayout(int hgap,int vgap)：构造一个边界布局，并指定组件之间的水平和垂直间距。

(3)边界式布局示例

例 9-7 边界式布局示例。

行号	BorderLayoutDemo.java 程序代码

```java
import java.awt.*;
public class BorderLayoutDemo extends Frame
{
    Button btnNorth=new Button("North");
    Button btnSouth=new Button("South");
    Button btnWest=new Button("West");
    Button btnEast=new Button("East");
    Button btnCenter=new Button("Center");
    public BorderLayoutDemo(String title)
    {
        super(title);
        this.add(btnNorth,"North");
        this.add(btnSouth,"South");
        this.add(btnWest,"West");
        this.add(btnEast,"East");
        this.add(btnCenter,"Center");
        this.setSize(200,150);
        this.setVisible(true);
    }
    public static void main(String[] args)
    {
        new BorderLayoutDemo("BorderLayout 示例!");
    }
}
```

【运行结果】

程序运行结果如图 9-12 所示。窗体包含 5 个按钮,组件按照 add()方法指定的约束参数"North""South""West""East""Center"放置在相应的位置,组件之间没有间隔。

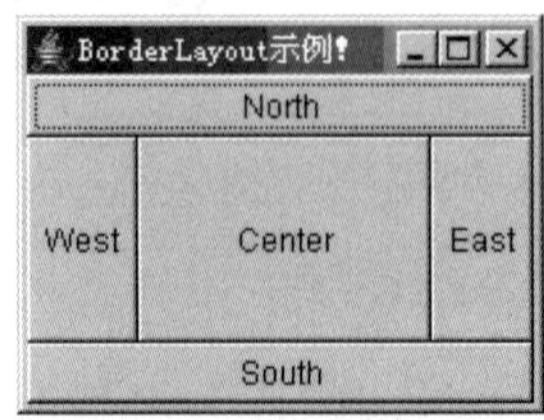

图 9-12 例 9-7 运行结果

【代码说明】

Frame 类的默认布局是边界式布局 BorderLayout,添加组件时需要指定组件的位置,如果不指定(如 this.add(btnNorth);),则 setLayout()方法的参数是一个 FlowLayout 类的对象。

3. GridLayout(网格式布局)

(1)布局特点

GridLayout 将容器分隔成若干行、列的规则网格,网格中各单元格大小完全一致,组件添加时按照“从左至右、先行后列”的方式排列,即组件先添加到网格第一行最左边的单元格,然后依次向右排列,排满一行后自动切换到下一行继续排列。

(2)构造方法

①GridLayout():创建具有默认值的网格布局,即每个组件占据一行一列。

②GridLayout(int rows,int cols):创建具有指定行数和列数的网格布局。

③GridLayout(int rows,int cols,int hgap,int vgap):创建具有指定行数和列数的网格布局,并指定组件行列间隔。

(3)网格式布局示例

例 9-8 网格式布局示例。

行号 GridLayoutDemo.java 程序代码

```
import java.awt.*;
public class GridLayoutDemo extends Frame
{
    Button[] btn=new Button[10];
    Panel p=new Panel();
    public GridLayoutDemo(String title)
    {
        super(title);
        p.setLayout(new GridLayout(3,4,5,5));
        for(int i=0;i<10;i++)
        {
            btn[i]=new Button(Integer.toString(i));
            p.add(btn[i]);
        }
        this.add(p);
        this.setSize(200,130);
        this.setVisible(true);
    }
    public static void main(String[] args)
    {
        new GridLayoutDemo("GridLayout 示例");
    }
}
```

【运行结果】

程序运行结果如图 9-13 所示。窗体包含 10 个按钮,组件行和列之间有 5 个像素的间隔。

图 9-13 例 9-8 运行结果

【代码说明】

(1)代码第 4 行,定义并创建了一个包含 10 个成员的按钮数组;代码第 12 行,对这个数组的每个成员进行初始化。

(2)代码第 9 行,将面板 p 设置成了网格式布局,网格为 3 行 4 列,单元格之间有 5 个像素的间隔;代码第 13 行,将每个按钮放入面板 p 中。

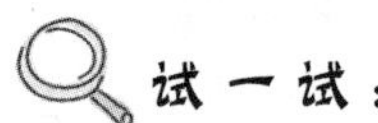

试一试:

如果上例 setLayout()方法的参数使用 setLayout(new GridLayout(3,0,5,5));会有什么效果? 如果是 setLayout(new GridLayout(3,5,5,5));又有什么效果? 可以总结出什么规律?

听一听:

通过测试,我们会发现 GridLayout 有如下特点:通过构造方法或 setRows()和 setColumns()方法将行数和列数都设置为非零值时,指定的列数将被忽略,列数通过指定的行数和布局中的组件总数来确定。仅当将行数设置为零时,指定列数才对布局有效。

当然,我们不赞成随意忽略行、列参数值,这会造成理解上的困难。

4. CardLayout(卡片式布局)

(1)布局特点

①CardLayout 将容器中的每个组件都看作一张卡片。一次只能看到一张卡片,而容器充当卡片的堆栈。第一个添加到 CardLayout 容器中的对象组件为可见组件。

②CardLayout 提供了一组方法来浏览容器中的卡片。

(2)构造方法

①CardLayout():创建一个组件间隔大小为 0 的新卡片式布局。

②CardLayout(int hgap,int vgap):创建一个组件之间具有指定的水平和垂直间隔的新卡片式布局。

(3)卡片式布局示例

例 9-9 设计一个包含两个面板(卡片)的卡片式布局,且面板可以循环切换显示。

行号　　**CardLayoutDemo.java 程序代码**

```
import java.awt.*;
import java.awt.event.*; //导入事件处理类包
//本例需要实现事件处理功能,因此本窗口实现了 ActionListener 接口
public class CardLayoutDemo extends Frame implements ActionListener
{
    Panel p1,p2,p_card,p_btn;
    Button btnPrev,btnNext;
```

```
    CardLayout card;
    public CardLayoutDemo(String title)
    {
        super( title);
        this.setLayout(new FlowLayout());//将本窗口改为流水式布局
        p1=new Panel();
        p2=new Panel();
        p_card=new Panel();
        p_btn=new Panel();
        btnPrev=new Button("前一页");
        btnNext=new Button("后一页");
        card=new CardLayout();
        p_card.setLayout(card);            //将面板 p_card 设为卡片式布局
        p_btn.add(btnPrev);
        p_btn.add(btnNext);
        p1.add(new Label("锦瑟无端五十弦,一弦一柱思华年。庄生晓梦迷蝴蝶,望帝春心
        托杜鹃。"));
        p2.add(new Label("沧海月明珠有泪,蓝田日暖玉生烟。此情可待成追忆,只是当时
        已惘然。"));
        p_card.add("Previous",p1);         //将面板 p1 添加到卡片式布局面板 p_card 中
        p_card.add("Next",p2);             //将面板 p2 添加到卡片式布局面板 p_card 中
        this.add(p_card);
        this.add(p_btn);
        btnPrev.addActionListener(this);   //添加监听器
        btnNext.addActionListener(this);
        this.setSize(430,120);
        this.setVisible(true);
    }
    public void actionPerformed(ActionEvent e)  //实现 ActionListener 接口中的方法
    {
        if(e.getSource()==btnPrev)         //判断是否触发了 btnPrev 按钮
        {
            card.previous(p_card);         //卡片容器 p_card 切换到前一张
        }
        if(e.getSource()==btnNext)         //判断是否触发了 btnNext 按钮
        {
            card.next(p_card);             //卡片容器 p_card 切换到下一张
        }
    }
    public static void main(String[] args)
    {
        new CardLayoutDemo("CardLayout 示例");
    }
}
```

【运行结果】

程序运行结果如图 9-14 所示。单击窗口中的两个按钮,上面的诗句会循环切换。

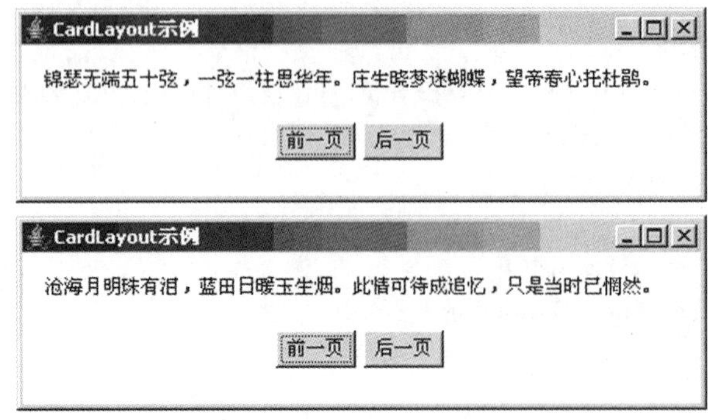

图 9-14 例 9-9 运行结果

【代码说明】

①本示例为了演示出卡片式布局的效果,使用了 Java 的事件处理,是一个比较复杂的示例。与事件处理相关的语法为代码第 2、4、29、30 和 34 行,这里不再介绍,在下一章中将详细讲解。

②本示例布局的基本思路是:窗体由两个面板(p_card 和 p_btn)组成,p_btn 包含两个按钮(btnPrev 和 btnNext)。这种多层容器相互套用的形式也称为"容器嵌套",而 p_card 是一个卡片式布局的面板,又包含两个卡片(p1 和 p2)。当单击【btnPrev】按钮和【btnNext】按钮时,会使 p_card 面板中的两个卡片 p1 和 p2 循环切换。

③卡片式布局相关的语法有:代码第 8、19、20、25、26、38 和 42 行。代码第 8、19 行定义并创建了一个卡片式布局的实例 card;代码第 20 行,将 p_card 面板设置成卡片式布局;代码第 25、26 行,使用 add()方法将子面板(卡片)依次添加到父面板 p_card 中,其中字符串"Previous"和"Next"作为关键字供后继编程调用(例如使用 show()方法显示),在本例中无实际作用,但不可省略;代码第 38、42 行,显示子卡片。

5. GridBagLayout(网格袋式布局)

(1)布局特点

GridBagLayout 可以实现前面所有的布局效果,当然其构造形式也相当复杂,需要先创建一个约束对象来确定各组件的布局约束形式,然后再按照约束布置组件。因为约束属性很多,本节不详细讲述它的使用,建议读者还是通过一些可视化的 IDE(如 JBuilder)来辅助理解它的功能,这是一个比较快捷的学习途径。

(2)构造方法

①GridBagLayout():创建网格袋式布局管理器的唯一形式。

②GridBagConstraints():创建网格袋式布局约束的唯一形式。

为网格袋式布局面板 pane 添加一个按钮 button 的大致构造步骤如下:

```
GridBagLayout gridbag=new GridBagLayout();
GridBagConstraints c=new GridBagConstraints();
pane.setLayout(gridbag);
c.fill=GridBagConstraints.BOTH;        //以下为网格袋约束对象设置约束属性
c.weightx=1.0;
……
```

```
gridbag.setConstraints(button,c);
pane.add(button);
```

9.2.4　容器嵌套

例 9-9 的卡片式布局示例中，窗体包含了面板，面板又包含了子面板，这种容器互相套用的布局形式称为"容器嵌套"。建议容器嵌套不要超过 3 层以上，否则会使构造过于复杂，这时可以考虑使用网格袋式布局。

下面以图 9-2 的"调查卡程序"为例，再简单介绍一下容器嵌套的使用。

例 9-10　调查卡程序。

行号　　AwtComponet.java 程序代码

```
import java.awt.*;
public class AwtComponent extends Frame
{
    Label labTip1=new Label("姓名:");
    Label labTip2=new Label("学历:");
    Label labTip3=new Label("年龄:");
    Label labTip4=new Label("性别:");
    Label labTip5=new Label("爱好:");
    Label labTip6=new Label("自我介绍:");
    TextField txtName=new TextField(10);
    Choice choGrade=new Choice();
    List listAge=new List(3);
    Checkbox ckbBacketball=new Checkbox("篮球");
    Checkbox ckbBandmon=new Checkbox("羽毛球");
    Checkbox ckbPingpang=new Checkbox("乒乓球");
    CheckboxGroup ckg=new CheckboxGroup();
    Checkbox ckbMale=new Checkbox("男",ckg,true);
    Checkbox ckbFemale=new Checkbox("女",ckg,false);
    TextArea taReduce=new TextArea(3,20);
    Button btnSubmit=new Button("提交");
    Button btnReset=new Button("重写");
    Panel p1=new Panel();
    Panel p2=new Panel();
    Panel p3=new Panel();
    public AwtComponent(String title)
    {
        super(title);
        choGrade.add("专科");
        choGrade.add("本科");
        choGrade.add("硕士");
        listAge.add("18");
        listAge.add("19");
```

```
        listAge.add("20");
        listAge.add("21");
        p1.add(labTip1);
        p1.add(txtName);
        p1.add(labTip2);
        p1.add(choGrade);
        p1.add(labTip3);
        p1.add(listAge);
        p2.add(labTip4);
        p2.add(ckbMale);
        p2.add(ckbFemale);
        p2.add(labTip5);
        p2.add(ckbBacketball);
        p2.add(ckbBandmon);
        p2.add(ckbPingpang);
        p3.add(labTip6);
        p3.add(taReduce);
        p3.add(btnSubmit);
        p3.add(btnReset);
        this.add(p1,"North");
        this.add(p2,"Center");
        this.add(p3,"South");
        this.pack();
        this.setVisible(true);
    }
    public static void main(String[] args)
    {
        new AwtComponent("调查卡程序");
    }
}
```

【运行结果】

程序运行结果见图 9-2。因为界面复杂，使用单一容器无法组织布局，而网格袋式布局使用又太复杂，因此采用容器嵌套。

【代码说明】

本示例窗体由 3 个面板组成，这 3 个面板又各自包含了多个组件。如果想获得更好的布局效果，可以再适当调整布局的形式。

9.2.5 空布局

当把布局设为空(null)时，就相当于取消了相对坐标定位，这种依靠绝对坐标定位组件位置的方法有不能跨平台的缺陷，但在特定平台内部编程时，可以考虑使用这种快捷的布局方法。

setBounds(int x,int y,int width,int height)来自 Component 类，可以把组件定位在指定

的位置，其中 x、y 参数为组件左上角顶点，width、height 参数为组件的宽度和高度。

下面看一个简单的空布局示例。

例 9-11　空布局示例(要求：显示一个数据库信息展示界面)。

NullLayoutDemo.java 程序代码

```
import java.awt.*;
public class NullLayoutDemo extends Frame
{
    Label lab1=new Label("姓名:");Label lab2=new Label("性别:");
    Label lab3=new Label("年龄:");Label lab4=new Label("成绩:");
    TextField t1=new TextField();TextField t2=new TextField();
    TextField t3=new TextField();TextField t4=new TextField();
    Button b1=new Button("查询"); Button b2=new Button("更改");
    Button b3=new Button("删除"); Button b4=new Button("退出");
    int x=0,y=0,w=0,h=0;
    int s_x=0,s_y=0;
    NullLayoutDemo(String title)
    {
        super(title);
        setLayout(null);                          //设置空布局
        this.setSize(300,177);                    //注意:在此设置窗体大小
        this.setVisible(true);                    //注意:在此设置窗体显示
        Insets insets=this.getInsets();           //获得窗体的 Insets 实例
        w=this.getSize().width;                   //获得窗体的宽度
        h=this.getSize().height;                  //获得窗体的高度
        x=(w-insets.left-insets.right)/4;         //x 值为窗体容器空间的四分之一
        y=(h-insets.top-insets.bottom)/5;         //y 值为窗体容器空间的五分之一
        s_x=insets.left;                          //获得窗体左侧的 Insets 值
        s_y=insets.top;                           //获得窗体顶侧的 Insets 值
        //以下按顺序向窗体添加组件
        add(lab1);add(t1);
        add(lab2);add(t2);
        add(lab3);add(t3);
        add(lab4);add(t4);
        add(b1);add(b2);add(b3);add(b4);
        //逐个设置组件的位置和大小
         lab1.setBounds(0+s_x,0+s_y,x,y);
         t1.setBounds(x+s_x,0+s_y,3*x,y);
         lab2.setBounds(0+s_x,y+s_y,x,y);
         t2.setBounds(x+s_x,y+s_y,3*x,y);
         lab3.setBounds(0+s_x,2*y+s_y,x,y);
         t3.setBounds(x+s_x,2*y+s_y,3*x,y);
         lab4.setBounds(0+s_x,3*y+s_y,x,y);
         t4.setBounds(x+s_x,3*y+s_y,3*x,y);
```

```
40            b1.setBounds(0+s_x,4*y+s_y,x,y);
41            b2.setBounds(x+s_x,4*y+s_y,x,y);
42            b3.setBounds(2*x+s_x,4*y+s_y,x,y);
43            b4.setBounds(3*x+s_x,4*y+s_y,x,y);
44            }
45        public static void main(String[] args)
46        {
47            new NullLayoutDemo("空布局示例");
48        }
49    }
```

【运行结果】

程序运行结果如图 9-15 所示。注意：文本框占行宽的四分之三。

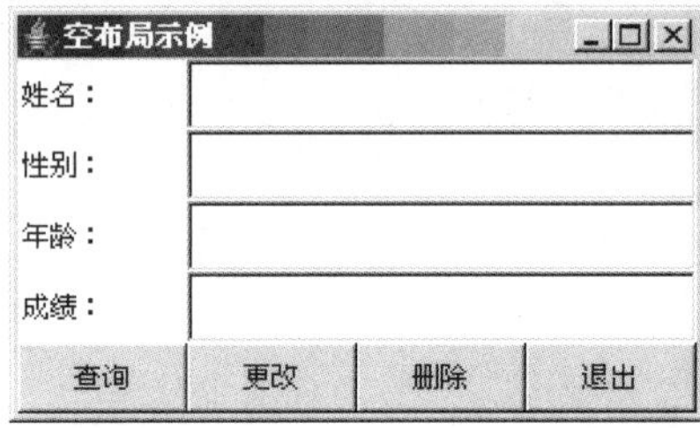

图 9-15　例 9-11 运行结果

【代码说明】

(1)代码第 15 行，将窗体容器设置成空布局；代码第 26～30 行，依次向窗体添加组件；代码第 32～43 行，使用 setBounds()方法逐个设置组件的位置和大小。Frame 是一个带标题栏、状态栏和四周边框的完整功能窗体，在使用 setBounds(int x,int y,int width,int height)方法设置组件位置时，如果 x、y 的值都为 0，是从窗体的左上角开始计算((0,0)点坐标在窗体左上角)，而不是在窗体容器区空间的左上角，如图 9-16 所示。在使用 setBounds()方法设置组件位置时，需要重新计算组件的位置坐标。

(2)代码第 19、20 行，this.getSize()得到当前窗体大小的 Dimension 实例(Dimension 是一个封装对象组件宽度和高度的类)，再调用 Dimension 的属性 width 和 height，就获得了窗体的宽度和高度(注意：是窗体完整的宽度和高度，包含标题栏和边框)。

(3)代码第 18 行，使用了 Insets 类，Insets 对象是容器边界的表示形式。Frame 的 Insets 实例可以使用 this.getInsets()的方法获取；得到 Insets 实例后，可以通过 Insets 类的 top、bottom、left 和 right 四个属性获得 Frame 的上、下、左和右四个边缘的宽度。代码第 23、24 行，将上宽度和左宽度赋值给变量属性 s_x 和 s_y。在使用 setBounds()方法设置组件位置时，将组件的位置向右下方调整一段距离，因此加上变量属性s_x 和 s_y 的值。

不同的 OS 具有不同的 GUI 外观样式，比如 Windows XP 与 Windows 2000 的 Frame 外观就明显不同。由此可见，使用绝对坐标设计 GUI 时，坐标设计是一个需要重点注意的问题。

在使用 Insets 类时需要注意，窗体只有显示出来后才能计算其 Insets 值。因此代码第 16、17 行提到前面书写。

图 9-16　Frame 的边缘结构

9.3　Swing 组件

9.3.1　Swing 组件概述

前面学习了 AWT 组件，AWT 组件是 Swing 组件的基础，其特点是使用简单、处理速度较快。但 AWT 组件的缺陷也显而易见，由于它依赖于本地平台的对等体(peer)运行，使之不具备跨平台的能力。除 AWT 组件包外，目前应用于 Java GUI 设计的还有 SWT，一种在 Eclipse 下开发富客户端 UI 的组件包，但是 SWT 也同样受到跨平台的限制。

Swing 组件最早引自 JDK 1.2，大部分是 AWT 组件的子组件，是由纯代码编写的，不依赖于本地平台的对等体(peer)运行，具备完全跨平台的能力，因此也把 Swing 组件称为"轻组件"(light-weight)，而 AWT 组件则称为"重组件"。

同 AWT 组件一样，Swing 组件也是 JFC(Java Foundation Class，Java 基本类库)的一部分。Swing 组件继承了 AWT 组件的特点，在一些功能上有所增强(如剪贴板、树形目录，动态按钮等)，并且可以自由设置和改变界面的整体风格(Pluggable Look and Feel，PL&F)。

Swing 组件以"J"开头，大多数来自 javax. swing 包，只有 JTableHeader 类和 JTextComponent 类不在 swing 包中(它们分别在 swing. table 和 swing. text 子包中)，因此在使用一般 Swing 组件时需要在程序中写入：

import javax. swing. *;

 **听一听：**

JFC 是一组 API 的集合，包括以下模块：

- 抽象窗口工具包(Abstract Window Toolkit)
- 新 GUI 类库(Swing)
- 支持二维模型的类库(Java 2D)
- 支持拖放的类库(Drag and Drop)
- 支持易用性的类库(Accessibility)

Swing 组件的类层次如图 9-17 所示。

从图 9-17 可以看出，同 AWT 容器组件一样，Swing 容器也分为"顶级容器"和"中间容器"。顶级容器如 JFrame 和 JDialog；中间容器主要指 JPanel。

因为 Java 不允许直接将组件添加在 Swing 顶级容器中，因此需要在 Swing 顶级容器中先创建一个中间容器，然后将组件添加到中间容器。

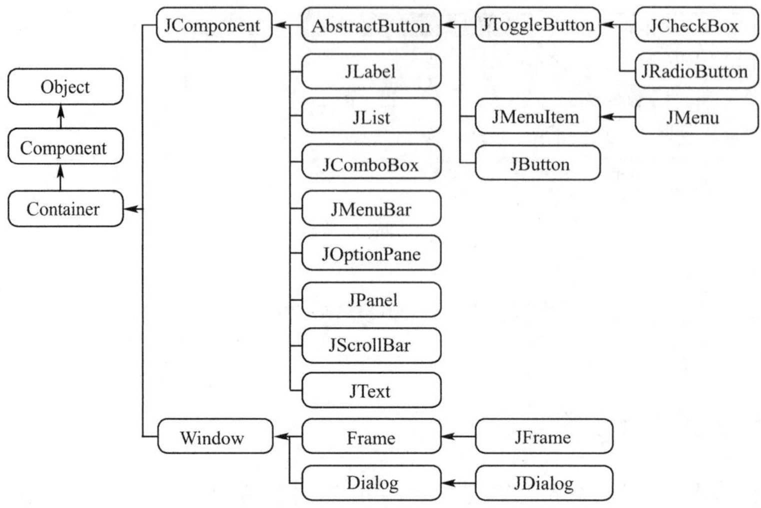

图 9-17 Swing 组件类层次结构图

9.3.2 Swing 组件示例

例 9-12 简单 Swing 组件风格示例。

SwingDemo.java 程序代码

```
import java.awt.*;
import javax.swing.*;
public class SwingDemo extends JFrame
{
    public SwingDemo(String title)
    {
        super(title);
        JTextField t1=new JTextField(20);
        JButton b1=new JButton("Login");
        Container pane=this.getContentPane();
        pane.add(t1,"Center");
        pane.add(b1,"South");
        pack();
        setVisible(true);
    }
    public static void main(String[] args)
    {
        try{
            UIManager.setLookAndFeel(UIManager.getCrossPlatformLookAndFeelClassName());
            UIManager.setLookAndFeel(UIManager.getSystemLookAndFeelClassName());
        }
        catch(Exception e){}
        new SwingDemo("Swing 简单示例");
    }
}
```

【运行结果】

程序运行结果如图 9-18(a)所示。当将代码第 20 行注释掉时，运行结果如图 9-18(b)所示。

(a)　　　　(b)

图 9-18　例 9-12 运行结果

【代码说明】

(1)这个 JFrame 窗体包含一个 JTextField 和一个 JButton，作为局部变量定义在构造方法内部，见代码第 8、9 行。

(2)代码第 10 行，当前窗体 this 调用 getContentPane()方法获得一个中间容器实例，它是 Container 类的实例，存在于当前窗体内部(注意：Container 类来自 awt 包)。

(3)代码第 11、12 行将文本框和按钮添加到中间容器 pane 中。

(4)代码第 19、20 行，UIManager. setLookAndFeel()方法用于控制 Swing 界面显示风格，其中 UIManager. getCrossPlatformLookAndFeelClassName()方法获得 Swing 默认显示风格，即 Java Look and Feel (JL&F)；UIManager. getSystemLookAndFeelClassName()获得当前平台显示风格(本示例运行在 Windows 2000 系统下)。

9.3.3　MVC 模型

例 9-12 中，当在 setLookAndFeel()方法中使用不同感观字符串时就能很轻易地获得不同的界面显示风格，这是如何做到的呢？这是因为 Swing 使用了 MVC(Model-View-Controller)模型，即"模型-视图-控制器"模型。

MVC 是面向对象设计中的经典模型之一，该模型把程序的实现分为三个部分组成：可以实现哪些状态(模型)、外观是什么样子(视图)以及由什么来控制实现(控制器)。

例如，鼠标点击树形目录的节点，树形目录的子目录分支会自动展开或收缩。树形目录的外观变化是存储在模型类库中，在窗口上看到的外观是它的视图，当鼠标点击时，事件传递给控制器程序，由它负责调用模型的数据，来完成视图的改变。过程如图 9-19 所示。

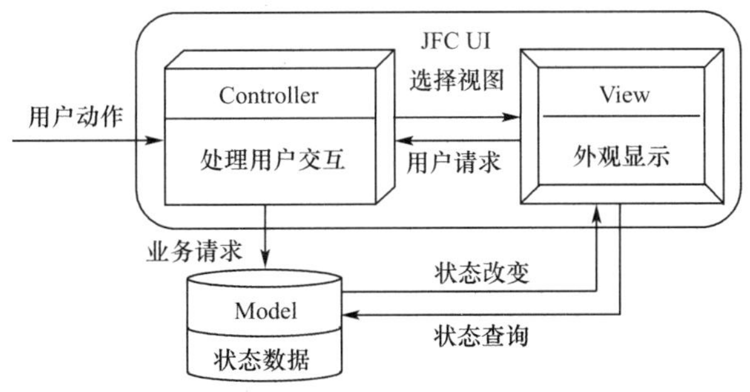

图 9-19　MVC 模型运作过程

使用 MVC 模型，有助于减少代码重复、降低维护难度，在 Web 表示层的开发中，也大量借用了此模型，并在此模型基础上扩展出许多新的、更强有力的开发模型。

本章小结

本章的知识点是很精彩的GUI编程部分,是C/S构架程序的基础。本章的内容大体可分为GUI组件和布局管理器两部分,其中GUI组件又包括AWT组件和Swing组件。

限于篇幅,Swing组件只做了简单描述,但实际应用中,Swing因为自身功能强大且跨平台,使用较多,在富客户端UI开发中,已基本代替AWT组件。学习了AWT再开发基于Swing的UI应用就"轻车熟路"了,建议对GUI编程感兴趣的读者自行阅读这部分内容。

常用布局管理器的种类有FlowLayout(流水式布局)、BorderLayout(边界式布局)、GridLayout(网格式布局)、CardLayout(卡片式布局)和GridBagLayout(网格袋式布局)。其中因为GridBagLayout比较复杂,本书没有给出详细示例,笔者也建议初学者不要把精力放在机械地记忆GridBagLayout的属性上,如果读者要学习使用GridBagLayout建立GUI,建议学习使用可视化设计开发工具来辅助完成。null布局意指"将布局设为空",这样会使Java程序的跨平台构建能力丧失,建议尽量少用。除以上介绍的布局管理器之外,更新版本的JDK和很多开发工具也提供了自己的布局管理器。

Swing组件都是Container类的子类,因此具有更丰富的特性。

探究式任务

1. 上网了解一下Android移动应用的UI界面布局思路。
2. 了解更多的第三方布局。
3. 系统对话框的值反馈后,将根据接收结果完成事件触发,如何获取结果呢?

习 题

一、选择题

1. 下面(　　)类不是Component类的子类。

A. Button　　B. Panel　　C. Scrollbar　　D. MenuBar

2. 下面描述的是哪个布局的特点?(　　)

"组件按照在一行上从左到右顺序加入容器,排满一行后自动在下一行开始放置组件,但各组件大小一致。"

A. FlowLayout　　B. BorderLayout　　C. GridLayout　　D. CardLayout

3. JFrame的默认布局管理器是(　　)。

A. FlowLayout　　B. BorderLayout　　C. GridLayout　　D. CardLayout

4. 下面的组件哪些是容器?(　　)

A. TextArea　　B. Label　　C. Frame　　D. Panel

二、课程思政题

课程思政:

编程解决:开发GUI界面。

思政目标:了解社会主义核心价值观。

设计一个UI界面,如图9-20所示。

与知识点结合:Java GUI设计。

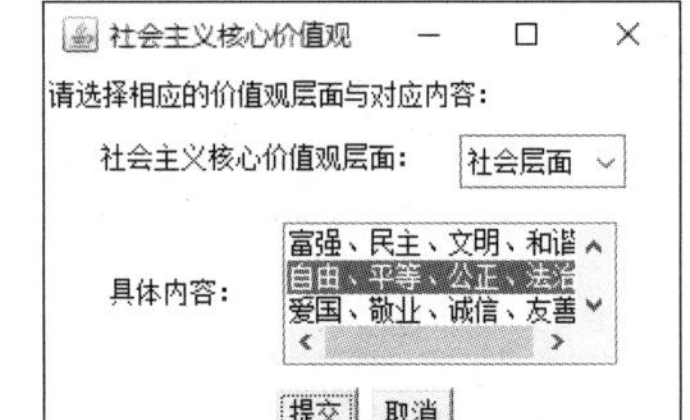

图9-20　GUI界面(2)

第10章 事件处理

知识目标

在本章，我们将要：

➢ 学习一个简单的按钮事件处理示例

➢ 理解基于委托的事件处理机制

➢ 了解 Java 中的各种事件处理类

➢ 使用事件适配器类实现事件处理

技能目标

在本章，我们可以：

➢ 了解事件处理类型及层次

➢ 学习各种事件监听器

➢ 理解事件适配器的使用意义

素质目标

➢ 培养自学方法与习惯，具备主动探究能力；培养良好的团队合作意识；具备编写代码规范性等项目开发的相关职业素养。了解社会主义核心价值观，提高综合职业素养。

10.1 事件处理概述

为了实现用户与组件的交互，需要使用事件处理(Event Handle)。例如，用鼠标单击按钮，希望界面会做出一定的反应。在这个过程中，用户在按钮上单击鼠标，按钮组件接收鼠标动作并对用户的动作做出响应，触发组件的鼠标单击事件，事件在对象间以消息(Message)进行传输。相比 VB 这样的编程语言来说，Java 的事件处理在功能上要更底层，因此语法上可能显得“烦琐”一些。

GUI 应用的事件处理

10.1.1 Java 基于委托的事件处理模型

Java 在事件处理的过程中，是围绕着一个称为“监听器”(Listener)的对象进行的，事件的接收、判断和处理都是委托“监听器”全权完成，称为“基于委托的事件处理模型”(Delegation Event Model)。

Java 的事件处理过程：程序中使用“监听器”对想要接收事件的组件进行监视，当用户动作触发事件时，“监听器”会接收到它所监听组件上的事件，然后根据事件类型，自行决定使用什么方法来处理。在整个事件处理过程中，“监听器”都是关键的核心。

10.1.2 事件处理及相关概念

事件处理及相关概念包括事件、事件接口、监听器、注册(添加)监听器、事件类、事件接口中的方法、事件类的方法。

事件是组件对用户的动作响应。而响应用户动作并产生事件的组件就是事件源。如果组件有监听器监听，组件产生的事件就会以消息的形式传递给监听器。监听器根据监听到的事件类型，调用相应的方法去执行用户的需求。而事件类和事件类的方法的应用则在事件接口方法中体现。

第 9 章例 9-9 就是一个事件处理的例子，如果现在还对以上这些概念感到模糊，我们通过一个简单的示例来了解一下事件处理的相关概念。

例 10-1 包含一个按钮和一个文本框，当单击按钮时，文本框显示“大家好！”。

例 10-1 简单的事件处理示例。

行号　　　EventHandle. java 程序代码

```
import java.awt.*;
import java.awt.event.*; //导入事件处理类所在的类包
//类 EventHandle 实现了事件监听器接口
public class EventHandle extends Frame implements ActionListener {
    TextField t1=new TextField(20);
    Button b1=new Button("登录");
    public EventHandle(String title)
    {
        super(title);
        this.setLayout(new FlowLayout());
        this.add(t1);
        this.add(b1);
        b1.addActionListener(this); //为按钮 b1 注册监听器 this
        this.setSize(200,90);
        this.setVisible(true);
    }
    public void actionPerformed(ActionEvent e) //实现接口里的方法
    {
        if(e.getSource()==b1) //判断事件源是不是按钮 b1
        {
            t1.setText("大家好!");
        }
    }
    public static void main(String[] args)
    {
        new EventHandle("事件处理简单示例");
    }
}
```

【运行结果】

程序运行结果如图 10-1 所示。显示“事件处理简单示例”窗口，单击【登录】按钮时，文本框显示字符串“大家好！”。

图 10-1　例 10-1 运行结果

【代码说明】

通过这个示例,我们理清一下事件处理的全过程,与事件处理的相关步骤在程序清单中已经标记出来,分别是代码第 2、4、13、17、19 行。

因此事件处理的步骤可以总结如下:

(1)代码第 2 行,导入事件处理类所在的类包 event 包,ActionListener 接口和 ActionEvent 类都在这个包中。因为导入 java.awt.*,并不会导入 awt 包下面的 event 子包的内容,所以此句是必需的。

(2)代码第 4 行,实现了 ActionListener 接口,这个接口包含一个 actionPerformed (ActionEvent e)方法,因此在代码第 17 行重写了这个方法,actionPerformed()方法可以处理动作事件(ActionEvent)。

(3)代码第 13 行,为了让按钮 b1 能响应用户的动作,为 b1 注册了监听器 this。

(4)代码第 17 行,重写的方法 actionPerformed (ActionEvent e)格式必须是 public(公有的)、void(无返回值),它有一个 ActionEvent 类型的参数,用以接收动作事件的信息,并存放在对象 e 中。

(5)代码第 19 行,ActionEvent 类型的对象 e 调用 getSource(),会获得事件源对象,借此判断用户触发的是不是按钮 b1,用户希望程序实现的功能代码应写在此方法内。

图 10-2 给出了 Java 基于委托的事件处理模型流程。

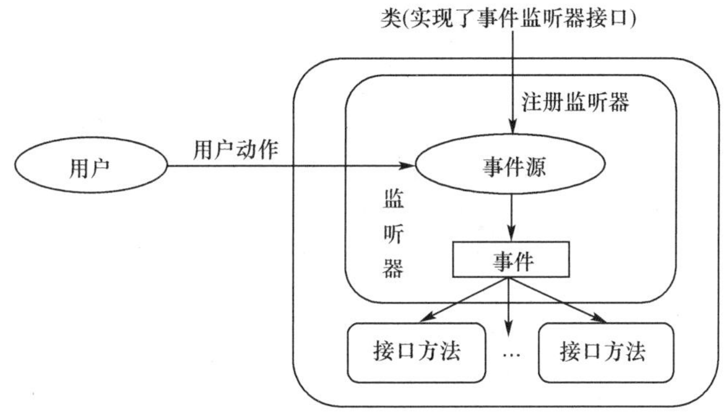

图 10-2　Java 基于委托的事件处理模型流程

下面我们把例 10-1 涉及的相关概念对比列出,参照图 10-2 彻底掌握这些概念(见表 10-1)。

表 10-1　事件相关概念对照

概　念	相应代码段
事件监听器接口	ActionListener
事件源	b1
监听器	this
注册监听器	addActionListener(this)
监听器接口中的方法	actionPerformed()
事件类	ActionEvent
事件类的方法	getSource()

➢ 既然“监听器”是如此重要，那么什么样的对象有资格做“监听器”呢？

从 Java 事件处理流程上看，用户对组件的动作在组件(事件源)上会产生事件，事件由监听器接收，并分析事件类型，然后根据事件类型，将事件转交指定的接口方法处理。因此作为监听器的对象必须了解事件监听接口的内容，也就是说“监听器”对象的类需要实现指定的事件监听接口。

本例中的监听器 this 是类 EventHandle 的实例，类 EventHandle 实现了事件监听接口 ActionListener，因此 this 可以作为监视 Action 事件的监听器使用。

➢ 一个监听器可以监听多个事件源，一个事件源也可以注册多个监听器(当然有时无此必要)。注册监听器时使用 addXXXListener()方法，删除时则使用 removeXXXListener()方法(例如删除动作事件监听器可以使用 removeActionListener()方法)。

10.1.3 Java 的事件处理类

Java 的事件一般包括两种类型：用户事件和系统事件。

➢ 用户事件：由用户动作引发的事件。例如，用户操作鼠标，按下键盘键等。

➢ 系统事件：由操作系统发出的事件。例如，窗口状态变化时自动刷新窗口内容等。

这里我们只探讨用户事件。

AWT 组件事件由 java. awt. AWTEvent 类派生得到，它也是 EventObject 类的子类。AWT 事件共有 10 类，如图 10-3 所示。

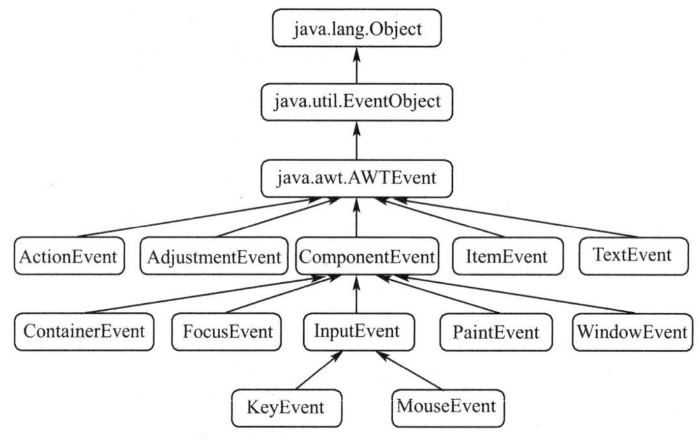

图 10-3 AWT 包的事件处理类层次

听一听：

图 10-3 中 Java 事件层次的类可以分为“低级事件”和“高级事件”，“低级事件”在所有组件上都可以触发(如 MouseEvent、KeyEvent)，而“高级事件”只能在特定的组件上触发，它只由组件的具体的“有意义”的动作触发，所以“高级事件”又称为“语义事件”。

本书中只介绍事件基本使用，不做深层次讨论，请读者另行参考其他书籍。

10.1.4 Java 的事件及其监听器接口

AWT 事件类共有 10 类，相应监听器接口共有 11 个。它们的对应关系及功能见表 10-2。

表 10-2　　AWT 包的事件类及其监听器接口

事件类别	功能描述	接口名	接口中方法
ActionEvent	动作事件	ActionListener	actionPerformed(ActionEvent e)
TextEvent	文本事件	TextListener	textValueChanged(TextEvent e)
AdjustmentEvent	调整事件	AdjustmentListener	adjustmentValueChanged(AdjustmentEvent e)
ItemEvent	项目事件	ItemListener	itemStateChanged(ItemEvent e)
FocusEvent	焦点事件	FocusListener	focusGained(FocusEvent e) focusLost(FocusEvent e)
ContainerEvent	容器事件	ContainerListener	componentAdded(ContainerEvent e) componentRemoved(ContainerEvent e)
ComponentEvent	组件事件	ComponentListener	componentHidden(ComponentEvent e) componentMoved(ComponentEvent e) componentResized(ComponentEvent e) componentShown(ComponentEvent e)
WindowEvent	窗口事件	WindowListener	windowActivated(WindowEvent e) windowClosed(WindowEvent e) windowClosing(WindowEvent e) windowDeactivated(WindowEvent e) windowDeiconified(WindowEvent e) windowIconified(WindowEvent e) windowOpened(WindowEvent e)
MouseEvent	鼠标事件	MouseListener	mouseClicked(MouseEvent e) mouseEntered(MouseEvent e) mouseExited(MouseEvent e) mousePressed(MouseEvent e) mouseReleased(MouseEvent e)
	鼠标拖动事件	MouseMotionListener	mouseDragged(MouseMotionEvent e) mouseMoved(MouseMotionEvent e)
KeyEvent	键盘事件	KeyListener	keyPressed(KeyEvent e) keyReleased(KeyEvent e) keyTyped(KeyEvent e)

(1)事件类的方法

包括从父类 AWTEvent 类中继承的方法和事件类本身特有的方法。

从 java.awt.AWTEvent 类中继承的方法主要有:getSource(),getID(),toString()。

事件类特有的方法:根据组件特点及其事件类功能不同,方法有所不同,如 ActionEvent 类具有 getActionCommand()方法,AdjustmentEvent 类具有 getValue()、getAdjustmentType()方法等。

部分事件类的常用方法见表 10-3。

表 10-3　　部分事件类的常用方法

事件类	可产生事件的组件	事件类的方法	方法功能描述
ActionEvent	Button,List,MenuItem,TextField 等	getActionCommand()	返回与此动作相关的命令字符串
TextEvent	TextArea,TextField	paramString()	返回标识此文本事件的参数字符串
AdjustmentEvent	Scrollbar	getValue() getAdjustmentType()	返回调整事件中的当前值 返回导致值更改的调整类型
ItemEvent	List,Choice,Checkbox,CheckboxMenuItem	getItem() getStateChange()	返回受事件影响的项 返回状态更改的类型(选中或取消)
MouseEvent	大部分组件	getClickCount() getPoint() getX() getY()	返回鼠标单击次数 返回鼠标事件相对于源组件的 x、y 位置 返回鼠标事件相对于源组件的水平 x 坐标 返回鼠标事件相对于源组件的垂直 y 坐标
KeyEvent	大部分组件	getKeyChar() getKeyCode()	返回与按键相关联的字符 返回与按键相关联的键整数值

(2)事件类的静态整型成员属性

每种事件类都有一些从父类 AWTEvent 中继承下来的或是本身特有的静态整型成员属性,主要是一些描述当前组件的状态的值,如 KeyEvent. VK_LEFT 属性代表键盘“左箭头键”。部分成员属性会在后面的“事件处理示例”一节中提及。由于篇幅原因,本书不做详细描述,请读者自行参考 JDK API Document。

10.2 事件处理示例

10.2.1 动作事件与项目事件

动作事件(ActionEvent)是由用户动作造成组件的动作(比如按下按钮)产生的(注意:要使用键盘在 Button 组件上触发 ActionEvent,需使用空格键)。项目事件(ItemEvent)是由用户在具备项目选择能力的组件(比如列表框,选择框等)上触发的。

例 10-2 ActionEvent 与 ItemEvent 示例。要求:从列表框中选择项目,单击按钮时,选中的项目显示在文本框中。其中 ActionEvent 由 ActionListener 接口的 actionPerformed()方法处理;ItemEvent 由 ItemListener 接口的 itemStateChanged()方法处理。

行号　　MultiListener.java 程序代码

```
import java.awt.*;
import java.awt.event.*;
//类 MultiListener 实现了两个接口
public class MultiListener extends Frame implements ActionListener,ItemListener
```

```
{
    List list=new List(4,true);
    TextField t1=new TextField(20);
    Button b1=new Button("显示");
    Panel p=new Panel();
    String s[]={"篮球","足球","乒乓球","羽毛球"};//初始化爱好内容
    int num=0;//选择爱好的个数
    public MultiListener(String title)
    {
        super(title);
        for(int i=0;i<4;i++)//向列表框中添加爱好
            list.add(s[i]);
        p.add(new Label("您选择的爱好是:"));
        p.add(t1);
        p.add(b1);
        this.add(list,"Center");
        this.add(p,"South");
        b1.addActionListener(this);//为按钮 b1 注册动作监听器
        list.addItemListener(this);//为列表框 list 注册项目监听器
        pack();//紧凑窗体
        this.setVisible(true);
    }
    public void actionPerformed(ActionEvent e)
    {
        if(e.getSource()==b1)//判断是否单击了按钮 b1
        {
            String str[]=list.getSelectedItems();//获取列表框中所有选择的项目,存入字符串数组 str 中
            String str_show="";//将要显示在文本框中的字符串
            for(int i=0;i<str.length;i++)
                str_show=str_show+str[i]+",";//将所有爱好字符串连接到 str_show 字符串
            t1.setText(str_show);//在文本框 t1 中显示爱好字符串
        }
    }
    public void itemStateChanged(ItemEvent e)
    {
        if(e.getStateChange()==1)//判断列表框中是否有项目被选择
        {
            num++;//爱好数加 1
            t1.setText("您选中了"+num+"个爱好!");
        }
        if(e.getStateChange()==ItemEvent.DESELECTED)//判断列表框中是否有项目被取消选择
        {
```

```
47                 num——；//爱好数减 1
48                 t1.setText("您取消了一个爱好！")；
49             }
50         }
51         public static void main(String[] args)
52         {
53             new MultiListener("多接口示例！")；
54         }
55     }
```

【运行结果】

程序运行结果如图 10-4 所示。选择列表框中的爱好时，文本框显示选择爱好的个数。单击【显示】按钮时，文本框显示选择的爱好。

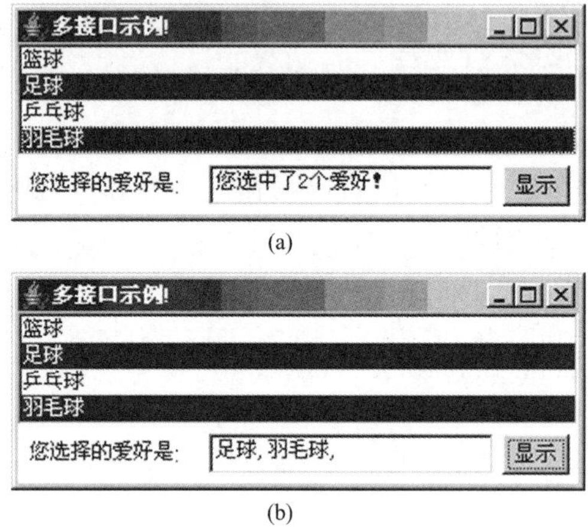

图 10-4　例 10-2 运行结果

【代码说明】

(1)本例实现了两个接口 ActionListener、ItemListener，分别用于处理按钮和列表框产生的事件，如代码第 4 行。代码第 27、38 行分别重写了这两个接口的方法 actionPerformed()和 itemStateChanged()。

(2)代码第 6 行，使用了 List(4，true)构造列表框，true 参数代表此列表框可以多选。

(3)代码第 27 行，重写方法 actionPerformed()。代码第 31 行，列表框实例 list 调用 getSelectedItems()方法获得所有在列表框中选择的项目，将它们存储在字符串数组 str 中。代码第 33、34 行，将数组的内容添加连接到字符串 str_show。

(4)代码第 38 行，重写方法 itemStateChanged()。代码第 40、45 行，判断列表框中是否有项目被选择(或取消选择)，如果有项目被选择，e.getStateChange()值返回 1，如果取消选择，e.getStateChange()值返回 2，静态常量表示分别为 ItemEvent.SELECTED 和 ItemEvent.DESELECTED。

10.2.2　文本事件

文本组件(如 TextField、TextArea)在文本内容发生改变时(如键入、删除字符),会产生 TextEvent 类型事件。

处理 TextEvent 的接口是 TextListener,接口中的方法是 textValueChanged(TextEvent e)。

例 10-3　TextEvent 示例。要求:在文本框中输入句子,输入的同时,会同步计算单词的个数。

TextEventDemo.java 程序代码

```
import java.awt.*;
import java.awt.event.*;
import java.util.StringTokenizer;//StringTokenizer 类在 util 包中
public class TextEventDemo extends Frame implements TextListener
{
    TextField t1=new TextField(30);
    Label lab=new Label("");
    String str="";
    StringTokenizer st;
    public TextEventDemo(String title)
    {
        super(title);
        this.add(t1,"North");
        this.add(lab,"South");
        t1.addTextListener(this);//为文本框 t1 注册文本监听器
        this.pack();//紧凑窗口
        this.setVisible(true);
    }
    public void textValueChanged(TextEvent e)
    {
        if(e.getSource()==t1)//判断是否在文本框上产生了文本事件
        {
            str=t1.getText();
            st=new StringTokenizer(str," '.?");//以空格、单引号、句号、问号作为分隔符,分析 str 字符串有多少字符串子段
            int num=st.countTokens();//计算句子中单词的个数
            lab.setText("现在单词个数:"+num+"个");
            this.add(lab,"South");
        }
    }
    public static void main(String[] args)
    {
        new TextEventDemo("实时单词计算");
    }
}
```

【运行结果】

程序运行结果如图 10-5 所示。显示窗口，在文本框中输入句子时，标签会显示句子中单词的个数。

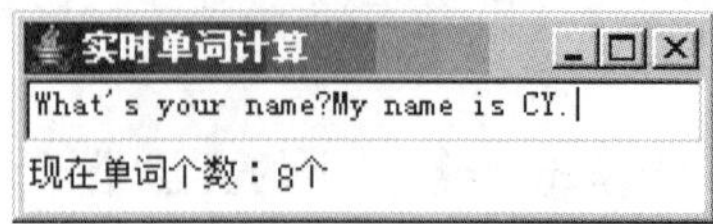

图 10-5 例 10-3 运行结果

【代码说明】

(1)类实现了接口 TextListener，用于处理文本变化产生的事件，因此代码第 19 行，重写了接口的方法 textValueChanged()。代码第 15 行，为文本框 t1 注册了监听器。

(2)代码第 21 行，判断事件源 t1 是否被触发；代码第 24 行，以空格、单引号、句号、问号作为分隔符创建 StringTokenizer 类实例 st，并分析 str 字符串有多少字符串子段；代码第 25 行，实例 st 调用 countTokens()方法获得子段(单词)的个数，StringTokenizer 类的详细使用请参考第 7 章。

10.2.3 键盘事件

在事件源组件上按下键盘键时会发生 KeyEvent。在 KeyListener 接口中有三个方法：keyPressed()、keyReleased()、keyTyped()。

keyPressed()方法处理键盘键按下；keyReleased()方法处理键盘键释放；keyTyped()方法是 keyPressed()方法与 keyReleased()方法的组合，当键盘键按下后又释放就会调用 keyTyped()方法。

那么 Java 如何判断是哪个键被按下呢？表 10-4 列举了部分 KeyEvent 类中定义的静态常量(注意：表中常量都是 public、static、final、int 型)。

表 10-4　　部分 KeyEvent 类中的静态常量

键码常量	对应功能键	对应整型常量
VK_F1～VK_F12	功能键 F1～F12	112～123
VK_LEFT	向左箭头键	37
VK_UP	向上箭头键	38
VK_RIGHT	向右箭头键	39
VK_DOWN	向下箭头键	40
VK_KP_LEFT	数字键盘向左方向键	226
VK_HOME	Home 键	36
VK_ENTER	回车键	10
VK_TAB	制表位键	9
VK_BACK_SPACE	退格键	8
VK_SHIFT	Shift 键	16
VK_CONTROL	Ctrl 键	17
VK_ALT	Alt 键	18
VK_SPACE	空格键	32
VK_0～VK_9	数字 0～9 键	48～57
VK_A～VK_Z	字母 a～z 键	65～90

KeyEvent 类中也定义了一些方法，见表 10-5，用于获取按键信息。

表 10-5　KeyEvent 类中的方法

方　法	功能描述
getKeyChar()	返回与此事件中的键相关联的字符
getKeyCode()	返回与此事件中的键相关联的整数 keyCode
getKeyModifiersText(int modifiers)	返回描述组合键的 String，如“Shift”或“Ctrl+Shift”
getKeyText(int keyCode)	返回描述 keyCode 的 String，如“F1”或“A”

注　意：

“按下键”和“释放键”是低级别事件，“键入键”是高级别事件。

例 10-4　KeyEvent 中的按键示例。要求：在窗体中按下键盘键时，文本框中会显示相应的键码。

行号　　KeyEventDemo.java 程序代码

```
import java.awt.*;
import java.awt.event.*;
public class KeyEventDemo extends Frame implements KeyListener
{
    TextField t1=new TextField(25);
    Label lab=new Label("在窗口中按下键盘键，会显示相应键码");
    Panel p=new Panel();
    public void keyPressed(KeyEvent e)
    {
        t1.setText("");
        t1.setText(e.getKeyText(e.getKeyCode()));//获取并显示按键信息
    }
    public void keyTyped(KeyEvent e){} //必须重写
    public void keyReleased(KeyEvent e){} //必须重写
    public KeyEventDemo(String title)
    {
        super(title);
        t1.setEditable(false);//设置文本框 t1 为不可编辑
        p.add(lab);
        p.add(t1);
        add(p);
        this.addKeyListener(this);//为窗体注册监听器
        setSize(220,100);
        setVisible(true);
        this.requestFocus(true);//将焦点设置在窗体上，此句为必需
    }
    public static void main(String[] args)
    {
        new KeyEventDemo("KeyEvent 中的按键示例");
```

```
30         }
31     }
```

【运行结果】

程序运行结果如图 10-6 所示。显示窗口，当焦点在当前窗口上，并按下键盘键 Alt 时，文本框显示按键的键码“Alt”。

图 10-6　例 10-4 运行结果

【代码说明】

(1)代码第 3 行，KeyEventDemo 类实现了接口 KeyListener，所以必须重写此接口里的所有 3 个方法 keyPressed()、keyTyped()、keyReleased()，见代码第 8、13、14 行。

(2)代码第 11 行，先使用 e. getKeyCode()获得按键的相关联的 int 型 keyCode 值，然后使用 e. getKeyText()将 int 型代码值转换成相关联的字符串描述。

(3)代码第 22 行，被监听的事件源和监听器都是 this，这在语法上是允许的。

(4)代码第 25 行是必需的，窗体必须获得焦点，才能得到在它上面发生的按键响应。

下面再看一个 KeyEvent 示例。

例 10-5　KeyEvent 中的按键示例。要求：窗口上的按钮可以根据按键方向移动。

行号	MoveButton. java 程序代码

```
import java.awt.*;
import java.awt.event.*;
public class MoveButton extends Frame implements KeyListener
{
    Button b1=new Button("选中我之后移动!");
    int x,y;//按钮的行、列坐标
    public MoveButton(String title)
    {   super(title);
        this.setLayout(null);//窗体设置空布局
        this.add(b1);
        b1.setBounds(50,50,110,20);//为按钮设置位置、大小
        x=(int)(b1.getLocation().getX());//获得按钮位置 x 坐标
        y=(int)(b1.getLocation().getY());//获得按钮位置 y 坐标
        b1.addKeyListener(this);
        this.setSize(200,100);
        this.setVisible(true);
    }
    public void keyPressed(KeyEvent e)
    {
        if(e.getKeyCode()==KeyEvent.VK_UP)//判断是否按下了向上箭头键
```

```
21                {    y--; //y 坐标减 1
22                     b1.setLocation(x,y);//重新设置按钮位置
23                }
24                if(e.getKeyCode()==KeyEvent.VK_DOWN)
25                {    y++;
26                     b1.setLocation(x,y);
27                }
28                if(e.getKeyCode()==KeyEvent.VK_LEFT)
29                {    x--;
30                     b1.setLocation(x,y);
31                }
32                if(e.getKeyCode()==KeyEvent.VK_RIGHT)
33                {    x++;
34                     b1.setLocation(x,y);
35                }
36           }
37           public void keyTyped(KeyEvent e){}
38           public void keyReleased(KeyEvent e){}
39           public static void main(String[] args)
40           {
41                new MoveButton("会移动的按钮!");
42           }
43      }
```

【运行结果】

程序运行结果如图 10-7 所示。显示窗口，当选中按钮，并按下键盘方向键时，按钮会随之移动。

图 10-7　例 10-5 运行结果

【代码说明】

(1)代码第 6 行，int 型成员属性 x、y 为按钮 b1 的行、列坐标。

(2)代码第 9、11 行，将按钮设置为空布局(null)，并确定按钮的位置和大小，此两句语法需结合使用(“空布局”知识请参考第 9 章)。

(3)代码第 12、13 行，获取按钮左上顶点的行、列坐标值，并赋值给 x，y 变量。组件 b1 调用 getLocation()方法可以获得按钮左上顶点的一个 Point 类实例，此实例调用方法 getX()、getY()获得点的行、列坐标值。

(4)代码第 20 行，e.getKeyCode()获得相应按键的 int 型 KeyCode 值，如果是向上箭头键(KeyEvent.VK_UP)，y 坐标减 1；以下语句同理。

10.2.4 鼠标事件

当鼠标按下、释放、进入、离开组件，或在组件上方移过、拖曳时都会发生鼠标事件。鼠标事件大致分为两类：普通鼠标事件（鼠标按下、释放、进入、离开）和鼠标拖动事件（鼠标移过、拖曳）。分别由两个接口处理，其中 MouseListener 接口处理普通鼠标事件（接口中包含 5 个方法），MouseMotionListener 接口处理鼠标拖动事件（接口中包含两个方法），见表 10-2。

例 10-6 MouseListener 接口示例。要求：可以记录窗口上鼠标按下、释放、进入、离开和单、双击的位置。

MouseListenerDemo.java 程序代码

```
import java.awt.*;
import java.awt.event.*;
public class MouseListenerDemo extends Frame implements MouseListener
{
    Label message=new Label("这里显示鼠标动作");
    public MouseListenerDemo(String title)
    {
        super(title);
        this.add(message,"North");
        this.addMouseListener(this);
        this.setSize(200,150);
        this.setVisible(true);
    }
    public void mousePressed(MouseEvent e){//重写接口的方法
        message.setText("鼠标被按下,位置在:"+e.getX()+","+e.getY());
    }
    public void mouseReleased(MouseEvent e){
        message.setText("鼠标被释放,位置在:"+e.getX()+","+e.getY());
    }
    public void mouseEntered(MouseEvent e){
        message.setText("鼠标已进入,位置在:"+e.getX()+","+e.getY());
    }
    public void mouseExited(MouseEvent e){
        message.setText("鼠标已退出,位置在:"+e.getX()+","+e.getY());
    }
    public void mouseClicked(MouseEvent e){
        if(e.getClickCount()==1){ //判断鼠标击键的次数是否为单击
            message.setText("鼠标单击,位置在:"+e.getX()+","+e.getY());
        }
        if(e.getClickCount()==2){ //判断鼠标击键的次数是否为双击
            message.setText("鼠标双击,位置在:"+e.getX()+","+e.getY());
        }
    }
```

```
34        public static void main(String[] args)
35        {
36            new MouseListenerDemo("鼠标 MouseListener 接口示例");
37        }
38    }
```

【运行结果】

程序运行结果如图 10-8 所示。显示窗口，在窗体中鼠标进行按下、释放、进入、离开和单、双击时，会显示鼠标动作的发生位置。

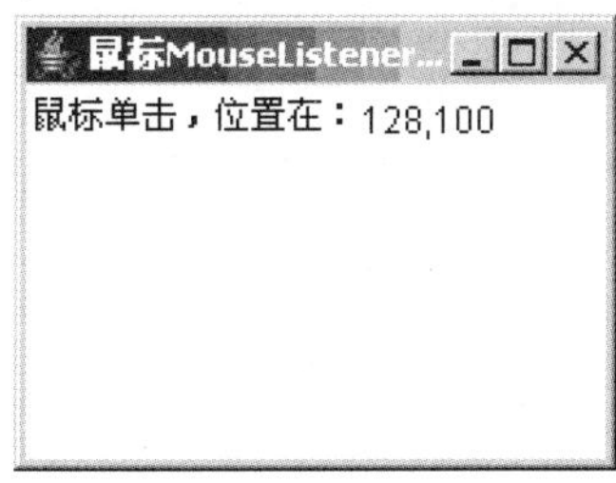

图 10-8　例 10-6 运行结果

【代码说明】

(1)类 MouseListenerDemo 实现了接口 MouseListener，因此必须重写 MouseListener 接口中的所有 5 个方法，见代码第 14、17、20、23、26 行。

(2)鼠标在窗体上的动作信息(包括鼠标动作触发的位置)都存储在 MouseEvent 类的实例 e 中，e 调用 getX()和 getY()方法获得鼠标动作触发的位置的行、列坐标。

(3)代码第 27、30 行，getClickCount()可以获得鼠标单击的次数。

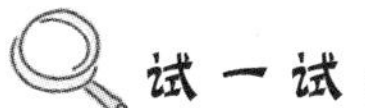 **试一试：**

如果要判断鼠标的按键，可以使用 InputEvent 类中的常量 BUTTON1_MASK、BUTTON2_MASK 和 BUTTON3_MASK，分别代表左、中、右键。例如，可以使用下面的语法判断是否按下了鼠标左键：

```
if(e.getModifiers()==InputEvent.BUTTON1_MASK)
```

MouseMotionListener 可以用来处理鼠标移过和拖曳事件。“移过”是指鼠标箭头在组件上方划过；“拖曳”是指鼠标键按下并拖动一段距离后再松开。

例 10-7　MouseMotionListener 接口示例。要求：当鼠标移动到按钮上方，鼠标外形会改成“手形”光标。

行号　　MouseMotionListenerDemo.java 程序代码

```
import java.awt.*;
import java.awt.event.*;
public class MouseMotionListenerDemo extends Frame implements MouseMotionListener
{
    Button b1=new Button("Move here!");
    public MouseMotionListenerDemo(String title)
```

```
7        {
8            super(title);
9            this.setLayout(new FlowLayout());
10           this.add(b1);
11           b1.addMouseMotionListener(this);//为按钮注册监听器
12           this.addMouseMotionListener(this);//为窗体注册监听器
13           this.setSize(200,100);
14           this.setVisible(true);
15       }
16       public void mouseMoved(MouseEvent e){ //重写接口方法
17           //为按钮 b1 设置手形鼠标光标
18           b1.setCursor(Cursor.getPredefinedCursor(Cursor.HAND_CURSOR));
19       }
20       public void mouseDragged(MouseEvent e){ //重写接口方法
21           //为当前窗体设置等待型鼠标光标
22           this.setCursor(Cursor.getPredefinedCursor(Cursor.WAIT_CURSOR));
23       }
24       public static void main(String[] args)
25       {
26           new MouseMotionListenerDemo("鼠标 MouseMotionListener 接口示例");
27       }
28   }
```

【运行结果】

程序运行结果如图 10-9 所示。当鼠标经过窗体中的按钮上方时,显示窗口结果。当鼠标在窗体中拖曳时,显示窗口结果。

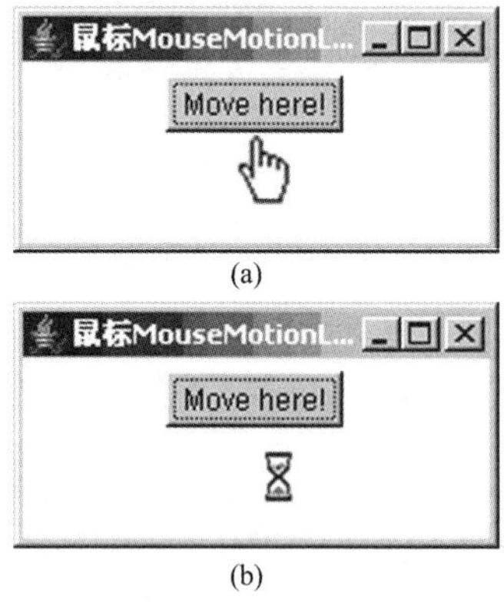

图 10-9　例 10-7 运行结果

【代码说明】

(1) MouseMotionListenerDemo 实现了接口 MouseMotionListener,因此必须重写 MouseMotionListener 接口中的两个方法,见代码第 16、20 行。

(2)代码第 18 行,Cursor.HAND_CURSOR 是鼠标光标类的手形光标常量,通过 Cursor.getPredefinedCursor()方法获取其 Cursor 实例,然后通过 b1.setCursor()方法,将手形光标实

例设置到按钮 b1 上;同理,将等待型光标设置到当前窗体上。其他类型的光标常量的具体语法请参考 JDK API Document。

10.2.5 窗口事件

窗体作为 GUI 界面的顶级容器,可以产生打开、关闭、激活、图标化等事件,在 WindowListener 接口中包含七个方法,见表 10-2。表 10-6 详细介绍了七个方法的功能。

表 10-6 WindowListener 接口中的方法及其功能

方 法	功能描述
windowOpened(WindowEvent e)	窗体首次打开时调用
windowClosed(WindowEvent e)	窗体调用 dispose 关闭时调用
windowActivated(WindowEvent e)	将窗体设置为活动窗体(焦点在此窗体)时调用
windowDeactivated(WindowEvent e)	将窗体设置为非活动窗体(焦点不在此窗体)时调用
windowIconified(WindowEvent e)	窗体从正常状态变为最小化图标状态时调用
windowDeiconified(WindowEvent e)	窗体从最小化图标状态变为正常状态时调用
windowClosing(WindowEvent e)	试图从窗体的系统菜单中关闭窗口时调用

例 10-8 WindowListener 接口示例。要求:程序可以侦测到窗体的打开、关闭、激活、图标化等七个事件。

行号 WindowListenerDemo.java 程序代码

```
import java.awt.*;
import java.awt.event.*;
public class WindowListenerDemo extends Frame implements WindowListener,ActionListener
{
    TextArea txtMsg=new TextArea(6,30);
    Button btnClose=new Button("关闭窗口");
    WindowListenerDemo(String title)
    {
        super(title);
        add(txtMsg,"Center");
        add(btnClose,"South");
        btnClose.addActionListener(this);//注册 Action 事件监听器
        addWindowListener(this);//注册 Window 事件监听器
        pack();
        setVisible(true);
    }
    public void actionPerformed(ActionEvent e)//按钮事件处理方法
    {
         this.dispose(); //释放窗体占用的资源
         System.exit(0); //终止 JVM
    }
    //以下 7 个方法为处理 WindowListener 中的方法
```

```
        public void windowOpened(WindowEvent e)//窗口打开时执行
        {
              txtMsg.append("您已经打开了窗体!"+"\n");
        }
        public void windowClosed(WindowEvent e){}//未使用
        public void windowIconified(WindowEvent e)//窗口图标化时执行
        {
              txtMsg.append("您已经执行了窗体图标化!"+"\n");
        }
        public void windowDeiconified(WindowEvent e)//窗口恢复常规显示时执行
        {
              txtMsg.append("图标化恢复正常显示"+"\n");
        }
        public void windowActivated(WindowEvent e)//窗口激活时执行
        {
            txtMsg.append("窗口已经激活"+"\n");
        }
        public void windowDeactivated(WindowEvent e)//窗口处于非活动状态执行
        {
            txtMsg.append("窗口曾处于非活动状态"+"\n");
        }
        public void windowClosing(WindowEvent e)//关闭窗口时执行
        {
              dispose();
              System.exit(0);
        }
        public static void main(String[] args)
        {
            new WindowListenerDemo("窗口事件应用");
        }
    }
```

【运行结果】

程序运行结果如图 10-10 所示。运行结果生成的窗口经过了打开、失去焦点、图标化等操作。

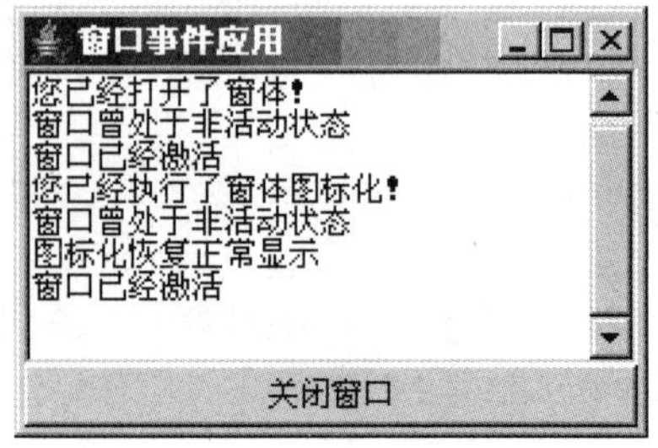

图 10-10　例 10-8 运行结果

【代码说明】

(1)代码第 3 行,类实现接口 WindowListener 和 ActionListener,因此必须重写实现两个接口里所有的方法(WindowListener 有七个方法,ActionListener 有一个方法),虽然有的方法未使用(如代码第 27 行 windowClosed()方法),但是仍需实现。

(2)代码第 12、13 行,分别为按钮和窗体注册了监听器。

(3)代码第 19、20 行,区别在于 dispose()方法用于释放窗体上下文所占用的系统资源,而 System. exit()方法会停止 JVM,释放程序所占用的资源后退出。

(4)txtMsg. append()方法用于向文本区 txtMsg 添加文本,"\n"是转义字符,代表换行。

10.3　事件适配器(Event Adapter)

在很多应用中,用户不会使用事件接口中所有的方法,但是仍然要全部写出(这是接口语法使用上的规则),这样显得十分烦琐。为了简化程序,可以通过"继承父类"来代替"实现接口",这些事件接口功能的对应类就是适配器(Adapter)类。

适配器类都是抽象类,Java 为包含有多个方法的接口提供了适配器类。例如,WindowListener 接口对应着适配器类 WindowAdapter,适配器类 WindowAdapter 也包含了 WindowListener 接口的七个方法的声明。

java. awt. event 包中定义的适配器类如下:

- ComponentAdapter
- ContainerAdapter
- FocusAdapter
- KeyAdapter
- MouseAdapter
- MouseMotionAdapter
- WindowAdapter

只包含一个方法的事件接口没有对应的适配器类,例如 ActionListener 接口就没有对应的适配器类。

事件适配器类的使用格式如下(以适配器类 WindowAdapter 为例):

```
class MyFrame extends WindowAdapter{
    public void windowClosing(WindowEvent e){}
}
```

注　意:

此类只实现了一个方法 windowClosing(),其他六个方法可以不必实现。

但是这样做有一个明显的缺陷,就是 Java 是单继承,类 MyFrame 不能再继承其他类。为了简化代码和增强功能,Java 引入了内部类(Inner Class)和匿名类(Anonymous Class)来处理事件。内部类与匿名类部分请参考第 6 章。

下面再看一个简单的匿名类示例,来进一步了解它的优点。

例 10-9 WindowAdapter 示例。

行号 **AnonymousAdapter.java 程序代码**

```
import java.awt.*;
import java.awt.event.*;
public class AnonymousAdapter
{
    Frame f=new Frame("匿名类实例做监听器");//窗体成员
    Label lab=new Label(""); //标签成员
    Button b1=new Button("Click Me!");//按钮成员
    AnonymousAdapter() //构造方法
    {
        b1.addActionListener(new ActionListener(){//为按钮 b1 注册监听器
            public void actionPerformed(ActionEvent e){//实现监听器的方法
                lab.setText("Button's string is:"+b1.getActionCommand());
                //将按钮文本设置到标签 lab 中
            }
        });
        f.addWindowListener(new WindowAdapter(){//为窗体 f 注册监听器
            public void windowClosing(WindowEvent e){//实现监听器的方法
                System.exit(0);//退出系统
            }
        });
        lab.setPreferredSize(new Dimension(200,30));
        //为标签 lab 设置初始大小
        f.add(lab,"Center");
        f.add(b1,"South");
        f.pack();//紧凑窗体
        f.setVisible(true);
    }
    public static void main(String[] args)
    {
        new AnonymousAdapter();
    }
}
```

【运行结果】

程序运行结果如图 10-11 所示。当鼠标单击按钮时，标签显示如图所示的字符串。按关闭按钮时，关闭窗体。

图 10-11 例 10-9 运行结果

【代码说明】

(1)代码第 3 行,类 AnonymousAdapter 并未继承任何父类。

(2)代码第 5 行,定义了一个成员窗体 f,并在构造方法中完成了 f 的构成和显示。

(3)代码第 10 行,为按钮 b1 注册监听器,监听器是一个匿名类 ActionListener 的实例。注意,匿名类 ActionListener 即动作接口,这里相当于对系统动作接口 ActionListener 的重写。因为 ActionListener 接口没有对应的适配器类,所以用作匿名类时只有这一种格式。

(4)代码第 16 行,为窗体 f 注册监听器,监听器是一个匿名类 WindowAdapter 的实例,注意,匿名类 WindowAdapter 即窗体适配器类,与第 10 行不同的是,这里的窗体适配器类内部的方法没有必要一定重写。

匿名类实例用作监听器时,因为匿名类实例本质上是一个没有名字的局部对象,因此只能使用一次。在一般的可视化 IDE 工具(如 JBuilder)中,通常会自动生成内部适配器类作为处理事件的固定代码格式,这有助于大型程序代码的模块化。

本章小结

本章的内容事件处理与前一章的 GUI 组件都是 Java 界面程序设计的基础。事件处理中涉及的概念有:事件、事件接口、监听器、注册(或添加)监听器、事件类、事件接口中的方法、事件类的方法等。概念较多,读者可以参考例 10-1 和表 10-1 对照学习。

不同的组件可以响应的事件有所不同,但部分组件可以响应的事件可能不止一种,如 List 组件就可以响应鼠标单击(选择事件 ItemEvent)和双击(动作事件 ActionEvent)两种事件,这由组件本身的特性所决定。

Java 程序要想引入事件处理机制,可以通过两种方法完成:实现相应的事件接口和扩展事件适配器类。它们各自的优缺点如下:

- 当前类使用接口,利于当前类的扩展和程序的抽象,但接口的特性决定了当前类要完成事件接口所有的方法,代码较多。
- 当前类使用适配器类,可以减少代码,但不利于继承。

探究式任务

1. 观察 Swing 与 AWT 组件是否可以混用?
2. 试着完成华容道游戏。
3. 试着完成绘图板工具。

习　题

一、选择题

1. 要返回事件源,可以使用事件类的(　　)方法。

A. public Object getSource()　　B. public Component getSource()

C. public String getActionCommand()　D. public int getID()

2. 下面代码的空白处可以填写的类是(　　)。

```
class B extends Frame implements ___________
{
    public void actionPerformed(__________ e){}
}
```

A. ActionEvent,ActionListener　　　B. ActionListener,ActionEvent

C. TextListener,TextEvent　　　D. ItemListener,ItemEvent

3. 在 List 组件中鼠标单击选择一个列表项,将会触发(　　)事件。

A. ActionEvent　　　B. ItemEvent

C. WindowEvent　　　D. TextListener

4. 如果希望程序在按下鼠标键时就能显示光标的位置,可以使用 MouseEvent 的(　　)方法。

A. mousePressed　　　B. mouseEntered

C. mouseClicked　　　D. mouseExited

二、编程题

完成一个学生信息调查程序(程序界面如图 10-12 所示),完善各种事件,并显示最后结果。

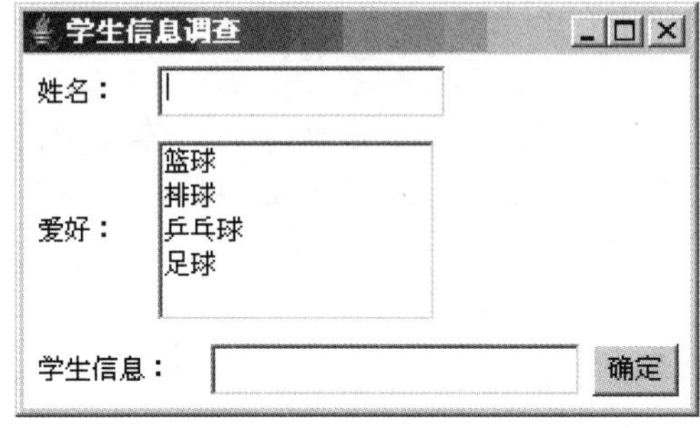

图 10-12　学生信息调查界面

三、课程思政题

课程思政:

编程解决:开发 GUI 界面,并完成事件处理。

思政目标:了解社会主义核心价值观。

为如图 9-20 所示的 UI 界面,添加事件处理,提交后再对话框中显示提交的内容,如图 10-13 所示。

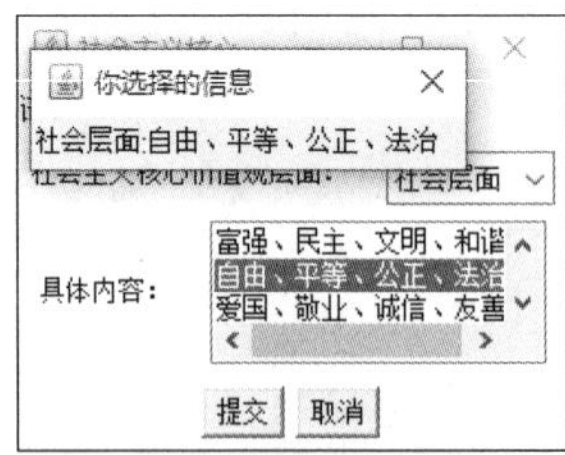

图 10-13　学生信息调查界面

与知识点结合:Java 事件处理。

第11章 Applet与绘图

知识目标

在本章,我们将要:

➢ 使用 Applet 技术,在网页中输出“Hello World!”

➢ 通过示例理解 Applet 的生命周期

➢ 通过网页中设定的参数来求解它们的和

➢ 在 Applet 中完成各种绘图

➢ 使用动画技术完成“会动的矩形”

技能目标

在本章,我们可以:

➢ 了解 Applet 的地位、运行原理和语法格式

➢ 学习在 HTML 与 Applet 之间传递参数

➢ 在 Applet 中绘制图形

素质目标

➢ 培养自学方法与习惯,具备主动探究能力;培养良好的团队合作意识;具备编写代码规范性等项目开发的相关职业素养。了解四个自信,提高综合职业素养。

11.1 Applet 简介

11.1.1 什么是 Applet

Java 基本应用包括 Application(应用程序)和 Applet(小应用程序)。应用程序具备独立的功能;小应用程序则被设计成网页中的一种元素,运行在 Internet 上,它是 HTML 页面的一部分,不能独立运行,需要浏览器来解释。

Applet 是 Java 语言最初能够快速流行的主要原因。早期的 Web 客户端页面为了制作各种与用户交互的效果,采用了很多技术,如各种脚本语言 VBScript、JScript 和 JavaScript,还有一种重要的技术就是 Applet。Applet 的核心语言是 Java,因此具有脚本语言所不具备的强大功能。借助于 Internet 的迅猛发展,Applet 被大量应用于网络,这也促成了 Java 语言的流行。

Applet 最初主要用于制作网页动画效果,但是由于 Java 语言先编译再解释的运行特点造成其运行效率低下,这部分应用逐步被 Flash 等快捷的动画制作工具所替代,而且 Flash 可以边下载边播放,Applet 必须完全下载后才能播放。现在,Applet 主要用于 Intranet(企业内部网)等对网速没有过多限制的场合。

听一听：

所谓的有“交互”功能的 Web 页面，不仅指页面能够产生动画效果，还意指用户对页面的动作能够得到一定的响应，如客户端密码有效性校验等。

Applet 是 Panel 类的子类，但是 Panel 类在 java. awt 包中，而 Applet 在 java. applet 包中，如图 11-1 所示。

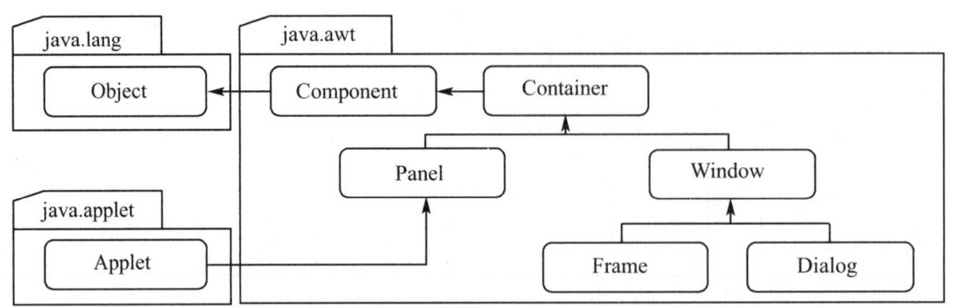

图 11-1　Applet 在类层次中的位置

11.1.2　简单 Applet 程序

下面给出最简单的 Applet 示例。

例 11-1　在网页中输出“Hello World!”。

行号　　HelloWorld. java 程序代码

```
import java.awt.*;                        //Graphics 类来自 awt 包
import java.applet.*;                     //Applet 类来自 applet 包
public class HelloWorld extends Applet{
    String str;                           //定义字符串成员变量
    public void init(){                   //继承自 Applet 类的成员方法
        str="Hello World!";               //给 str 成员赋值
    }
    public void paint(Graphics g){        //继承自 Applet 类的成员方法
        g.drawString(str,50,60 );         //将字符串 str 输出到(50,60)点位置
    }
}
```

编译 HelloWorld. java 得到 HelloWorld. class 文件。为了运行此文件，需要将其嵌入一个 HTML 文件中，然后执行 HTML 文件即可。

此示例的 HTML 为 My. htm(或扩展名为. html)(文件名任意)。

行号　　My. htm 程序代码

```
<HTML>
<HEAD><TITLE></TITLE></HEAD>
<BODY>
```

```
<APPLET
    code="HelloWorld.class"
     width="260"
     height="100"
>
</APPLET>
 </BODY>
 </HTML>
```

【运行结果】

如果系统中的浏览器已经安装了 JVM，或者如果系统中已经安装了 JDK 1.5 则自动安装 JVM，直接执行 My.htm 文件，显示的窗口如图 11-2 所示。

图 11-2　例 11-2 运行结果

在某些情况下，系统中的浏览器可能没有安装 JVM，或者浏览器版本过于陈旧，导致使用最新 JDK 制作的 Applet 程序无法正常显示。这时可以考虑使用小程序查看器 AppletViewer.exe。AppletViewer.exe 是 Sun 公司随 JDK 发布的运行 Applet 的工具，并随 JDK 更新，可以保证能够运行最新的 Applet。这个工具在 JDK 安装目录的 bin 目录下，运行时切换到 My.htm 文件所在的目录，格式如下（假设 My.htm 和 Helloworld.class 文件所在的目录为 C:\JCreatorV3\MyProjects\HelloWorld\classes）：

```
C:\>cd C:\JCreatorV3\MyProjects\HelloWorld\classes
C:\JCreatorV3\MyProjects\HelloWorld\classes>appletviewer My.htm
```

显示的窗口如图 11-3 所示。

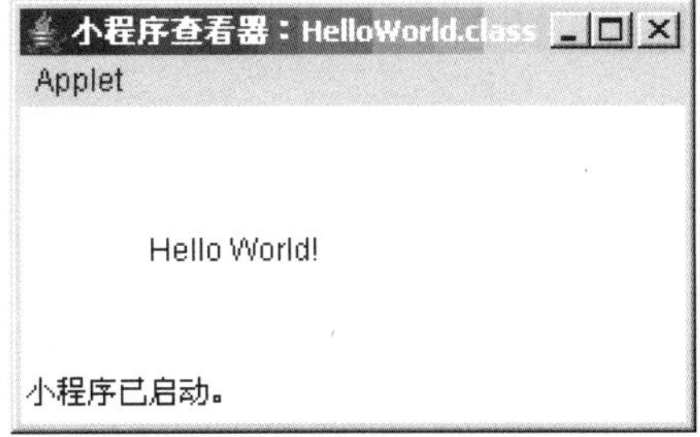

图 11-3　小程序查看器查看效果

【代码说明】

Applet 程序必须包括如下组成部分：

(1)首先导入 Applet 类所在的 awt 包：import java. awt. * 。

(2)如果类要成为 Applet，需要继承 Applet 类：extends Applet。

(3)重写 init()等 Applet 类继承下来的方法，完成所需的功能。

解释 HelloWorld. class 文件代码：

(1)代码第 1 行，导入 Graphics 类所在的 awt 包。

(2)代码第 2 行，导入 Applet 类所在的 applet 包。

(3)代码第 3 行，类 HelloWorld 继承了 Applet 类，也成了 Applet。

(4)代码第 5 行的 init()方法和代码第 8 行的 paint(Graphics g)方法，继承自 Applet 父类，在 HelloWorld 类中重写它们，实现自己的功能。需要注意，这些方法必须是 public 和 void 类型。

(5)第 9 行代码 g. drawString(str, 50, 60)；将字符串 str 输出到(50,60)点的位置，Applet 的坐标原点在左上角，而“HelloWorld!”字符串的左下角位置坐标是(50,60)点。

那么如何理解 Graphics 类的实例 g 呢？大家可以把 g 理解成一支画笔，Applet 就是画布，画笔笔芯可以调整大小、颜色，使用这支画笔可以绘制字符串、图形等。Graphics 类的具体应用在 11. 2 节介绍。

解释 HelloWorld. class 文件代码：

(1)在 HTML 文件中嵌入 HelloWorld. class 字节码文件时使用一对<APPLET></APPLET>标记，因为 HTML 文件不是一种严格校验的脚本语言，因此<APPLET></APPLET>可以放在任意位置上，比如只使用<APPLET></APPLET>标记，省略其他所有标记也可以显示小程序，例如：

```
<APPLET code="HelloWorld. class" width="260" height="100"> </APPLET>
```

但原则上应放在<BODY></BODY>之间。

(2)代码第 5 行，code="HelloWorld. class"，使用 code 属性设置要显示的 Applet 字节码文件名，. class 扩展名可以省略。

(3)代码第 6、7 行，设置 Applet 显示区域的宽和高。

看一看：

如果要使用 swing 包的 JApplet 来构建小程序，需要注意：

JApplet 是 Swing 组件，因此在向其添加组件时，需要一个中间面板来容纳组件，如：

```
Container contentPane=getContentPanel();
setContentPanel(contentPane);
```

JApplet 本书不详细介绍，请读者自行阅读 Swing 书籍。

11. 1. 3 Applet 的安全机制

当我们浏览网页时，实际上是从服务器端下载 Applet，因为众所周知的网络安全性问题，使用 Applet 时必须考虑安全隐患。所幸的是，现在 Applet 的设计基本解决了这些问题。

在 JDK 1. 0 的版本中，提供了 SecurityManager 类，可以控制 JVM 的所有系统级调用。该功能被称为“沙箱(sandbox)”安全机制。“沙箱”为小程序提供了一个有限制运行环境，用来控制 Applet 的功能，具体安全运行规则如下：

(1)Applet 不能运行任何本地的可执行程序。

(2)除了 Applet 所在的下载服务器外，Applet 不能和任何其他主机通信。

(3)Applet 不能读写本地的系统文件。

(4)除了 Java 和操作系统使用的版本号和基本字符外，Applet 不能找到任何其他字符信息(比如用户名，电子邮件地址等)。

(5)Applet 的弹出式窗口都带有警告信息。

JDK 1.0 的沙箱模型有效防止了网络上恶意的小程序，但这种模型的权限限制过于僵化，同时也限制了善意的小程序的访问。为此 Sun 在 JDK 1.1 版本中提供了“数字签名”及验证的功能，浏览器在运行 Applet 时校验它是否有可靠的数字签名，以及签名在网络传输过程中有没有被修改过，通过验证的 Applet 可以像 Application 一样拥有更多功能。

通过这种“数字签名”机制虽然可以使 Applet 在运行时拥有更多功能，但是在权限设置上并不十分灵活，为此 Java 2 平台引入了“系统安全策略配置”体系机制，通过修改 java.policy 等策略文件(这些文件在%JAVA_HOME%\jre\security 目录下)，可以灵活地指定 Applet 的具体功能。就像在建筑工地中使用的沙箱，我们在箱底打出一些较大的孔洞(数字签名和系统安全策略配置)，可以使所需要的沙子(Applet)释放出来。

看一看：

Applet 的安全机制是 Applet 应用中最重要的一部分内容，其中涉及打包、生成证书、数字签名与认证、公钥与私钥、配置策略等诸多方面的内容。限于篇幅，本书无法详细介绍，对网络安全知识感兴趣的读者可以深入研究这部分内容。

11.1.4 Applet 的生命周期

小程序的创建和运行涉及五个基本方法：init()、start()、paint()、stop()、destroy()。它们继承自 Applet 父类，都是 public 和 void 类型的。如果需要界面刷新或动画处理，还需要 repaint()、update()方法。这五个基本方法的执行顺序如图 11-4 所示。

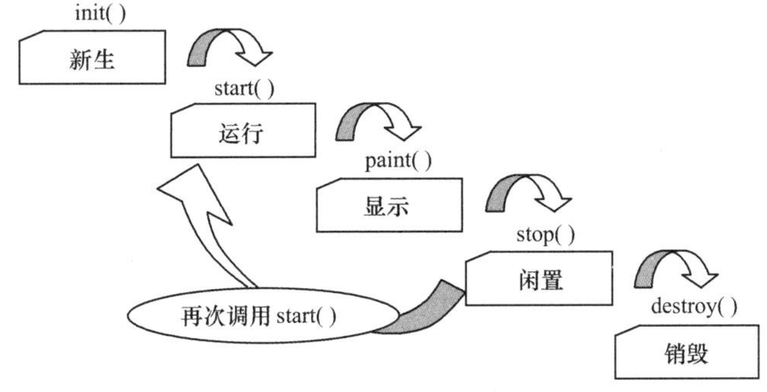

图 11-4 小程序的生命周期

当 Applet 随 HTML 文件启动时将生成 Applet 实例，这个实例就是在 HTML 页面中设定的 260 像素宽、100 像素高的矩形空间。Applet 实例调用这五个方法就会进入 Applet 的五个状态，下面简要介绍这五个方法。

1. init()

当 Applet 实例在 HTML 页面中加载时，自动调用 init()方法进入初始状态(Initialization State)。

➢ 从父类继承的 init()方法默认为空方法，因此必须在本 Applet 类中重写，以完成所需要的功能。

➢ 无论什么时候创建 Applet 实例，都会调用 init()方法。

➢ 在此 init()方法中可以初始化变量(如创建对象，装载图像等)。

➢ init()方法在 Applet 的生命周期内只能调用一次。

2. start()

调用 init()方法之后，将自动调用 start()方法，进入启动状态(Start State)。

➢ Applet 实例的 init()方法执行后，都将调用 start()方法。

➢ start()方法可以被调用多次，而 init()方法只被调用一次。

➢ 重新载入 Applet 的 HTML 文档时(例如重复打开网站的一个网页)，也将调用 start()方法。

➢ 如果一个 Applet 处于"Idle state(闲置状态)"(当用户从 Applet 所在的 Web 页面转到其他页面，然后又后退返回)，Applet 将重新调用 start()方法。

3. paint()

只要重新绘制 Applet(包括 Applet 区域自动刷新显示)，都会调用方法 paint()，这称为绘制状态(Paint State)。

➢ 用户手动调用 paint()方法时。

➢ 系统自动刷新 Applet 时(例如一个 Applet 窗口被一个新的窗口覆盖，或运行 Applet 的窗口最小化之后再恢复的时候)，就要调用 paint()方法。

4. stop()

当浏览器中运行 Applet 的页面切换到其他页面，stop()方法就会自动执行，停止页面中的 Applet，这时该 Applet 转为闲置状态(Idle State)。

处于闲置状态的 Applet 可以通过调用 start()方法重新启动。

5. destroy()

当关闭一个 Applet 时将调用 destroy()方法，该 Applet 就从内存中被完全销毁，这称为销毁状态(Destroy State)。

➢ 包含 Applet 的 HTML 页面被关闭时调用 destroy()方法。

➢ 在当前运行 HTML 页面的浏览器窗口上打开一个新的站点时调用 destroy()方法。

➢ destroy()方法将删除 Applet 运行所占用的所有资源。

在制作动画的时候，可以通过调用 repaint()、update()、paint()方法产生。repaint()和 update()方法虽然不是 Applet 生命周期中的方法，但却是十分重要的方法，在 11.2 节中将详细介绍动画制作部分。

例 11-2 Applet 生命周期。

行号 **AppletLifecycle.java 程序代码**

```
import java.awt.*;
import java.applet.*;
public class AppletLifecycle extends Applet
```

```
{
    int initcount=0,startcount=0,stopcount=0;
    int destroycount=0,paintcount=0;
    public void init()
    {initcount++;}
    public void start()
    {startcount++;}
    public void stop()
    {stopcount++;}
    public void paint(Graphics g)
    {
        paintcount++;
        g.drawString("initcount="+initcount,10,20);
        g.drawString("startcount="+startcount,10,40);
        g.drawString("stopcount="+stopcount,10,60);
        g.drawString("paintcount="+paintcount,10,80);
        g.drawString("destroycount="+destroycount,10,100);
    }
    public void destroy()
    {destroycount++;}
}
```

【运行结果】

程序运行结果如图 11-5 所示。

图 10-5　例 11-2 运行结果

【代码说明】

(1)本示例涉及的五个 Applet 生命周期的方法原始类型都是 public void 类型。

(2)destroy()方法在销毁 Applet 时起作用，因此不能得到演示结果。

(3)可以在 AppletViewer 中演示此示例。

11.1.5　Applet 的标记及其属性

1. Applet 标记及其属性

在 HTML 文件中，嵌入的 Applet 标记的完整语法格式为(方括号内是<APPLET>标记的可选属性)：

```
<APPLET
    code=AppletClassFile
    width=pix   height=pix
    [codebase=CodebaseURL]
    [alt=alternateText]
    [name=appletInstanceName]
    [align=alignment]
    [vspace=pix][hspace=pix]
    [archive=archiveFile]
    >
    <param   name=attribute1    value=value1>
    <param   name=attribute2    value=value2>
    ……
</APPLET>
```

(1)定位 Applet 的属性

①code

该项为必选项，AppletClassFile 是浏览器要加载 Applet 字节码文件名。AppletClassFile 也可以采用 packagename. classname. class 的形式。例如：

```
<APPLET class=myPackage. myApplet. class width=400 height=200></APPLET>
```

如果没有 codebase 选项，AppletClassFile 将使用与 HTML 文件相同的 URL(路径或地址)。

注　意：

AppletClassFile 的. class 扩展名可以省略；codebase 选项可以使用路径，但必须是相对路径。

②codebase

该可选属性指定 Java 字节码文件的路径或 URL。URL(Uniform Resource Locator)也叫统一资源定位器，是以域名或 IP 地址形式给出的网络中主机的位置。

如果未指定该属性，则 AppletClassFile 将使用与 HTML 文档相同的路径。

若 Applet 同 HTML 文件在不同的计算机上，则需要以 URL 的形式指出 Applet 的位置。若两者在同一计算机的不同路径下，则需要以路径的形式给出 Applet 的目录。

③name

该标记用来为 Applet 指定一个实例名称，以便在相同页面上的多个 Applet 实例之间，能通过指定的实例名相互访问。

④archive

该可选属性列出了 Applet 所在的 Java 档案文件等网络资源名。这些档案文件从 Web 服务器上获得，封装了 Applet 所在的所有 Applet 字节码文件，这样可以实现有效的封装和快捷下载。

(2)规定 Applet 显示方式的属性

①width 和 height

width 和 height 以像素为单位，指出 Applet 显示区域的宽度和高度，该选项是必需的。

②align

该属性指定 Applet 在浏览器窗口中的对齐方式。其值为 left(左对齐),right(右对齐),top(靠上),texttop(与文本顶部对齐),middle(中间对齐),absmiddle(行中间与显示域中间对齐),baseline(行基线与显示域的底部对齐),bottom(靠下)和 absbottom(行底部与图像底部对齐)。

③alt

alt 用于指定替换显示的文本内容。当浏览器不能运行 Applet,就显示替换文件的内容,例如:alt="找不到指定的 Applet 文件"。

④vspace 和 hspace

该属性指定 Applet 四周的间隔,以像素为单位,vspace 指定上下间隔,hspace 指定左右间隔。

2. HTML 向 Applet 传递参数

<param name=ParameterName value=ParameterValue>

该标记用来向 Applet 传递参数,name 指定参数名称,value 指定参数值。在 Applet 中,通过 getParameter(ParameterName)方法获取 HTML 文件中定义的外部参数的字符串值,但一个参数只能传递一个变量的值。

从 HTML 向 Applet 传递参数

例 11-3　HTML 向 Applet 传递参数。要求:在 HTML 文档中设置两个数,在 Applet 显示它们的和。

HTMLParameter. HTML 程序代码

```
<APPLET code="HTMLParameter.class" width="300" height="40">
<param name="op1" value="100">
<param name="op2" value="99.9">
</APPLET>234
```

HTMLParameter. java 程序代码

```
import java.awt.*;
import java.applet.*;
public class HTMLParameter extends Applet {
    double d1,d2,result;
    public void init() {
        d1=Double.valueOf(this.getParameter("op1")).doubleValue();
        d2=Double.valueOf(this.getParameter("op2")).doubleValue();
        result=d1+d2;
    }
    public void paint(Graphics g) {
        g.drawString(Double.toString(d1)+"与 "+String.valueOf(d2)+"的和是:
        "+String.valueOf(result), 50, 30);
     }
}
```

【运行结果】

程序运行结果如图 11-6 所示。

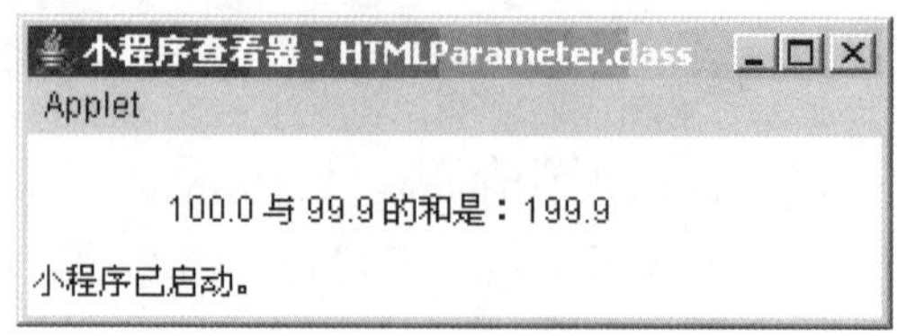

图 11-6　例 11-3 运行结果

【代码说明】

(1)代码第 6 行，getParameter("op1")参数"op1"必须有双引号，返回值为 String 类型；然后使用 Double. valueOf(). doubleValue()；语法将得到的字符串转换成 double 型数据，其中 Double. valueOf("op1")会得到对应的 Double 包装类的实例，然后调用 doubleValue()方法获得 Double 基本数据类型的数据；代码第 7 行同第 6 行。

(2)代码第 11 行，使用了两种方法把 Double 基本数据类型转换成 String 类型。

- Double. toString(d1)
- String. valueOf(d2)

11.1.6　Applet 与 Application 的区别

Applet 与 Application 的区别见表 11-1。

表 11-1　　Applet 与 Application 的区别

小应用程序 Applet	应用程序 Application
Applet 基本上是为部署在 Web 上而设计的	Application 是为可以独立工作的程序而设计的
Applet 必须扩展 java. applet. Applet 类	Application 则不受这种限制
Applet 通过 AppletViewer 或在支持 Java 的浏览器的解释器上运行	Application 使用 Java 解释器运行
Applet 的执行从 init()方法开始	Application 的执行从 main() 方法开始
Applet 必须至少包含一个 public 类，否则编译器会报错	对于 Application，入口类不必是 public 类，但建议设成 public 类

我们知道，因为 Applet 与 Application 使用场合不同，如果要把一个 Applet 转换为 Application，在实际使用中并没有实际意义。但是如果将一个 Applet 设计成像 Application 一样，使用 Java 解释器执行程序也是可以的，这种情况通常用于测试用例，以便使得程序可以在任何测试环境下方便快捷地得到测试。

转换的过程如下：首先在 Applet 类中加入一个 main()方法，再创建一个 Frame 对象，将 Applet 类的对象加入这个 Frame 对象中，调用 Applet 类的 init()和 start()方法即可。

例 11-4　Applet 转换为 Application。要求：原程序为包含一个按钮的 Applet，转换为可以用 Java 解释器直接执行的 Application。

AppletToApp. HTML 程序代码

```
<APPLET code="AppletToApp.class" width="280" height="50">
</APPLET>
```

行号　　AppletToApp.java 程序代码

```
1   /**
2    * AppletToApp.java
3    * This is Sample Applet that transform Application!
4    */
5   import java.awt.*;
6   import java.applet.*;
7   public class AppletToApp extends Applet { //Applet 类
8       public void init() { //Applet 的 init()方法
9           this.add(new Button("I'm in Applet!")); //Applet 包含一个按钮
10      }
11      public static void main(String args[]){ //Application 的入口
12          AppletToApp applet=new AppletToApp(); //添加 AppletToApp 的实例
13          Frame f=new Frame(); //添加一个窗体
14          f.add(applet); //将 AppletToApp 的实例加入窗体 f 中
15          applet.init(); //AppletToApp 的实例自行完成构建
16          f.setTitle("Applet 转换为 Application 示例");
17          f.setSize(250,80); //设置 Application 窗体 f 大小的方法
18          f.setVisible(true);//显示 Application 窗体 f 的方法
19      }
20  }
```

【运行结果】

把程序作为 Applet 时，使用 AppletViewer.exe 运行结果如图 11-7 所示。

图 11-7　使用 AppletViewer.exe 运行结果

把程序作为 Application 时，使用 java.exe 运行结果如图 11-8 所示。

图 11-8　使用 java.exe 运行结果

【代码说明】

(1)代码第 8 行，init()方法是 Applet 的成员方法，而代码第 11 行 main()方法是 Application 的方法。注意，main()方法是 static 的，不能直接调用 init()方法，要先创建 Applet 的实例。

(2)代码第 14 行，将 Applet 的实例加入窗体 f 中；如果是 JFrame 窗体，需要创建中间容器，然后将 Applet 的实例加入中间容器中。

11.2 在 Applet 中绘图

Applet 是 Component 类的间接子类，因此它也具备组件类的一些特点，比如图形绘制功能。在 Applet 中可以使用 paint(Graphics)方法设置和绘制当前要显示的图形，比如设置字体、前景色和背景色，绘制字符串、各种图形等。

前面我们介绍过 paint()方法的参数，Graphics 类的实例可以当作“画笔”，可以设置“笔芯”状态，还可以绘制图形和图像。除此之外，Graphics 类还有设置系统坐标、设置绘图模式等功能，详细功能大家可以参考 JDK API Document，这里只介绍基本绘图命令。

Graphics 类的基本绘图方法见表 11-2。

表 11-2　　Graphics 类的基本绘图方法

分类	方法名	功能描述
设置方法	setFont(Font font)	设置字体
	setColor(Color c)	设置颜色
绘制字符方法	drawBytes(byte[] data, int offset, int length, int x, int y)	绘制字节数组
	drawChars(char[] data, int offset, int length, int x, int y)	绘制字符数组
	drawString(String str, int x, int y)	绘制字符串
绘图方法	drawLine(int x1, int y1, int x2, int y2)	画线
	drawRect(int x, int y, int width, int height)	画矩形
	drawRoundRect(int x, int y, int width, int height, int arcWidth, int arcHeight)	画圆角矩形
	drawOval(int x, int y, int width, int height)	画椭圆
	drawArc(int x, int y, int width, int height, int startAngle, int arcAngle)	画弧
	drawPolygon(int[] xPoints, int[] yPoints, int nPoints)	画多边形
	drawPolyline(int[] xPoints, int[] yPoints, int nPoints)	画多义线
	fillArc(int x, int y, int width, int height, int startAngle, int arcAngle)	画填充圆弧或椭圆弧
	boolean drawImage(Image img, int x, int y, ImageObserver observer)	画图像

11.2.1 设置字体与颜色

基本的字体类(Font)和颜色类(Color)的构造方法如下：

1. 字体类：Font

构造方法：

Font(String name, int style, int size);

根据指定名称、样式和点大小，创建一个新字体。

2. 颜色类：Color

在使用 Graphics 类的 setColor 方法设置颜色时，可以使用表 11-3 所列颜色常量。

表 11-3　　Color 类的静态常量

Color 类的静态常量	功能描述	Color 类的静态常量	功能描述
BLACK	黑色	MAGENTA	洋红色
BLUE	蓝色	ORANGE	橘黄色
CYAN	青色	PINK	粉红色
DARK_GRAY	深灰色	RED	红色
GRAY	灰色	WHITE	白色
GREEN	绿色	YELLOW	黄色
LIGHT_GRAY	浅灰色		

如果所需要的颜色不在表 11-3 中，可以使用构造方法中具体的参数值来指定。

构造方法：

Color(int r, int g, int b);

用指定的红色(red)、绿色(green)和蓝色(blue)值创建一种颜色，三个颜色值都为 0～255。

Color(int r, int g, int b, int a);

用指定的红色(red)、绿色(green)和蓝色(blue)值创建一种可设置透明度(alpha)的颜色，三个颜色值都为 0～255。

其他构造方法请参考帮助文档。

例 11-5　设置字体与颜色。

行号　　SetApplet.java 程序代码

```
import java.awt.*;
import java.applet.*;
public class SetApplet extends Applet {
    Font font1;
    Color color1;
    String str;
    public void init() {
        font1=new Font("Arial",Font.BOLD+Font.ITALIC,20);//创建字体
        color1=new Color(0,0,0);        //创建颜色
        str="Hello,Welcome to here!";
    }
    public void paint(Graphics g) {
        g.setFont(font1);  //设置字体
        g.setColor(color1);//设置颜色
        g.drawString(str, 50, 60 );
        g.setFont(new Font("楷体_GB2312",1,25));
        g.setColor(new Color(255,100,255,200));
        g.drawString("进入 Applet 的精彩世界!",50,100);
    }
}
```

【运行结果】

程序运行结果如图 11-9 所示。

图 11-9 例 11-5 运行结果

【代码说明】

(1)代码第 8 行,Font("Arial",Font.BOLD+Font.ITALIC,20)创建字体,"Arial"为系统字体字符串表示,Font.BOLD 表示粗体,Font.ITALIC 表示斜体,它们都是 public static final int 型常量,因此可以相加(字体样式常量参考表 11-4),并设置为 20 号字。

表 11-4 Font 类字体样式的静态常量

Font 类的静态常量	功能描述	对应 int 型值
Font.PLAIN	普通体	0
Font.BOLD	粗体	1
Font.ITALIC	斜体	2

(2)代码第 9 行,Color(0,0,0)创建黑色的颜色实例。在屏幕显示时为"减色法",即颜色值为 0~255,值越大,颜色越浅。

(3)代码第 10 行,使用上面设置好的外观绘制字符串 str。

(4)代码第 16 行,使用 new Font("楷体_GB2312",1,25)语法构造匿名字体实例,第二个字体样式参数 1 代表 Font.BOLD。

(5)代码第 17 行,使用 new Color(255,100,255,200)语法构造匿名颜色实例,第四个参数 200 是颜色透明度参数,值越大,越透明。

11.2.2 绘制字符

与绘制字符相关的方法:

drawBytes(byte[] data, int offset, int length, int x, int y);

绘制字节数组 data,起始位置由 offset 设定,绘制长度为 length,绘制位置在(x,y)。

drawChars(char[] ch, int offset, int length, int x, int y);

绘制字符数组 ch,起始位置由 offset 设定,绘制长度为 length,绘制位置在(x,y)。

drawString(String str, int x, int y);

绘制字符串 str,绘制位置在(x,y)。

例 11-6 绘制字符。

行号　　DrawDemo.java 程序代码

```
import java.awt.*;
```

```
2  import java.applet.*;
3  import java.util.*; //导入 Date 类所在的包
4  public class DrawDemo extends Applet {
5      byte[] b;
6      char[] ch;
7      String s;
8      public void init() {
9          b=new byte[]{97,98,'c'};
10         ch=new char[]{'H','e','l','l','o',' ','欢','迎','进','入','!'};
11         s="今天是星期";
12     }
13     public void paint(Graphics g) {
14         g.setFont(new Font("DialogInput",Font.BOLD,20));//设置字体
15         g.drawBytes(b,0,b.length,50,30);//画字节数组
16         g.drawChars(ch,6,2,50,60);//画字符数组
17         g.drawString(s+(new Date()).getDay(),50,90);//画出当前星期
18     }
19 }
```

【运行结果】

程序运行结果如图 11-10 所示。

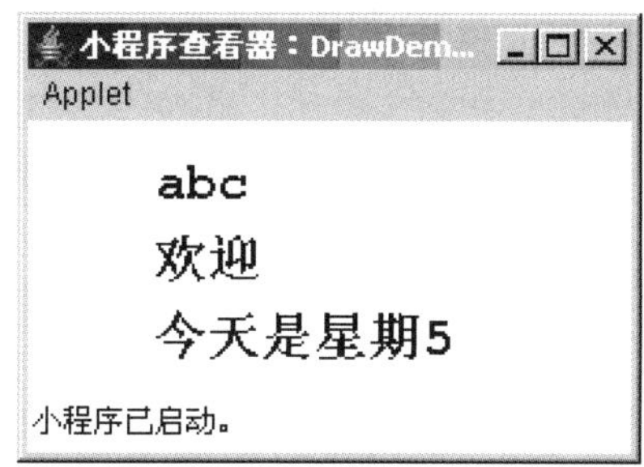

图 11-10　例 11-6 运行结果

【代码说明】

(1)代码第 9 行，初始化了字节数组 b，字符'c'也是泛整型数据，因此可以赋值给字节数组。

(2)代码第 10 行，初始化了字符数组 ch，Java 中支持中文作为字符使用。

(3)代码第 15 行，drawBytes(b,0,b.length,50,30)画字节数组 b，起始位置索引为 0，绘制长度为数组 b 的长度 3，绘制位置在 50 列、30 行。

(4)代码第 16 行，drawChars(ch,6,2,50,60)画字符数组 ch，起始位置索引为 6(第七个字符)，绘制长度为两个字符，绘制位置在 50 列、60 行。

(5)代码第 17 行，drawString(s+(new Date()).getDay(),50,90)画字符串，new Date()是日期类的实例，包含了当前日期的信息，getDay()可以获得当前日期实例的星期表示(注意，这里 new Date()语法使用了匿名类)。字符串 s 与其他类型的变量用"+"号连接时，会生成新的字符串。

11.2.3 绘制图形

与绘制图形有关的典型方法，按照绘制方法分类大致可分为三类：

1. 绘制有区域的基本图形（如矩形、椭圆、弧等）

drawRect(int x,int y,int width,int height);//画矩形

drawOval(int x,int y,int width,int height);//画椭圆

drawArc(int x,int y,int width,int height,int startAngle,int arcAngle);//画弧

这类方法的绘制特点是：先确定一个起点(x,y)，再以这个起点为左上角画一个 width 宽度、height 高度的矩形区域，在这个矩形的基础上绘制其他图形，如椭圆。

例 11-7 绘制矩形、椭圆和弧。

行号	DrawDemo2.java 程序代码

```
1   import java.awt.*;
2   import java.applet.*;
3   public class DrawDemo2 extends Applet {
4       public void paint(Graphics g) {
5           g.drawRect(20,20,200,100);//画矩形
6           g.setColor(Color.blue);
7           g.drawOval(20,20,200,100);//画椭圆
8           g.setColor(Color.pink);
9           g.drawArc(20,20,200,100,0,90);//画弧
10          g.fillArc(20,20,200,100,0,90);//画填充弧
11      }
12  }
```

【运行结果】

程序运行结果 11-11 所示。

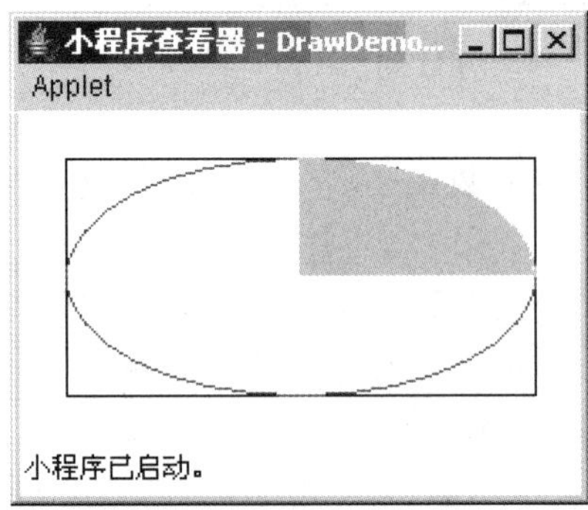

图 11-11 例 11-7 运行结果

【代码说明】

(1)代码第 5 行，绘制了矩形，矩形的左上角在(20,20)位置，宽度为 200 像素，高度为 100 像素。

(2)代码第 7 行，绘制了椭圆，它的参数和矩形的参数完全相同，说明椭圆的参数指定的是

它的外接矩形，当椭圆的宽度和高度一样时就是正圆。

(3)代码第 9 行，绘制了弧，它的前四个参数与矩形的参数完全相同，而弧线是椭圆的一部分，弧线起始角度为 0，终止角度为 90，所以是四分之一椭圆。

2. 绘制多线条图形(如多边形，多义线)

drawPolygon(int[] xPoints, int[] yPoints, int nPoints);//画多边形

drawPolyline(int[] xPoints, int[] yPoints, int nPoints);//画多义线

这类方法的绘制特点是：先确定线条的各个顶点的坐标，将这些坐标点存入两个数组 xPoints 和 yPoints，同时还要确定组成图形的线段或顶点的个数 nPoints。

例 11-8　绘制多边形、多义线。

行号	DrawDemo3.java 程序代码

```
1   import java.awt.*;
2   import java.applet.*;
3   public class DrawDemo3 extends Applet {
4       int px1[]={170,210,210,170,130,130,170};
5       int py1[]={5,20,50,65,50,20,5};
6       int px2[]={20,40,60,80,85,110,115};
7       int py2[]={20,15,20,30,50,50,30};
8       public void paint(Graphics g) {
9           g.drawPolygon(px1,py1,6);//画多边形
10          g.drawPolyline(px2,py2,7);//画多义线
11      }
12  }
```

【运行结果】

程序运行结果如图 11-12 所示。

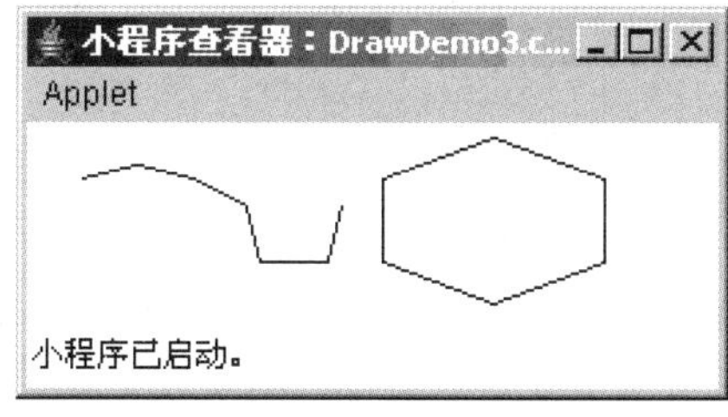

图 11-12　例 11-8 运行结果

【代码说明】

(1)代码 4～7 行，定义了四个数组，用来确定多边形和多义线参数。

(2)代码第 9 行，画多边形时，第三个参数 6 指定了组成多边形的线段的个数。

(3)代码第 10 行，画多义线时，第三个参数 7 指定的是组成多义线顶点的个数。

3. 绘制图像

boolean drawImage(Image img, int x, int y, ImageObserver observer);//画图像

这类方法的绘制特点是：图像由 Image 类的实例确定，图像的位置在(x,y)处，同时还要确定“图像观察器”(ImageObserver)，它是接收有关 Image 加载信息的接口。

J2SE 5.0 版本之前，Java 可以处理的图像格式基本上分为以下三类：

➢ 联合图像专家组(Joint Photographic Experts Group)格式，即 JPG/JPEG 格式。

➢ 图形交错格式(Graphics Interchange Format)，即 GIF 格式。

➢ 可移植的网络图像(Portable Network Graphics)格式，即 PNG 格式。

J2SE 5.0 后的版本支持微软的 BMP(Bitmap)格式图像。

(1)创建 Image

在 Applet 中创建图像文件 Image 类的实例 img 可以使用 getImage()方法，其中 URL 是“统一资源定位器”，用来代表网络服务器或本地资源的地址。

➢ Image getImage(URL url)；//url 为图像的绝对地址(含图像文件名)

如：getImage("http://www.163.com/news/image/info.jpg")；

或 getImage(new URL("File://localhost/c:/LoadImage/classes/bear.gif"))；

➢ Image getImage(URL url,String filename)；//url 为图像的基地址

如：getImage("http://www.163.com/news","/image/info.gif")；

为了快速获得图像文件所在目录的基地址，可以使用 getDocumentBase()方法获得 HTML 文件所在的目录，使用 getCodeBase()方法获得字节码文件所在的目录。

看一看：

在 Application 中创建图像文件则需要 Toolkit 类提供的 getImage()方法，例如：

Image img=Toolkit.getDefaultToolkit().getImage("mypic.gif")；

(2)图像观察器 ImageObserver

在图像加载过程中，像素等元素有一个逐步添加的过程，ImageObserver 接口用来判断图像加载是否完成，并把这个信息传递给其他对象。Component 类已经实现了这个接口，因此所有组件的实例都可以作为图像观察器使用。

例 11-9 加载图像(图像文件在类文件所在的目录)。

行号	LoadImage.java 程序代码

```
import java.awt.*;
import java.applet.*;
import java.net.*;
public class LoadImage extends Applet {
    Image img;
    public void init() {
        try{img=getImage(new URL(getCodeBase(),"bear.gif"));
        }
        catch(Exception e){}
    }
    public void paint(Graphics g) {
        g.setFont(new Font("黑体",Font.PLAIN,20));
        g.drawString("休息，休息一会儿!", 20, 30 );
        g.drawImage(img,20,30,this);
    }
}
```

【运行结果】

程序运行结果如图 11-13 所示。

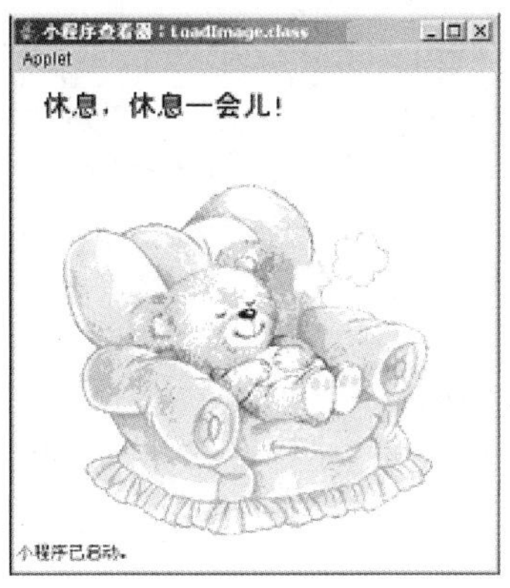

图 11-13　例 11-9 运行结果

【代码说明】

(1)代码第 7 行,因为使用 URL 类确定图像文件的位置,所以在代码第 3 行导入了 java.net 包。

(2)因为图片的存放位置在字节码文件所在的目录,所以代码第 7 行使用 getCodeBase()方法获取字节码文件所在的目录。

(3)代码第 7 行,使用 URL 类时,需要使用 try-catch 进行异常处理。

(4)代码第 14 行,使用 drawImage(img,20,30,this)方法绘制图像,this 为图像观察器 ImageObserver,因为 this 是 LoadImage 这个 Applet 类的实例,Applet 类也是 Component 类的子类,所以有资格做图像观察器。

更强大的图形绘制功能包 Java 2D

在 java. awt、java. awt. image、java. awt. geom 等包中提供了一部分对图像的处理方法,如:图像的旋转、平移、比例缩放、剪切、颜色调节等。Java 2 平台增强了原图形包的功能,并增加了一些新的图形处理包,这些类提供了更强大的图形处理功能,还具备超级字体处理和文本处理能力。这些类库在新版本的 JDK 里仍不断得到增强。

在 JDK 安装目录的 demo\jfc\Java2D 演示示例中,我们可以看到 Java 2D 的强大处理功能。

11.2.4　动画生成原理(调用顺序)

在 Applet 中绘制动画

动画技术的基本制作原理是让程序每隔一段时间循环显示一幅图像,当图像连续播放时,就会产生动感。动画中的一幅图像称为一"帧"(Frame)。当每秒播放的帧数(fps: Frame Per Second)达到 25 帧以上就能产生比较流畅的动画。

在 11.1.4 节 Applet 的生命周期中曾经提到 paint()方法,主要用来绘制当前帧,要循环显示其他帧需要 repaint()方法和 update(Graphics g)方法的支持。repaint()方法用以请求重画组件,它会自动调用 update()方法;update()方法可以更新当前页面,清除 paint()方法以前所画的内容,然后再调用 paint()方法。因此,只要在 paint()方法中调用 repaint()方法,就可以产生循环调用。它们的调用顺序如图 11-14 所示。

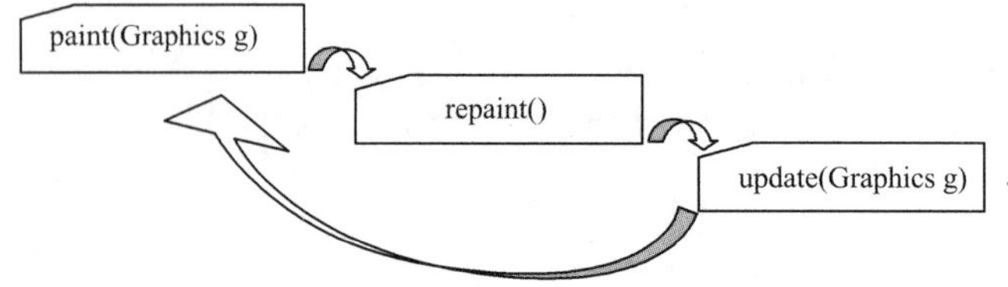

图 11-14 动画生成原理

除此之外，我们还需要了解一下 clearRect()方法的作用：

clearRect(int x,int y,int width,int height)；

用背景色填充指定矩形以达到清除该矩形的效果，也就是说当一个 Graphics 对象使用该方法时，相当于在使用一个“橡皮擦”。参数 x,y 是被清除矩形的左上角的坐标；另外两个参数是被清除矩形的宽和高。

例 11-10 clearRect()方法示例。

ClearRect.java 程序代码

```
import java.awt.*;
import java.applet.*;
public class ClearRect extends Applet {
    public void init() {
        setBackground(Color.yellow); //设置黄色背景色
    }
    public void paint(Graphics g) {
        g.setColor(Color.red); //设置红色前景色
        g.fillOval(20,20,100,100); //画填充椭圆
        g.clearRect(40,40,30,40);  //清除矩形区域
    }
}
```

【运行结果】

程序运行结果如图 11-15 所示。

图 11-15 例 11-10 运行结果

在小程序中调用 repaint()方法时，程序首先调用 update()方法清除 paint()方法以前所画的所有内容，然后再调用 paint()方法。

例如：update()方法的原型为：

```
public void update(Graphics g)
{
    g.clearRect(0,0,this.getSize().width,this.getSize().Height); //清除当前 Applet 所有区域
    paint(g); //请求重画当前帧
}
```

但有时从执行效率考虑，我们不想让程序清除 paint()方法以前所画的所有内容。因此可以在小程序中重写这个 update()方法，根据需要来清除或保留部分内容。

例 11-11　显示一个会动的矩形。

行号　　**SimpleMovie.java 程序代码**

```
1   import java.awt.*;
2   import java.applet.*;
3   public class SimpleMovie extends Applet
4   {
5       int i=1;
6       public void init(){
7           setBackground(Color.yellow);
8       }
9       public void paint(Graphics g){
10          i=i+10;//设置矩形每次移动的距离
11          if(i>150 )//矩形水平位置不超过 150 像素点
12              i=1;
13          g.setColor(Color.red);//设置前景色
14          g.fillRect(i,10,20,20);//以 i 变量值为 x 坐标画矩形
15          g.drawString("这里的文字不会被删除!",50,80);
16          try{
17              Thread.sleep(500);//当前线程休眠 0.5 秒
18          }
19          catch(InterruptedException e){}
20          repaint();//请求重画
21      }
22      public void update(Graphics g) {//重写从 Applet 继承的更新方法
23          g.clearRect(1,10,200,50);//清除指定区域,不覆盖文字区
24          paint(g);//重新调用绘图方法,形成循环
25      }
26  }
```

【运行结果】

程序运行结果如图 11-16 所示。

【代码说明】

(1)代码第 5 行，初始化变量 i 作为矩形水平 x 坐标；代码第 10 行，设置矩形每次水平移

图 11-16　例 11-11 运行结果

动的距离；代码第 11 行，如果 i 大于 150，就返回左端重新显示；代码第 14 行，画矩形。

(2)代码第 16～19 行，Thread 类调用静态方法 sleep()，使当前线程休眠 0.5 秒；使用线程时需要异常处理(线程的内容请参考第 13 章)。

(3)代码第 20 行，repaint()方法请求重画，会自动调用 update(Graphics g)方法，在 update(Graphics g)方法中先清空指定区域(不含下面的文字部分)，再重新调用 paint(g)方法形成调用循环，当显示下一帧时，i 变量的值会变化，矩形的位置就会发生变化。

如果要显示动漫动画，可以预先处理好一组图片存入数组，在 paint()方法中显示，循环播出即可。也可以将这组图片制作成一个动态 GIF 文件，减少加载图片的步骤，提高运行效率。

上例的动画有一个问题没有解决：无法自如地控制动画的运行，比如暂停后再运行。而且动画运行时，这个程序中就无法再运行其他动作。为了解决这些动画的控制问题，必须使用多线程，使用多线程的方法可以参考第 13 章。

11.3　在 Application 中绘图

在本小节前面，介绍了如何在 Applet 下绘图，因为 Applet 继承自 Panel 类，自身有 paint (Graphics)方法，因此，实现绘图功能极其简单。那么在 Java Application(应用程序)中又如何绘图呢？其实，在 Application 中绘图也很简单，原理与 Applet 基本一致，参考示例 11-4，代码第 14 行，使用了 f.add(applet)方法将 applet 加入窗体中。在 Application 中我们也采取这种方案，先看一个绘图示例，代码如例 11-12 所示。

例 11-12　在 Application 中绘图。

行号	AppDraw.java 程序代码

```
import java.awt.Color;
import java.awt.Graphics;
import javax.swing.JFrame;
import javax.swing.JPanel;
public class AppDraw extends JFrame {
    public AppDraw() {
        this.setTitle("在 Java 应用程序中绘图");// 设置窗体的标题
        MyPanel panel = new MyPanel();//定义绘图用的面板类对象
        this.add(panel);//将面板加入窗体中
```

```
10            this.setSize(400, 200);// 设置窗体的大小
11            this.setLocation(100, 100);// 设置窗体的初始位置
12            this.setDefaultCloseOperation(JFrame.EXIT_ON_CLOSE);//设置窗体关闭模式
13            this.setVisible(true);//设置窗体可见
14        }
15        private class MyPanel extends JPanel {//自定义面板类,用作画布
16            @Override
17            public void paint(Graphics g) {//重写 JPanel 的 paint()方法    super.paint(g);//调用超类的 paint()方法完成初始化
18                g.setColor(Color.RED);
19                g.drawRect(20, 20, 100, 50);
20            }
21        }
22        public static void main(String[] args) {
23            new AppDraw();//调用构造方法创建窗口实例
24        }
25    }
```

【运行结果】

例 11-12 运行结果如图 11-17 所示。

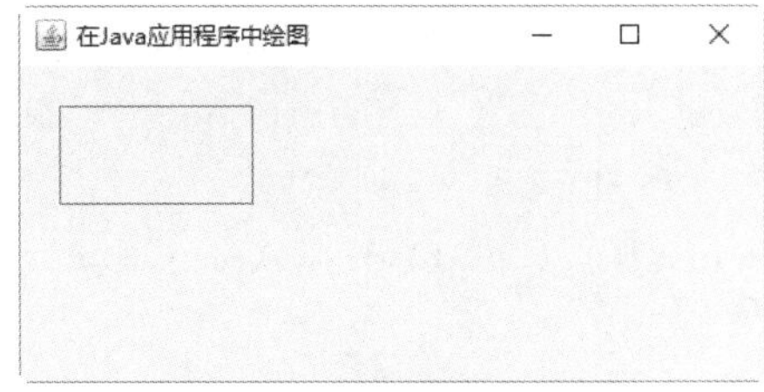

图 11-17　例 11-12 运行结果

【代码说明】

(1)代码第 15 行,自定义了一个 JPanel 面板,并重写了 paint()方法,在界面刷新时实现了绘图功能;注意代码第 8～9 行,将该面板加入 JFrame 窗体中,这类似于例 11-4 的代码实现。

(2)同样的,也可以定义一个 Canvas(画布)类的实例,并将其加入 JFrame 中,也可以实现绘图功能。这是因为 Canvas 和 Panel 都继承自 Component 类,也都继承了 Component 的 paint(Graphics g)方法,由于使用同一个 Graphic 类,所以那些绘图方法都一致。只是 Canvas 更适合画全屏的、没有控件的绘图效果,像移动设备上绘图就主要用 Canvas;而 Panel 更适合嵌入其他控件中使用。读者可以将代码第 15 行的 JPanel 类换成 Canvas 类,自行测试。

本章小结

本章介绍了 Applet 的使用时机和运行原理,以及在 Applet 中绘图、绘制动画。

本章的主要知识点如下:

- Applet 是嵌入在 Web 页面中的应用程序,运行在浏览器中,由浏览器解释运行。
- Applet 生命周期中有五个基本方法:init()、start()、paint()、stop()、destroy()。
- 从 HTML 页面向 Applet 传递参数是控制 Applet 运行状态的重要方式。

➢ 在 Applet 中绘图。

➢ 制作动画的时候,可以通过循环调用 repaint()、update()、paint()方法来产生。

需要注意的是,本章产生的动画是在一个主线程内部完成的,这样就无法控制它运行中的状态,这个问题在"多线程"一章中会得到解决。

探究式任务

1. 了解 Swing 组件的 paint()方法与 paintComponent()方法的区别。
2. Swing 组件绘图时是否具备双缓冲?

习 题

一、选择题

1. 在 Applet 生命周期中,(　　)方法用以绘制当前帧。

A. update()　　B. start()　　C. paint()　　D. repaint()

2. 从 HTML 页面向 Applet 传递参数时,在 HTML 代码中用(　　)设置参数值。

A. <APPLET>标记中的 codebase 属性

B. <APPLET>标记中的 code 属性

C. <APPLET>标记的<param>子标记的 name 属性

D. <APPLET>标记的<param>子标记的 value 属性

3. Applet 绘图时,可以更新当前页面的方法是(　　)。

A. repaint()　　B. update()　　C. paint()　　D. start()

4. Applet 中可以绘制圆的方法有(　　)。

A. drawRect()　　B. drawOval()　　C. drawArc()　　D. drawPolygon()

二、编程题

修改并完善下面的 Applet 程序。

```
import java.awt.*;
import java.applet.*;
public class MyApplet extends JApplet{
    JTextField t=new JTextField();
    public void init(){
        add(t);
    }
}
```

三、课程思政题

课程思政:

编程解决:使用 Java 绘图功能绘制图形

思政目标:了解四个自信

设计一个 UI 界面,如图 11-18 所示。

与知识点结合:Java 绘图。

图 11-18　绘制一个图形

第12章 I/O技术与文件管理

知识目标

在本章，我们将要：

- 使用流完成从键盘接收字符并在屏幕上输出的操作
- 使用 File 类创建文件夹和文件
- 从指定文件中读取数据，并存入另一个文件中
- 使用数据流将对象成员属性信息存入文件，并读出显示
- 将上述对象写入文件中，再反序列化读出

技能目标

在本章，我们可以：

- 了解流在编程中的地位和使用意义
- 学习流类的分类层次与功能
- 掌握如何根据实际需求选择流类
- 学习流对文件管理的支持

素质目标

- 培养自学方法与习惯，具备主动探究能力；培养良好的团队合作意识；具备编写代码规范性等项目开发的相关职业素养。了解挑战精神、培养爱国情怀、大局意识，提高综合职业素养。

12.1 流功能概述

12.1.1 什么是流

正确应用流类

程序设计中经常需要处理输入、输出操作，比如从文件中或键盘上读入数据，或将指定信息输出到屏幕、文件和打印机，或在网络上涉及图片等各种特殊数据类型的转换和传输等。我们知道，计算机中的数据都是以 0 与 1 的方式来存储的，两个设备之间进行数据的存取当然也是以 0 与 1(位数据 bit)的方式来进行的，Java 将目的地和来源地之间的数据 I/O 流动抽象化为一个流(Stream)的概念。

在 Java 中，“流”是用来连接数据传输的起点与终点、与具体设备无关的一种中间介质，是数据传输的抽象描述。为了帮助读者理解“流”的作用，下面请看一个流的比喻，如图 12-1 所示。

“流”就是中间的管道，负责将水(数据)从一端引到另外一端，图 12-1 演示的是水从蓄水池中流向水龙头，实际上如有必要，管道也可以将河流中的水引入蓄水池，也就是说，任何方向

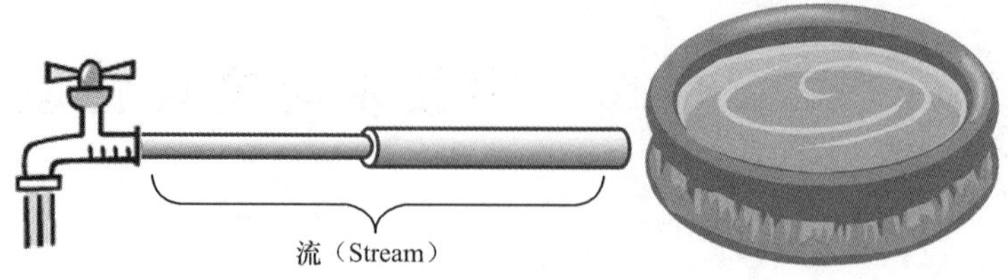

图 12-1 “流”的作用

的水(“数据”)都可以经由管道(“流”)流向目的地,管道(“流”)只是接驳和导引水流的一种设备,与水流两端的设备无关(不必理会管道两端连接的到底是水龙头、蓄水池还是河流)。独立的“流”功能有利于进一步扩展。

从图 12-1 中我们可以看到“流”的基本特点如下:

(1)虽然“流”与具体设备无关,但水流的方向(数据的输入与输出)却是与设备有一定关联的。计算机收发数据的外设大致分为两类:输入设备与输出设备。数据从输入设备输入程序区称之为数据“输入”(Input),数据从程序区输出到输出设备称之为数据“输出”(Output),如图 12-2 所示。

对于编程而言,涉及的操作区域主要是程序和外设。

①程序驻留内存,会在内存中开辟存放数据和操作数据的区域,简称其为“程序区”。

②计算机外设通常包含输入设备与输出设备。

③典型的输入设备:键盘、鼠标、扫描仪、数码相机和摄像头等。

④典型的输出设备:显示器、文件、打印机和音箱等。

其中,标准输入设备为键盘,标准输出设备为显示器。如果没有特别指明要处理的设备,则默认为标准(输入/输出)设备。

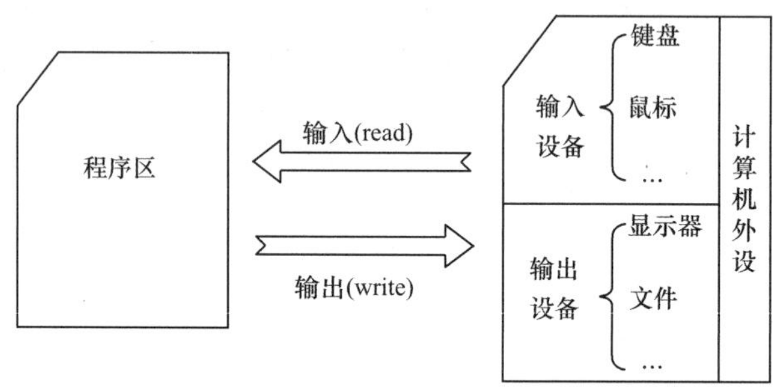

图 12-2 输入与输出(I/O)

图 12-2 中,输入数据的功能由“输入流”来实现,如从键盘接收两个数字,在程序区中求和;输出数据的功能由“输出流”来实现,如将程序处理的结果显示在显示器上或存储在文件中。当然,这里的“输入”与“输出”都是基于程序区的位置为出发点的,我们把从外设将数据“输入”到程序区的过程称为“读”(read),而把将程序中的数据“输出”到外设的过程称为“写”(write)。

(2)“流”作为数据传输的管道,可以互相套接。这样做是为了改善处理数据的效率。形象的理解就是:细的管道水流不畅,接上一个粗管道可以加快水的流量。比如,在处理流的过程中,频繁的读写操作会降低程序的运行效率,在现有流的基础上加入“缓冲流”就可以“成批”地处理数据,从而改善程序的效率和功能。

12.1.2 流的分类

Java 的流类大部分都是由 InputStream、OutputStream、Reader 和 Writer 这四个抽象类派生出来的，另外还有两个重要的接口 DataInput 和 DataOutput 需要特别注意。请参考本书附录 D 的四幅图表，分别展示了 InputStream、OutputStream、Reader 和 Writer 这四个抽象超类的派生图。

“流”的分类大致可以从三个角度考虑：

(1)按流所操作的数据流向

可以分为：输入流(都是 InputStream 类或 Reader 类的子类)和输出流(都是 OutputStream 类或 Writer 类的子类)。

(2)按流所操作的数据类型

可以分为：字节流(Binary Stream)和字符流(Character Stream)。

字节流类都是 InputStream 类和 OutputStream 类的子类，字节流类所操作的数据都是以一个字节(8 位)的形式传输；字符流类都是 Reader 类和 Writer 类的子类，字节流类所操作的数据都是以两个字节(16 位)的形式传输，因为 Java 的跨平台特性和使用 16 位的 Unicode 字符集，使得字符流类在处理网络程序中的字符时比字节流类更有优势。

(3)按流在处理过程中能实现的功能

可以分为：节点流(Node Stream)和处理流(Process Stream)。

节点流是直接提供输入/输出功能的流类，与输入/输出设备直接相连，从节点流可以知道被操作数据的来源和流向；而处理流主要用于对节点流或其他处理流进一步进行处理(如缓冲和组装对象等)，以增强节点流的功能。表 12-1 和表 12-2 分别列举了部分节点流和处理流。

表 12-1 常用节点流

相关节点类型	类名称	类 型	作用说明
文件(File)	FileReader 和 FileWriter	字符流	以字符为单位对文件进行读写
	FileInputStream 和 FileOutputStream	字节流	以字节为单位对文件进行读写
内存数组(Memory Array)	CharArrayReader 和 CharArrayWriter	字符流	以字符为单位对内存(字符数组)进行读写
	ByteArrayInputStream 和 ByteArrayOutputStream	字节流	以字节为单位对内存(字节数组)进行读写
内存字符串(Memory String)	StringReader 和 StringWriter	字符流	用于对内存字符串进行读写
管道(Pipe)	PipedReader 和 PipedWriter	字符流	管道输入/输出流
	PipedInputStream 和 PipedOutputStream	字节流	管道输入/输出流

表 12-2 常用处理流

类名称	类 型	作用说明
BufferedReader 和 BufferedWriter	字符流	读写缓冲(Buffering)区数据
BufferedInputStream 和 BufferedOutputStream	字节流	
FilterReader 和 FilterWriter	字符流	过滤(Filter)输入/输出流
FilterInputStream 和 FilterOutputStream	字节流	

（续表）

类名称	类　型	作用说明
ObjectInputStream 和 ObjectOutputStream	字节流	对象序列化（Serialization）
InputStreamReader 和 OutputStreamWriter	字符流	转换（Converting）流，将字节转换成字符
DataInputStream 和 DataOutputStream	字节流	用于基本数据类型的读写和转化（Coversion）
LineNumberReader	字符流	对文本流加行号（Counting）处理
LineNumberInputStream	字节流	
PushbackReader	字符流	可回退（Peeking Ahead）流
PushBackInputStream	字节流	
PrintWriter	字符流	打印（Printing）流
PrintStream	字节流	

在实际应用中，如何得知某个流类是“节点流”还是“处理流”呢？因为“处理流”都是以其他流类为基础来扩展功能的，所以“处理流”的构造方法总是要带一个其他流对象作为参数。如：

```
BufferedReader in=new BufferedReader(new FileReader(file));
```

12.1.3 java.io 包

在 java.io 包中，包含了处理 I/O 的流类及其他部分流类运行过程中可能产生的异常处理类和文件类，因此在编写程序时，需先导入 java.io 包，如：

```
import java.io.*;
```

请读者参考本书第 8 章例 8-1，试一试使用 try-catch 结构处理流类的必要性。

12.1.4 输入/输出流中的基本方法

在这四个抽象类中，输入流超类 InputStream 和 Reader 定义了几乎完全相同的接口，而输出流超类 OutputStream 和 Writer 也是如此，见表 12-3～表 12-6，输入流都具有 read()和 skip()方法，而输出流都具有 write()和 flush()方法，且所有的流类都有 close()方法。

表 12-3　　InputStream 类的基本方法

方法	说明
int available()	判断是否可以从此输入流读取数据，若可以，则返回此次读取的字节数
int read()	从输入流中读取单个字节到程序内存区，返回 0～255 范围内的 int 型字节值。如果已到达流末尾且没有可用的字节，则返回－1
int read(byte buf[])	从输入流中读取一定数量的字节并将其存储在缓冲区数组 buf 中，以 int 型值返回实际读取的字节数
int read(byte buf[], int offset, int length)	从输入流中读取一定数量的字节并将其存储在缓冲区数组 buf 中，读取的字节数放入数组 buf 中，以 offset 偏移位置开始，共 length 个字节长度
void reset()	将流重新定位到初始位置
long skip(long n)	跳过和放弃此输入流中的 n 个字节
void close()	关闭此输入流并释放与该流关联的所有系统资源

表 12-4　　Reader 类的基本方法

int read()	读取单个字符到内存，作为整数读取的字符，范围在 0～65535
int read(char cbuf[])	将字符读入数组并将其存储在缓冲区数组 cbuf 中
int read(char cbuf[], int offset, int length)	读字符放入数组的指定位置
void reset()	将流重新定位到初始位置
long skip(long n)	跳过和放弃此输入流中的 n 个字符
void close()	关闭此输入流并释放与该流关联的所有系统资源

表 12-5　　OutputStream 类的基本方法

int write(int b)	将整型数 b 的低 8 位作为单个字节写入输出流
int write(byte buf[])	将字节数组写入输出流
int write(byte buf[], int offset, int length)	将字节数组的一部分写入输出流
void flush()	刷新此输出流，并强制将所有缓冲区的字节写入外设
void close()	关闭此输出流并释放与此流有关的所有系统资源

表 12-6　　Writer 类的基本方法

int write(int c)	将整型数 c 的低 16 位作为单个字符写入输出流
int write(char cbuf[])	将字符数组写入输出流
int write(char cbuf[], int offset, int length)	将字符数组的一部分写入输出流
void flush()	刷新此输出流，并强制将所有缓冲区的字符写入外设
void close()	关闭此输出流并释放与此流有关的所有系统资源

从上表对比可以看出，输入流类与输出流类的基本接口大致相同，有所区别的是它们的 read()和 write()方法的参数类型。请参考下面的简单输入、输出示例。

例 12-1　简单输入、输出示例：从键盘接收字符，在屏幕上输出。

行号　　**TestSimpleIO. java 程序代码**

```
import java. io. *;
public class TestSimpleIO{
public static void main(String[] args) throws IOException{
        int b,count=0;
        while((b=System. in. read())! ='x'){ //从键盘接收字符，逐个赋值给变量 b,
                                                直到输入字符'x'结束
            count++;
            System. out. print((char)b);        //向显示器输出字符内容
        }
        System. out. println("共计输入了"+count+"个字符");
    }
}
```

【运行结果】

程序运行后，在控制台窗口中输入字符串"hellox"，输出结果如图 12-3 所示。

图 12-3 例 12-1 运行结果

【代码说明】

(1)程序中涉及输入流语法,需要进行异常处理,代码第 3 行,在主方法中声明抛出异常。

(2)代码第 5 行的 System. in 代表标准输入设备键盘;第 9 行的 System. out 代表标准输出设备显示器。

12.2 文件类

12.2.1 构建文件与目录

File 类是一个抽象类,位于 java. io 包中。File 类提供了一些方法来操作文件和目录,以及获取它们的信息(在 Java 中,把目录也作为一种特殊的文件来使用),例如创建和删除文件和目录、重命名、浏览、获取读写属性和长度信息等。

File 类构造方法如下:

(1)File(String pathname):根据 pathname 路径名字符串转换成的抽象路径名来创建一个新 File 实例。

(2)File(String pathname,String child):根据 pathname 路径名字符串和 child 路径名字符串创建一个新 File 实例。

(3)File(File parent,String child):根据 parent 抽象路径名和 child 路径名字符串创建一个新 File 实例。

(4)File(URI uri):根据 URI 转换成的抽象路径名来创建一个新的 File 实例。

例如例 12-1,可以用如下语法创建文件夹 C:/myproject/document 和创建文件。

例 12-2 创建文件夹和文件。

行号 FileTest. java 程序代码

```
import java.io.*;
public class FileTest{
    public static void main(String[] args){
        File dir1=new File("C://myproject/document");
        File dir2=new File("C:/myproject","document");
        File path=new File("C:\\myproject");
        File dir3=new File(path,"document");
        dir1.mkdirs();
        dir2.mkdirs();
        path.mkdirs();
        dir3.mkdirs();
```

```
12            File file1=new File("C://myproject/document/readme1.txt");
13            File file2=new File("C:/myproject/document","readme2.txt");
14            File file3=new File(path,"readme3.txt");
15            try{
16                file1.createNewFile();
17                file2.createNewFile();
18                file3.createNewFile();
19                System.out.println("文件和目录创建完毕!");
20            }catch(IOException e){e.printStackTrace();}
21        }
22    }
```

【运行结果】

程序运行后，文件夹结构如图 12-3 所示，在 C:\myproject 目录中创建了文件夹 document 和文件 readme3.txt，在 C:\myproject\document 目录中创建了文件 readme1.txt 和 readme2.txt。

图 12-3　例 12-2 运行结果

【代码说明】

(1)此示例语法比较简单，需注意的是，File 类既可以创建目录(见代码第 4～7 行)，也可以创建文件(见代码第 16～18 行)。

(2)代码第 4～6 行连续使用了多种路径分隔符"//""/""\\"，它们的区别是："//"和"/"方向的斜杠号来源于 UNIX 系统的书写习惯，其作用是相同的；"\\"方向的斜杠号是 Windows 系统下的路径符，在 Windows 系统下单斜杠号"\"可作为转义字符使用，这样两个斜杠"\\"将转换为路径分隔符"\"。

URI 与 URL 的区别

URI 是通用资源标识符(Universal Resource Identifier)，一般由三部分组成：访问资源的命名机制、存放资源的主机名和资源自身的名称(由路径表示)。

例如：http://www.lnmec.net.cn/index.htm。

再如：<A href="mailto:cy_java@126.com">Relate to me</A>中的"mailto:…"部分，以及其他的多种形式。

而 URL 是统一资源定位符(Uniform Resource Locator)，主要用在各种 WWW 程序上，

以一种统一的格式来描述各种信息资源，如文件、服务器的地址和目录等。URL 一般由两部分组成：协议名和资源名，中间以冒号隔开。例如前面的“http://…”形式。

因此，笼统地说，每个 URL 都是 URI，但不一定每个 URI 都是 URL。

12.2.2 File 类的常用方法

File 类的常用方法有：获取或转换文件和目录名以及文件属性信息的获取或修改等。

1. 文件或目录操作常用方法(见表 12-7)

表 12-7 文件或目录操作常用方法

方法名	方法功能
boolean canRead()	测试应用程序是否可以读取此抽象路径名表示的文件
boolean canWrite()	测试应用程序是否可以修改此抽象路径名表示的文件
boolean createNewFile()	当且仅当不存在具有此抽象路径名指定名称的文件时，创建由此抽象路径名指定的一个新的空文件
boolean delete()	删除此抽象路径名表示的文件或目录
boolean exists()	测试此抽象路径名表示的文件或目录是否存在
File getAbsoluteFile()	返回抽象路径名的绝对路径名形式
String getAbsolutePath()	返回抽象路径名的绝对路径名字符串
String getName()	返回由此抽象路径名表示的文件或目录的名称
String getParent()	返回此抽象路径名的父路径名的路径名字符串，如果此路径名没有指定父目录，则返回 null
String getPath()	将此抽象路径名转换为一个路径名字符串
boolean isDirectory()	测试此抽象路径名表示的文件是不是一个目录
boolean isFile()	测试此抽象路径名表示的文件是不是一个标准文件
long lastModified()	返回此抽象路径名表示的文件最后一次被修改的时间
long length()	返回由此抽象路径名表示的文件的长度

2. 目录操作专用方法(见表 12-8)

表 12-8 目录操作专用方法

方法名	方法功能
boolean mkdir()	创建此抽象路径名指定的目录
boolean mkdirs()	创建此抽象路径名指定的目录，包括创建必需但不存在的父目录
boolean setReadOnly()	标记此抽象路径名指定的文件或目录，以便只可对其进行读操作
String[] list()	返回由此抽象路径名所表示的目录中的文件和目录的名称所组成的字符串数组
File[] listFiles()	返回由包含在目录中的文件和目录的名称所组成的字符串数组，这一目录是通过满足指定过滤器的抽象路径名来表示的

12.2.3　获取文件信息示例

例 12-3　从键盘上输入要查询的文件名，获取此文件信息。

行号	FileInfo.java 程序代码

```
1   import java.io.*;
2   public class FileInfo{
3       static File file=null;
4       public static void showFileInfo(File f){
5           System.out.println("文件名为:"+f.getName());
6           System.out.println("该文件的绝对路径为:"+f.getAbsolutePath());
7           System.out.println("该文件的父目录路径为:"+f.getParent());
8           System.out.println("文件长度为:"+f.length());
9           if(f.canWrite()){ //判断该文件是否可写
10              System.out.println("该文件可以写入!");
11          }else{
12              System.out.println("该文件不可写入!");
13          }
14      }
15      public static void main(String[] args){
16          try{
17              System.out.println("请输入完整的文件名(含路径名):");
18              BufferedReader br=new BufferedReader(new
19                      InputStreamReader(System.in)); //从键盘接收文件名
20              String filePath=br.readLine();
21              file=new File(filePath);                //构建文件类实例
22              if(file.isFile()){                      //判断是否为文件
23                  showFileInfo(file);
24              }else{
25                  System.out.println("输入的文件名有误!");
26              }
27          }catch(IOException ex){}
28      }
29  }
```

【运行结果】

在前例的 C:\myproject\document\readme1.txt 文件中随意输入内容，运行程序后，在控制台提示下输入此文件名及路径，得到信息如图 12-4 所示。

【代码说明】

(1)在静态方法中只能调用静态内容，如代码第 3、4 行，方法 showFileInfo()与属性 file 都设为 static。

(2)程序中涉及输入流语法时需要进行异常处理，见代码第 16 行 try-catch 语句块。

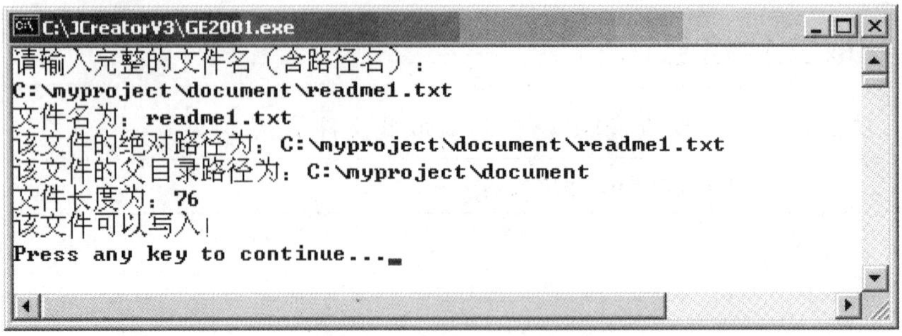

```
C:\JCreatorV3\GE2001.exe
请输入完整的文件名（含路径名）：
C:\myproject\document\readme1.txt
文件名为：readme1.txt
该文件的绝对路径为：C:\myproject\document\readme1.txt
该文件的父目录路径为：C:\myproject\document
文件长度为：76
该文件可以写入!
Press any key to continue...
```

图 12-4　例 12-3 运行结果

12.3　FileInputStream 类和 FileOutputStream 类

FileInputStream 类和 FileOutputStream 类是处理文件的字节型节点流，用于指定文件型外设的来源与目的地位置。它们有从超类 InputStream 和 OutputStream 继承下来的 read() 和 write()方法。

例 12-4　从指定的文件 readme1. txt 中读取数据，并存入另一个文件 readme2. txt 中。

FileIOTest. java 程序代码

```
import java.io.*;
public class FileIOTest{
    public static void main(String[] args){
        FileInputStream fin=null;
        FileOutputStream fout=null;
        try{
            fin=new FileInputStream("C:\\myproject\\document\\readme1.txt");
            fout=new FileOutputStream("C:\\myproject\\document\\readme2.txt");
        }catch(FileNotFoundException e){e.printStackTrace();}
         byte b[]=new byte[260];          //此数组空间不要太小
         try{
            while(fin.read(b)! =-1){     //从输入流 fin 中读入字节到数组 b 中
                String str=new String(b);
                System.out.println("正在写入:"+str);
                fout.write(b);           //将数组 b 的内容写入输出流 fout 中
            }
            fin.close();
            fout.close();
         }catch(IOException e){e.printStackTrace();}
    }
}
```

【运行结果】

在 C:\myproject\document\readme1. txt 文件中随意输入字符内容，运行程序后，控制台提示内容已经写入后，打开 C:\myproject\document\readme2. txt 文件，可以看到写入的字符。

【代码说明】

(1)代码第 10 行中定义的数组 b 是程序中的缓冲空间，用于一次读写多个字节，效率要高于一次读入一个字节的 read()方法，因此数组 b 的值不应太小，但也不应过大，以免浪费过多的内存空间。

(2)对比本章例 12-3 和例 12-4 可以发现：所有输入流的 read()方法与输出流的 write()方法都只与输入、输出流的实例有关，而不与具体外设(如键盘、文件和显示器等)直接相连如图 12-5 所示。程序通过 read()方法把数据从流“管道”中读入内存，或通过 write()方法把数据写入流“管道”中，然后由节点流指定数据传输来源或目的地外设的类型和位置。

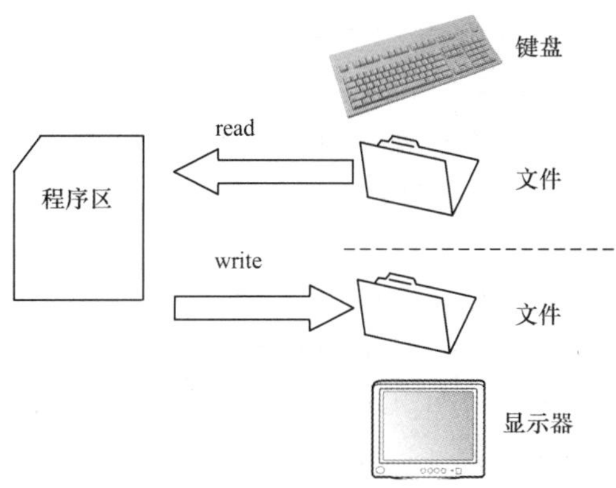

图 12-5 输入、输出流方法与实例有关

(3)注意程序中的异常处理。构造流时会产生 FileNotFoundException 异常，读取、写入或关闭流时会产生 IOException 异常。

12.4 FileReader 类和 FileWriter 类

通过前面的学习，我们已经知道 Java 流在处理上分为字符流和字节流。字符流处理的单元为 2 个字节的 Unicode 字符，分别操作字符、字符数组和字符串；而字节流处理单元为 1 个字节，操作字节和字节数组。从处理字符这一点来看，字符流比字节流更高效。

下面我们将改造前面的示例 12-4，将其中字节流 FileInputStream 和 FileOutputStream 改为字符流 FileReader 和 FileWriter，观察是否能达到相同的处理效果。

例 12-5 使用字符流从指定文件中读取数据，并存入另一个文件。

行号 FileIOTest. java 程序代码

```
import java.io.*;
public class FileIOTest{
    public static void main(String[] args){
        FileReader fr=null;
        FileWriter fw=null;
        try{
            fr=new FileReader("C:\\myproject\\document\\readme1.txt");
            fw=new FileWriter("C:\\myproject\\document\\readme2.txt");
            char c[]=new char[260];          //定义了字符型数组作为缓冲区
             while(fr.read(c)!=-1){          //从流 fr 中读入字符到数组 c 中
                String str=new String(c);
                System.out.println("正在写入:"+str);
                fw.write(c);                 //将数组 c 的内容写入输出流 fw 中
```

```
14                  }
15                  fr.close();
16                  fw.close();
17              }
18              catch(FileNotFoundException e){e.printStackTrace();}
19              catch(IOException e){e.printStackTrace();}
20          }
21      }
```

从运行结果看，例 12-4 和例 12-5 完全相同，请读者自行测试。

【代码说明】

(1)代码第 4、5 行定义了字符输入和输出流实例 fr 和 fw。

(2)因为 FileReader 类的 read(char[])方法的参数为字符型数组，所以代码第 9 行定义了字符型数组 c 作为缓冲数组。代码其他内容不变。

Java 内用 Unicode 编码存储字符，字符流处理类负责处理外部系统平台的其他编码的字符流和 Java 内 Unicode 字符流之间的转换，而这种转换是在使用字符流时自动进行的。当我们使用例 12-5 这样的程序进行测试时，程序中的编码自动在当前系统的中文编码字符集和 Unicode 编码字符集之间转换，这就是在例 12-5 中可以正确读写中文的原因。

听一听：

使用字符流的必要性

我们已经知道，在本平台内部使用字符流时，可使得 Unicode 编码字符集与平台的默认编码字符集自动转换。而当 Java 程序用于网络(特别是 Internet)时，情况就变得复杂得多。我们不得不考虑各种平台系统及其工具的字符集相互转换的问题。Java 中的字符都是以双字节出现的，用字节流来处理 Java Web 开发中的字符显示问题就显得“力不从心”，而使用字符流是 Java Web 页面得以正确显示的基本保证。当然，在 Java 网络开发的实际应用中，字符显示还涉及其他诸多的问题，如编码、字节存取顺序、数据格式和国际化等。

12.5 转换流与缓冲流

12.5.1 转换流

Java 在读写字节时不便以 Unicode 编码来保存，所以引入了 InputStreamReader 类和 OutputStreamWriter 类来实现字节流和字符流之间的相互转换。

其中，InputStreamReader 类的典型构造方法有：

(1) InputStreamReader(InputStream in)：创建一个使用默认字符集的 InputStreamReader 实例。

(2) InputStreamReader(InputStream in,Charset cs)：创建使用给定字符集的 InputStreamReader 实例。

InputStreamReader 是字节流通向字符流的桥梁，使用指定的字符集读取字节并将其解码为字符。它使用的字符集可以由名称显式给定，否则接受平台默认的字符集。

每次调用 InputStreamReader 中的 read() 方法都会导致从输入流读取一个或多个字节。为了提高效率，通常在 BufferedReader 内包装 InputStreamReader。例如：

```
BufferedReader in=new BufferedReader(new InputStreamReader(System.in));
```

而 OutputStreamWriter 类典型构造方法有：

(1)OutputStreamWriter(OutputStream out)：创建使用默认字符编码的 OutputStreamWriter。

(2) OutputStreamWriter (OutputStream out, Charset cs)：创建使用给定字符集的 OutputStreamWriter。

OutputStreamWriter 是字符流通向字节流的桥梁，使用指定的字符集把要向其写入的字符编码为字节。它使用的字符集可以由名称显式给定，否则接受平台默认的字符集。

每次调用 write()方法都会针对给定的字符(或字符集)进行编码转换。在写入输出流之前，可以指定此缓冲区的大小。为了提高效率，通常将 OutputStreamWriter 包装到 BufferedWriter 中以避免频繁调用。例如：

```
BufferedWriter out=new BufferedWriter(new OutputStreamWriter(System.out));
```

12.5.2　缓冲流

当程序从外设读取或向外设写入文本或其他类型数据时，如果简单地通过 read()或 write()方法逐个字节或字符地处理数据，效率将会很低。缓冲流在内存中设置一个内部缓冲区，用来批量地处理数据，可以大幅度提高程序读写效率。

值得提出的是，缓冲流类都是以“Buffered”开头，分别是处理字符的 BufferedReader 类和 BufferedWriter 类，以及处理字节的 BufferedInputStream 类与 BufferedOutputStream 类。

缓冲类的典型构造方法有：

(1)BufferedReader(Reader in,int size)

(2)BufferedWriter(Writer out,int size)

(3)BufferedInputStream(InputStream in,int size)

(4)BufferedOutputStream(OutputStream out,int size)

其中，参数 size 指定缓冲区大小。如果不设置 size，则使用默认大小的缓冲区。

请回顾第 8 章例 8-1，看看 Java 是如何通过转换流和缓冲流来完成控制台数据输入的。现在改造例 12-5，使用转换流和缓冲流来对文件实现类似的处理，如例 12-6。

例 12-6　从指定的文件中读取数据，并存入另一个文件。

行号　　BufferedTest.java 程序代码

```
import java.io.*;
public class BufferedTest{
    static File file1,file2; //静态属性成员
    static FileInputStream finStream;
    static FileOutputStream foutStream;
    static InputStreamReader inStreamReader;
    static OutputStreamWriter outStreamWriter;
    static BufferedReader br;
    static BufferedWriter wr;
```

```
10        public static void main(String[] args){
11            try{
12                file1=new File("C:\\myproject\\document\\readme1.doc");
13                file2=new File("C:\\myproject\\document\\readme2.txt");
14                finStream=new FileInputStream(file1);
15                foutStream=new FileOutputStream(file2);
16                br=new BufferedReader(new InputStreamReader(finStream));
17                wr=new BufferedWriter(new OutputStreamWriter(foutStream));
18                String str=null;
19                System.out.println("读写开始……");
20                while((str=br.readLine())!=null){ //从缓冲流中读取数据并判断
21                    System.out.println(str);
22                    str=str+"\r\n";                //在写入前,每行尾加入回车与换行
23                    wr.write(str,0,str.length());  //写入输出缓冲流中
24                    wr.flush();                    //刷新输出流缓冲区
25                }
26            }
27            catch(FileNotFoundException e){e.printStackTrace();}
28            catch(IOException e){e.printStackTrace();}
29        }
30    }
```

【运行结果】

在 C:\myproject\document\readme1.doc 文件中随意输入内容,运行程序后,控制台提示内容"读写开始",程序运行结束后打开 C:\myproject\document\readme2.txt 文件,可以看到写入的字符。

【代码说明】

(1)此程序调用思路如图 12-6 所示。

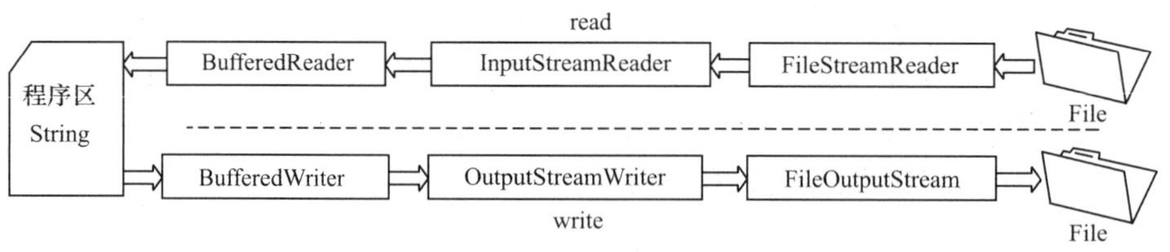

图 12-6 程序调用思路

(2)因为类的各属性将要在主方法中直接调用,所以代码第 3~7 行中使用 static 定义。

(3)代码第 20 行,使用缓冲输入流 BufferedReader 的 readLine()方法从流中读取数据,并判断是否仍可读出数据。若读出一行数据,就在行尾加入回车与换行,并写入输出缓冲流 BufferedWriter 中。

(4)代码第 24 行用于将输出流缓冲区的数据即时刷新到目的地外设(readme2.txt 文件)中。

12.6　数据流 DataInputStream 类和 DataOutputStream 类

DataInputStream 类和 DataOutputStream 类是过滤流类的子类，可提供一些对 Java 基本数据类型写入的方法，如读写 int、double 和 boolean 等数据类型的方法。由于 Java 的数据类型大小是确定的，在写入或读出这些基本数据类型时，就不必担心不同平台间数据大小不同的问题（比如 C 程序员在编程时，就因处理不同平台间数据大小不同的问题而必须考虑 int 型数据究竟应该是 2 个字节还是 4 个字节）。

有时只是要存储一个对象的成员数据，而不是整个对象的信息，成员数据的类型假设都是 Java 的基本数据类型，这样的需求就不必使用后面要讲述的 Object 输入、输出相关的流类，使用 DataInputStream 类和 DataOutputStream 类就是个很好的选择。

这两个类的构造方法为：

（1）DataInputStream(InputStream in)

在指定的基础输入流 InputStream 上创建一个 DataInputStream 对象。

（2）DataOutputStream(OutputStream out)

创建一个数据输出流 DataOutputStream 对象，将数据写入指定的基础输出流 OutputStream 中。

它们的常用方法分别见表 12-9 和表 12-10。

表 12-9　DataInputStream 常用方法

方法名	方法功能
boolean readBoolean()	从基础输入流中读取一个 boolean 值到程序区
byte readByte()	从基础输入流中读取一个 byte 值到程序区
char readChar()	从基础输入流中读取一个 char 值(2 个 byte 值)到程序区
double readDouble()	从基础输入流中读取一个 double 值到程序区
int readInt()	从基础输入流中读取一个 int 值(4 个 byte 值)到程序区
String readUTF()	从基础输入流中读取一个 UTF 编码的字符串到程序区

表 12-10　DataOutputStream 常用方法

方法名	方法功能
void writeBoolean(boolean v)	将一个 boolean 值以 1 个 byte 值形式写入基础输出流中
void writeByte(int v)	将一个 byte 值以 1 个 byte 值形式写入基础输出流中
void writeChar(int v)	将一个 char 值以 2 个 byte 值形式写入基础输出流中
void writeDouble(double v)	将 double 参数转换为一个 long 值，然后将该 long 值以 8 个 byte 值形式写入基础输出流中
void writeInt(int v)	将一个 int 值以 4 个 byte 值形式写入基础输出流中
void writeUTF(String str)	以与机器无关方式使用 UTF 编码将一个字符串写入基础输出流中

下面通过例 12-7 来介绍如何使用 DataInputStream 类与 DataOutputStream 类。首先设计一个 Member 类，并假设已经知道 Member 类的成员属性及其数据类型，然后将其写入文件并读出。

例 12-7 使用数据流将对象成员属性信息存入文件，并读出显示。

行号 **TestDataStream.java 程序代码**

```
import java.io.*;
/**
 *主类
 **/
public class TestDataStream{
    public static void main(String[] args){
        Member[] members={new Member("Tom",90),
                          new Member("Marry",95),
                          new Member("Bush",88)};
        try{
            DataOutputStream dataOutputStream=new DataOutputStream(
                new FileOutputStream("C:\\my.dat"));
            Member member=null;
            for(int i=0;i<members.length;i++){
              member=members[i];
              dataOutputStream.writeUTF(member.getName());//写入 UTF 字符串
              dataOutputStream.writeInt(member.getAge());//写入 int 数据
            }
            dataOutputStream.flush(); //刷新所有数据至目的地
            dataOutputStream.close(); //关闭流
            DataInputStream dataInputStream=new DataInputStream(
                new FileInputStream("C:\\my.dat"));
            //下面读出数据并还原为对象
            for(int i=0;i<members.length;i++){
                String name=dataInputStream.readUTF();//读出 UTF 字符串
                int score=dataInputStream.readInt();//读出 int 数据
                members[i]=new Member(name, score);
            }
            dataInputStream.close(); //关闭流
            //显示还原后的数据
            for(int i=0;i<members.length;i++){
              System.out.println(
                "#"+members[i].getName()+"\t"+members[i].getAge()+"#");
            }
        }
        catch(IOException e){
            e.printStackTrace();
        }
    }
}
/**
```

```
42      * 自定义类 Member
43      * */
44    class Member{
45        private String name;      //成员属性:姓名
46        private int age;          //成员属性:年龄
47        public Member(){          //默认构造方法
48        }
49        public Member(String name,int age){//自定义带参数构造方法
50            this.name=name;
51            this.age=age;
52        }
53        public void setName(String name){
54            this.name=name;
55        }
56        public void setAge(int age){
57            this.age=age;
58        }
59        public String getName(){
60            return name;
61        }
62        public int getAge(){
63            return age;
64        }
65    }
```

【运行结果】

控制台显示信息如图 12-7 所示。

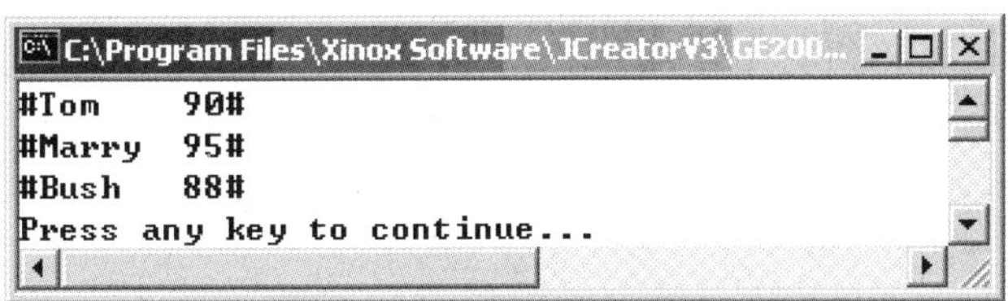

图 12-7　例 12-7 运行结果

在 C:\目录下,可以找到新建的文件 my.txt,其中包含了 3 个 Member 类实例的信息。

【代码说明】

(1)程序自定义了一个学生类 Member(见代码第 44 行),定义有两个成员属性:String 类型的 name 和 int 类型的 age,并为这两个属性定义了 setter 和 getter 方法(以 set 和 get 开头,方法名格式为:setXxx 或 getXxx,Xxx 为属性名且首字符大写)。

听一听:

定义 set 与 get 成员方法的意义

读者可能会注意到,本例中并没有使用到属性的 setter 方法(如 setName()和 setAge()方

法),之所以这样定义 Member 类,是因为在 Java 的后续学习中,我们会接触到非常重要的 JavaBeans 组件技术。setter 与 getter 成员方法又成为"属性存取器",这样书写类体符合 Java 的"内省"机制,有利于 IDE 工具和其他技术构架快速识别 JavaBeans 组件中的属性。学习规范的书写格式,能培养良好的代码书写习惯。

(2)代码第 7 行,定义了 Member 类的数组 members,用来存放 3 个 member 实例。

(3)代码第 14～18 行,通过循环将数组 members 的 3 个实例的 name 和 age 属性写入数据流 dataOutputStream 中;代码第 19 行,将输出流缓冲区中的数据刷新到文件。

(4)代码第 24～28 行,通过循环将文件中的数据读出,并再次存储到数组 members 中。

(5)代码第 31～34 行,显示输出。注意这里使用了 getter 方法。

12.7 文件随机读写流 RandomAccessFile 类

通常程序对文件进行读写操作时采用的是顺序读写,在很多情况下,我们可能需要对文件的某部分数据单独进行读写,RandomAccessFile 类可以很好地处理这类文件操作。应特别指出的是,使用 RandomAccessFile 类的对象既可以从文件读取数据,也可以将数据写入文件,也就是说它同时具备设置文件读、写模式的双重功能。

那么 RandomAccessFile 类是如何实现读、写双重功能的呢? 请参考附录 D 的相关类图,RandomAccessFile 类的派生关系,如图 12-8 所示,RandomAccessFile 类同时实现了两个接口 DataInput 和 DataOutput,而它具备的读、写双重功能就来自这两个接口。

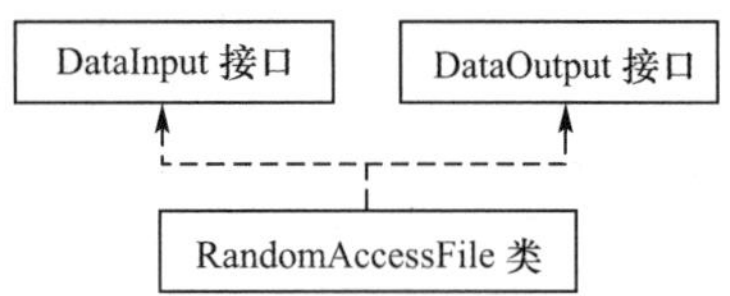

图 12-8 RandomAccessFile 类继承图

RandomAccessFile 类的构造方法:

(1)RandomAccessFile(File file,String mode):创建从中读取和向其中写入(参数选项 mode)的随机存取文件流,该文件由 File 类型的参数 file 指定。

(2)RandomAccessFile(String name,String mode):创建从中读取和向其中写入(参数选项 mode)的随机存取文件流,该文件具有指定名称 name。

mode 参数指定用以打开文件的访问模式。常用值及其含义见表 12-11。

表 12-11 mode 参数值

值	含 义
"r"	以只读方式打开。对结果对象的任何 write 方法的调用都将导致抛出 IOException 异常
"rw"	以读写方式打开。如果该文件尚不存在,则创建该文件

另外,mode 参数还有"rws"和"rwd"值,也是以读写方式打开,且同时具备对文件和存储设备之间进行同步更新的能力。

RandomAccessFile 类的常用成员方法见表 12-12。

表 12-12　　RandomAccessFile 类的常用成员方法

方法名	方法功能
void close()	关闭此随机存取文件流并释放与该流关联的所有系统资源
long getFilePointer()	返回此文件中的当前偏移量
long length()	返回此文件的长度
int read(byte[] b,int off,int len)	从 off 位置开始，将 len 个数据字节，从此文件读入字节数组 b
double readDouble()	从此文件读取一个 double
int readInt()	从此文件读取一个有符号的 32 位整数
String readLine()	从此文件读取文本的下一行
String readUTF()	从此文件读取一个字符串
void seek(long pos)	设置文件指针偏移量，在该位置发生下一个读取或写入操作
int skipBytes(int n)	尝试文件指针跳过 n 个字节
void write(byte[] b,int off,int len)	从偏移量 off 处开始，将 len 个字节从指定字节数组 b 中写入此文件
void writeDouble(double v)	将双精度参数转换为 long 型，然后按 8 字节将该 long 值写入该文件，先写高字节
void writeInt(int v)	按 4 个字节将 int 型数据 v 写入该文件，先写高字节
void writeUTF(String str)	使用 UTF 编码以与机器无关的方式将一个字符串写入该文件

下面看一个将数据写入文件再读出的例子，只使用 RandomAccessFile 类就完成全部功能。

例 12-8　使用 RandomAccessFile 类将学生数据写入文件再读出。

行号　　TestRandomAccessFile.java 程序代码

```
import java.io.*;
/**
 *主类
 **/
public class TestRandomAccessFile
{
    public static void main(String[] args)throws Exception
    {
        Student a1=new Student(1,"任莉莉",100);//创建学生类实例
        Student a2=new Student(2,"王旭",99.5);
        Student a3=new Student(3,"赵华",85.0);
        RandomAccessFile raf=new RandomAccessFile("students.txt","rw");
        //以读写模式创建 RandomAccessFile 类的实例
        a1.writeStudents(raf);//将学生 a1 的信息写入实例 raf 中
        a2.writeStudents(raf);
        a3.writeStudents(raf);
        Student s=new Student();//创建临时学生类实例
        raf.seek(0); //将文件指针移到起始位置
        for(long i=0;i<raf.length();i=raf.getFilePointer())
        //raf.getFilePointer()返回 long 型的指针偏移量
        {
            s.readStudents(raf);//将实例 raf 中的信息读出到学生实例 s 中
```

```
                System.out.println(s.num+":\t"+s.name+":\t"+s.scores);
            }
            raf.close();
        }
    }
    /**
     *自定义的学生类
     */
    class Student
    {
        int num;//学号
        String name;//姓名
        double scores;//分数
        public Student(){//默认构造方法
        }
        public Student(int num, String name, double scores){//自定义构造方法
            this.num=num;
            this.name=name;
            this.scores=scores;
        }
        //定义将学生信息写入 RandomAccessFile 类对象的方法
        public void writeStudents(RandomAccessFile raf)throws IOException
        {
            raf.writeInt(num);
            raf.writeUTF(name);
            raf.writeDouble(scores);
        }
        //定义将 RandomAccessFile 类对象的学生信息读出的方法
        public void readStudents(RandomAccessFile raf)throws IOException
        {
            num=raf.readInt();
            name=raf.readUTF();
            scores=raf.readDouble();
        }
    }
```

【运行结果】

控制台显示信息如图 12-9 所示。

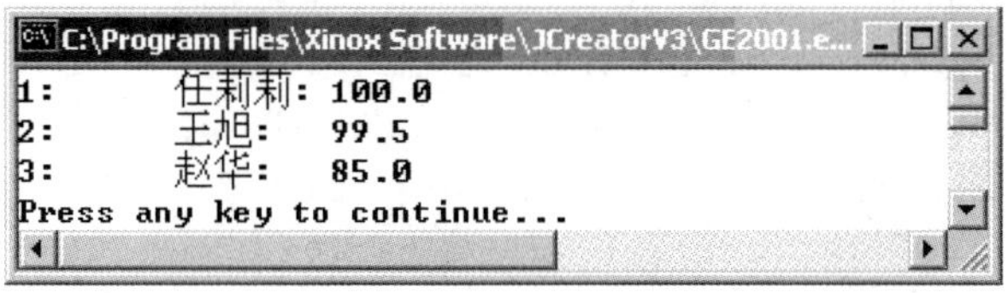

```
C:\Program Files\Xinox Software\JCreatorV3\GE2001.e...
1:      任莉莉: 100.0
2:      王旭:   99.5
3:      赵华:   85.0
Press any key to continue...
```

图 12-9 例 12-8 运行结果

在程序工程类文件目录下，可以找到新建的文件 students. txt。

【代码说明】

(1)程序自定义了一个学生类 Student(见代码第 31 行)，包含了学生的学号、姓名和成绩，数据类型分别是 int、String 和 double 型；类 Student 定义了 writeStudents( )方法和 readStudents( )方法，方法的参数都是 RandomAccessFile 类的对象，用以将学生信息写入 RandomAccessFile 类的对象或从中读出。

(2)代码第 9～11 行，定义了三个学生实例；代码第 14～16 行，将这三个学生实例写入 RandomAccessFile 类的实例 raf 中，因而学生信息也写入了文件 students. txt 中，因为 raf 以"rw"方式定义(见代码第 12 行)，如果目录中没有 students. txt 文件则会创建。

(3)代码第 19 行，通过一个循环将文件 students. txt 中的信息依次读出。其中，raf. length()方法返回文件中数据的长度，raf. getFilePointer()方法可以获得当前指针的偏移位置，作为下一次读取操作的起点，如图 12-10 所示。

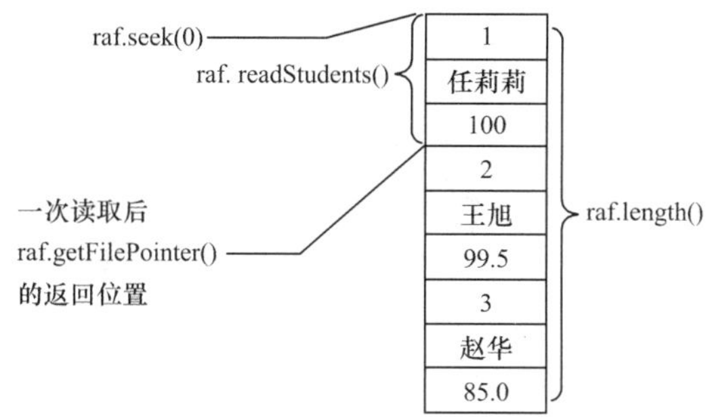

图 12-10　读取文件示意图

12.8　对象序列化

12.8.1　为什么要序列化对象

在 Java 程序的执行过程中，很多数据都以对象的方式存在于内存中。有时我们会希望直接将内存中整个对象存储至文件，而不是只存储对象中的某些基本类型成员信息，而在下一次程序运行时，可以从文件中读出数据并还原为对象。此时可以使用 ObjectInputStream 类和 ObjectOutputStream 类来进行这项工作。

本节内容可分为：序列化(Serialize)和反序列化(Deserialize)。序列化是将数据分解成字节流，以便存储在文件中或在网络上传输；反序列化就是打开字节流并重构对象。

简而言之，序列化的主要作用是：

(1)保存本地运行时的对象信息，在必要时予以恢复。

(2)利于程序在网络上的传输，可以实现分布式对象，适应跨平台远程方法调用(RMI)的特点。

(3)提供一个简单的、可扩展的存储机制。

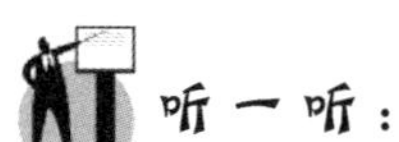
听一听：

什么是 RMI?

Java 远程方法调用(Remote Method Invocation，RMI)使得运行在一个 Java 虚拟机

(JVM)上的对象可以调用运行在另一个 JVM 上的其他对象的方法,从而提供了程序间进行远程通信的途径。而且 RMI 是纯 Java 代码开发的,因此具有 Java 的"Write Once,Run Anywhere"的优点,是 Java 分布式开发技术的基础。

12.8.2 Serializable 接口

java.io.Serializable 接口可标记串行化一个类。如果要直接存储对象,则定义该对象的类必须实现 Serializable 接口。但 Serializable 接口中并没有声明任何必须实现的方法和属性,其定义如下:

```
package java.io;
public interface Serializable{}
```

所以,需要串行化的类实现 Serializable 接口的意义其实就像是一个标记,仅仅代表该对象是可序列化的。

听一听:

如果 Serializable 接口的定义如此简单,那么实现它的意义何在呢?

这样设计的目的是在开发人员和系统需求之间求得一个平衡,以提供一个可以预测的安全机制。在实际设计中最困难的是要满足 Java 编程中的类安全需求。如果类对象在默认时是可序列化的,可能 RMI 的开发人员有时会因为遗忘或疏忽等原因没有对其进行序列化处理,从而使该类对象对于 RMI 不可用或造成很严重的安全性问题。因此,Java 将需要序列化的类对象设计成必须实现 Serializable 接口,以便于 RMI 的开发人员能够清楚地知道何时该对哪些类做序列化处理。这与我们前面学习到的异常处理的声明语法 throws 有些类似。

一个要进行序列化的类可以这样简单地书写:

```
import java.io.*;
class Student implements Serializable{}
```

试图对一个没有实现 Serializable 接口的类对象进行序列化时,会产生 NotSerializableException 异常。

12.8.3 ObjectInputStream 类和 ObjectOutputStream 类

ObjectOutputStream 类用于将对象信息写入可持久化保存的设备中,ObjectInputStream 类用于恢复序列化的对象。ObjectOutputStream 类和 ObjectInputStream 类分别与 FileOutputStream 类和FileInputStream 类一起使用时,可以为应用程序提供对象的持久性存储功能。

ObjectOutputStream 类实现了 ObjectOutput 接口,而 ObjectInputStream 类实现了 ObjectInput 接口。ObjectOutput 接口和 ObjectInput 接口的定义简写如下:

```
//ObjectOutput 接口定义
package java.io;
public interface ObjectOutput extends DataOutput
{
    public void writeObject(Object obj) throws IOException;
    public void write(byte b[],int off,int len) throws IOException;
    public void flush() throws IOException;
```

```
    public void close() throws IOException;
}
//ObjectInput 接口定义
package java.io;
public interface ObjectInput extends DataInput
{
    public Object readObject() throws ClassNotFoundException,IOException;
    public int read(byte b[],int off,int len) throws IOException;
    public long skip(long n) throws IOException;
    public int available() throws IOException;
    public void close() throws IOException;
}
```

因此 ObjectOutputStream 类和 ObjectInputStream 类也具有 writeObject(Object obj)和 readObject()方法。

将对象序列化到文件中的简要步骤如下：

```
//以将字符串对象和当前日期对象序列化到一个文件中为例
FileOutputStream fout=new FileOutputStream("c://my.dat");
ObjectOutputStream s=new ObjectOutputStream(fout);
s.writeObject("Today");
s.writeObject(new Date());
s.flush();
```

将对象反序列化的步骤如下：

```
//以从文件中反序列化字符串对象和日期对象为例
FileInputStream fin=new FileInputStream("c://my.dat");
ObjectInputStream s=new ObjectInputStream(fin);
String today=(String)s.readObject();
Date date=(Date)s.readObject();
```

对象序列化不仅要将基本数据类型转换成字节表示，有时还要恢复对象数据。恢复对象数据时要求有恢复该对象的类定义（这里可以理解为模板）。

12.8.4　序列化与反序列化一个对象

为了说明如何存储对象，我们先来实现一个 Student 类，让其实现 Serializable 接口。例如例 12-7 的 Student 类，我们将此 Student 类的对象写入文件中，再反序列化读出，见例 12-9。

例 12-9　对象的序列化和反序列化。

行号　**Student.java 程序代码**

```
import java.io.*;
class Student implements Serializable
{
    int num;//学号
    String name;//姓名
    double scores;//分数
```

```
        public Student(){//默认构造方法
        }
        public Student(int num,String name,double scores){//自定义构造方法
            this.num=num;
            this.name=name;
            this.scores=scores;
        }
    }
```

行号　WriteObjectDemo.java 程序代码

```
/**
 *将本地 Student 类对象信息序列化到文件中
 **/
import java.io.*;
public class WriteObjectDemo{
    public static void main(String[] args){
        Student stu=new Student(1,"tom",99.0);
        try{
            FileOutputStream fout=new FileOutputStream("C:\\my.dat");
            ObjectOutputStream out=new ObjectOutputStream(fout);
            out.writeObject(stu);//将实例写入输出流 out
            System.out.println("信息已经写入文件!");
            out.close();
        }
        catch(IOException e){e.printStackTrace();}
    }
}
```

行号　ReadObjectDemo.java 程序代码

```
/**
 *将文件中的对象信息反序列化并显示输出
 **/
import java.io.*;
public class ReadObjectDemo{
    public static void main(String[] args){
        Student stu=null;
        try{
            FileInputStream fin=new FileInputStream("d://my.dat");
            ObjectInputStream in=new ObjectInputStream(fin);
            stu=(Student)in.readObject();//将输入流 in 中的数据读出到内存
            in.close();
        }
```

```
14            catch(IOException e){e.printStackTrace();}
15            catch(ClassNotFoundException e){e.printStackTrace();}
16            System.out.println("Student's info is:");
17            System.out.println("num:"+stu.num);
18            System.out.println("name:"+stu.name);
19            System.out.println("scores:"+stu.scores);
20        }
21    }
```

【运行结果】

将上述三个文件放在同一目录下，编译后先运行 WriteObjectDemo 类，它在本机的 C:\目录下创建了 my.dat 文件，控制台显示信息如图 12-11 所示。

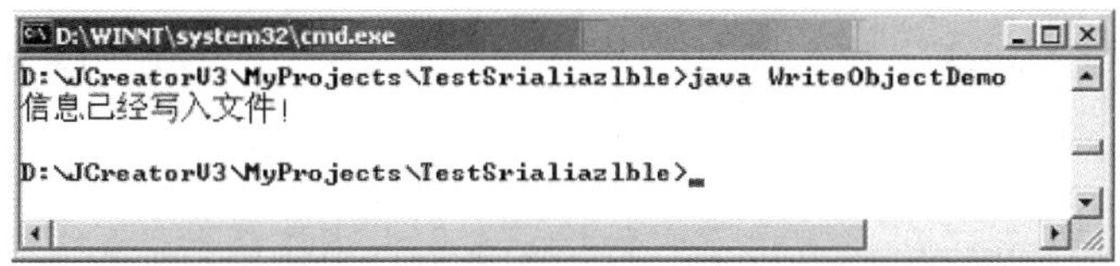

图 12-11 例 12-9 控制台显示信息 1

我们可以将 my.dat 移动到其他计算机或驱动器，例如目的机的 D 盘，然后在目的机运行 ReadObjectDemo 类(需要注意 Student 类也要复制到 ReadObjectDemo 类所在目录下)，控制台显示信息如图 12-12 所示。

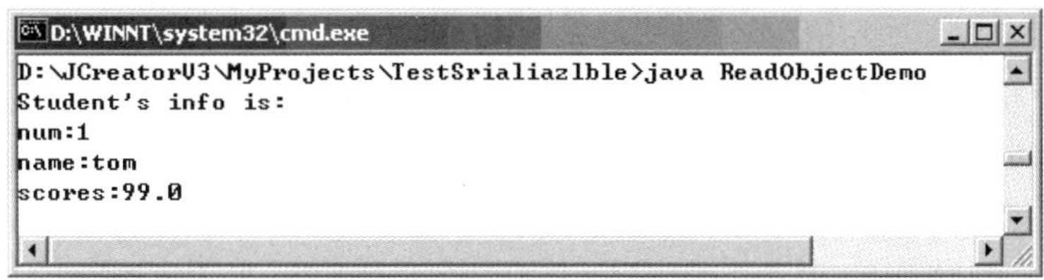

图 12-12 例 12-9 控制台显示信息 2

【代码说明】

(1)本程序由三个类文件构成，Student 类实现了 Serializable 接口(见 Student.java 代码第 2 行)；WriteObjectDemo 类使用了 ObjectOutputStream 类的 writeObject()方法，将本机 Student 类实例 stu 的信息序列化到文件中(见 WriteObjectDemo.java 代码第 11 行)；ReadObjectDemo 类使用了 ObjectInputStream 类的 readObject()方法，将文件中对象信息反序列化(见 ReadObjectDemo.java 代码第 11 行)。

(2)需要注意将 Student.java 文件与 ReadObjectDemo.java 文件放在同一目录下，作为反序列化的模板。

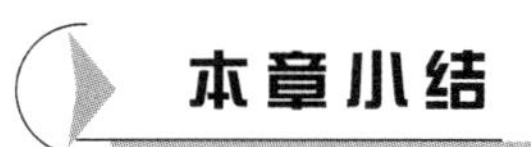

本章小结

本章讲述了文件类 File 和流 Stream 的应用。“流”的构成是个相当复杂的系统，除了文件操作，还可以通过一些其他类库的辅助，完成诸如网络传输的压缩文件等功能。本章重点讲述“流”的使用原理，希望通过几个简单示例，让读者切实掌握“流”的基本构造原理和使用特点，并达到“举一反三”的效果，因此并没有详细介绍“流”类中的大多数类(比如管道流和数组流等)的使用。

本章的主要知识点如下：

➢ 在 Java 中，“流”用来连接数据传输的起点与终点，与具体设备无关。

➢ “流”的分类：

(1)按流所操作的数据的流向可以分为：输入流(都是 InputStream 类或 Reader 类的子类)和输出流(都是 OutputStream 类或 Writer 类的子类)。

(2)按流所操作的数据类型可以分为：字节流(Binary Stream)和字符流(Character Stream)。

(3)按流在处理过程中能实现的功能可以分为：节点流(Node Stream)和处理流(Process Stream)。

➢ URI 与 URL 的区别。

➢ File 类的常用方法。

➢ 输入与输出流常用的方法。

探究式任务

1. 了解更多的关于 RMI 的知识。

2. Java 8 中新增的 Stream 类提供了一种将元素集合当作一种流数据的处理方式，去了解一下。

习 题

一、选择题

1. 关于流类 BufferedReader，正确的说法是(　　)。

A. 它是一个输入流　　B. 它是一个输出流

C. 它是一个字节流　　D. 它是一个字符流

2. 输出流中常用的方法有(　　)。

A. read()　　B. skip()　　C. write()　　D. flush()

3. 可用于将数据存储到文件中的流类有(　　)。

A. FileInputStream　　B. FileOutputStream

C. FileReader　　D. FileWriter

4. 要想实现对象序列化，则类必须实现的接口是(　　)。

A. Serializable　　B. ObjectOutputStream

C. ObjectInputStream　　D. DataOutput

二、课程思政题

课程思政：

编程解决：使用 IO 流完成文件读写。

思政目标：挑战精神、爱国情怀、大局意识。

自行选择流类，将文件 a.txt 读取并显示在控制台。

a.txt 内容如下：

“任正非讲过一句话：除了胜利，我们已经无路可走。

多霸气的话啊！这句话我觉得，超越了我们现在的所有经济理论。除了胜利，我们已经无路可走，这就是今天中美博弈我们中方的优势。”

与知识点结合：Java IO 流。

第13章 多线程

知识目标

在本章，我们将要：

➢ 使用线程改造时钟程序

➢ 利用多线程同步技术提取账户资金

➢ 设置线程优先级，模拟乘客登车

技能目标

在本章，我们可以：

➢ 了解 Java 多线程机制的意义

➢ 学会创建线程的两种基本方法

➢ 了解线程的生命周期

➢ 掌握线程的同步和调度技巧

素质目标

➢ 培养自学方法与习惯，具备主动探究能力；培养良好的团队合作意识；具备编写代码规范性等项目开发的相关职业素养。了解技术强国的理念，培养自主创新意识，提高综合职业素养。

13.1 线程概述

Windows 是一个支持多任务的操作系统，可以同时运行多个应用程序。例如，我们可以一边使用 MP3 播放器听音乐，一边使用 Word 进行文字编辑，或者一边使用浏览器看新闻，一边使用网络快车下载喜爱的电影和音乐。这里的每个应用程序都是系统的一个进程(Process)，它们拥有自己独立的内存空间和系统资源，互不干扰。例如，启动两次“记事本”程序，在“Windows 任务管理器”里会看到两个“NOTEPAD. EXE”映象名称，它们的数据互不关联、彼此独立，只是通过分配的进程号(PID)来识别。

线程(Thread)与进程类似，是程序中一个具有独立顺序的程序流，有自己的开始、代码体和结束。一个进程可以包含若干个线程。但与进程不同的是，线程之间可以共享内存空间和资源，它们调度时只在供程序使用的内存和 CPU 寄存器之间切换。线程间切换的系统开销远小于进程，所以有时也把线程称为轻进程(Light-weight Process)。进程与线程的关系如图 13-1 所示。

迄今为止，我们学习的程序都属于单线程，也就是说一个应用进程中只包含一个线程(主线程)，此线程运行结束则进程也会结束。但是在实际应用中，我们往往使用更多的是多线程的应用程序。例如，一些跳舞机中的人物可以按照音乐来完成各种动作，而音乐和人物的动作

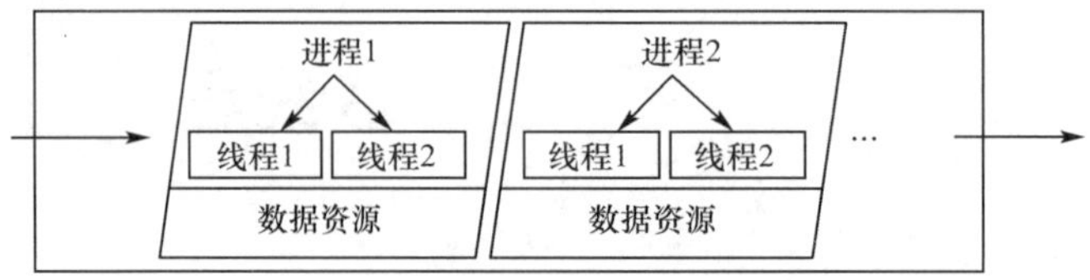

图 13-1 系统队列中的进程与线程

是同步完成的;再如,我们在线观看视频时,实际上对于播放器软件来说,它是在一边下载视频数据一边显示播放,如果网络的下载速度足够快的话,我们就能够看到流畅的视频。多线程(Multi-Thread)就是在操作多任务的思想基础上,将一个进程再分解为若干个线程,从而使单个进程也可以同时完成多种任务。

Java 作为一门网络编程语言,实现多线程的意义格外重要。假设我们使用网络视频播放软件 PPLive 一边下载电影,一边看电影,两个任务都需要 CPU 运行资源,但是众所周知,CPU 对数据的处理效率远超过从网络上下载数据的速度,实际上可能大多数的时间 CPU 都处于等待状态。如图 13-2 所示,单线程运行这两个请求任务,很明显在处理时间上很不经济。为了解决这个问题,把程序设计成多线程模式,如图 13-3 所示,用户程序不必等待线程 1 的运行结果而直接发出对线程 2 的请求,当线程 1 下载完数据后将数据放入缓冲区进行运算,CPU 很快就可以处理完毕这批数据,然后处于空闲等待状态,此时 CPU 可以启动线程 2 的下载数据操作,当线程 1 的第二批数据完全存入缓冲区后,CPU 再切换回来为线程 1 工作,这样就缩短了等待时间。

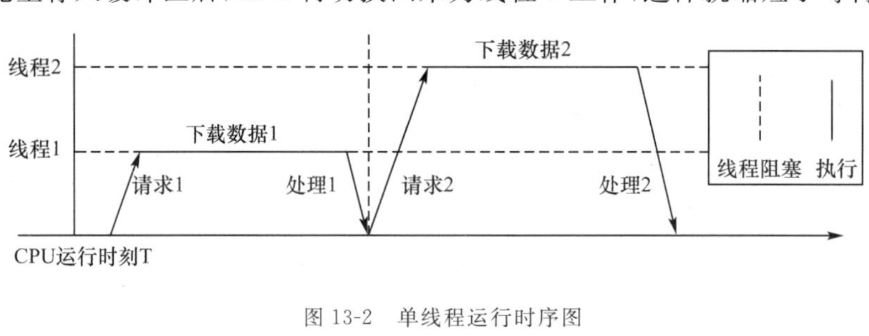

图 13-2 单线程运行时序图

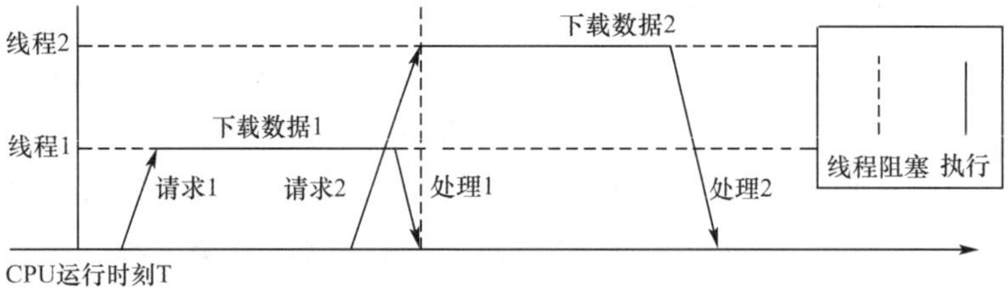

图 13-3 多线程运行时序图

再给出一个比较容易理解的比喻:毕业酒会上,同学们围坐在一个圆桌旁,每人面前有一个大酒杯,并且有一个服务生绕着圆桌专门为大家斟满酒,由于杯子很大,且同学们的酒量较小,服务生已经绕着圆桌转了一圈,大家面前的酒还没喝完,但是热心的服务生会再次为大家斟满酒,这样周而复始,在圆桌旁的每个人可能都感觉自己酒杯里的酒始终没有喝完,而这其实都是那位热心的服务生的功劳。我们假设每个人喝酒的动作都是一个线程,那么服务生就是高效率的 CPU,而他手里的酒就是要下载或处理的资源。现在网络上常用的一些下载软件如“网络蚂蚁”就是利用这种多线程同步的下载机制来工作的。

13.2　多线程的实现

13.2.1　多线程的改造示例

在第 11 章我们曾经接触过线程的例子，借助线程实现了一个动画的绘制，并且介绍了 Thread 类的静态方法 sleep()，该方法可使当前线程休眠，具体请参考例 11-11。

下面先来看一个简单的例子，借此了解使用多线程(Multi-Thread)的必要意义。我们希望在 Applet 中显示一个时钟，并且能显示每一秒钟的变化。

例 13-1　Applet 时钟程序。

行号　DigitalClock. htm 程序代码

```
<HTML><BODY BGCOLOR="#000000"><CENTER>
<APPLET
        code="DigitalClock.class"
        width="500"
        height="100"
>
</APPLET>
</CENTER></BODY></HTML>
```

行号　DigitalClock. java 程序代码

```
import java.awt.Graphics;
import java.awt.Font;
import java.util.Date;
public  class DigitalClock extends java.applet.Applet
{
    Font theFont=new Font("Times Roman",Font.BOLD,24);//定义字体
    Date theDate=new Date();//初始化 Date 实例为当前日期
    public void start()
    {
     while(true)
        {
            theDate=new Date();
            repaint();//发出重绘请求
            try{
                Thread.sleep(1000);//线程休眠 1 秒钟
            }catch(InterruptedException e){}
        }
     }
     public void paint(Graphics g)
     {
```

```
21              g.setFont(theFont);//设置字体格式
22              g.drawString(theDate.toString(),10,50);//绘制当前日期字符串
23          }
24      }
```

【运行结果】

代码的运行结果可能出乎读者的预料，这个时钟并没有正常地运转起来，这是为什么呢？

【代码说明】

(1)此示例的本意是希望利用 Applet 的 paint()方法和 repaint()方法绘制动画来实现时钟的显示。首先，start()方法中设置一个无限循环 while(true)，在循环里先初始化当前的日期(见代码第 12 行)，然后调用 repaint()方法进而去调用 paint()方法实现当前帧的绘制，以后每间隔 1 秒钟绘制一次当前日期，就可以实现时钟效果了。

(2)时钟没有正常运转的原因在于无限循环 while(true)。这个程序并没有应用多线程，整个 Applet 只有一个主线程，并且被 while(true)独占。该主线程占据了这个程序的所有 CPU 时间和资源，虽然循环内部发出了 repaint()"请求"，但 repaint()只是告知 CPU 重绘已经进入等待状态，但并未立刻运行，只有当 CPU 处于空闲状态时才可能运行 repaint()"请求"下的 paint()方法。而无限循环 while(true)独占了整个 CPU，因此 CPU 根本没有时间去运行 paint()方法，这就是时钟没有正常运转的原因所在。

微课

用线程改造 Applet 动画

下面我们改造这个程序，使它支持多线程。

例 13-2 改造后的 Applet 时钟程序。

行号　　DigitalClock.java 程序代码

```
import java.awt.Graphics;
import java.time.LocalDate;
import java.time.LocalTime;
import java.awt.Font;
/* 程序实现了 Runnable 接口，来引入多线程功能 */
public class DigitalClock extends java.applet.Applet implements Runnable {
    Font theFont=new Font("Times Roman",Font.BOLD,24);
    LocalDate date;  //日期
    LocalTime time; //时间
    Thread runner;  //定义了线程类实例
    public void start() {
        if(runner==null) //判断线程是否为空
        {
            runner=new Thread(this); //初始化线程类实例
            runner.start(); //线程类实例进入就绪状态
        }
    }
    public void stop() {
        if(runner!=null) {
```

```
20                  runner=null; //释放线程所占内存空间
21              }
22          }
23          public void run() //实现 Runnable 接口的 run()方法
24          {
25              while(true) {
26                  date = LocalDate.now();   //获取当前日期
27                  time = LocalTime.now();  //获取当前时间
28                  repaint();
29                  try{
30                      Thread.sleep(1000);
31                  } catch(InterruptedException e){
32                  }
33              }
34          }
35          public void paint(Graphics g) {
36              g.setFont(theFont);
37              g.drawString("现在时间 "+date.toString() + " " + time.toString(), 10, 50);
38          }
39      }
```

【运行结果】

运行这个 Applet 程序，发现时钟可以正常运转，如图 13-4 所示。

图 13-4　例 13-2 运行结果

【代码说明】

代码第 8、9 行使用的 LocalDate 和 LocalTime 类是 JDK8 新增的日期和时间类，解决了线程不安全问题，获取当前日期和时间的方法参考代码第 26、27 行。关于多线程的创建与运行原理请参考后面章节的内容。

13.2.2　构造多线程的方式

Thread 类的构造方法如下：

Thread([ThreadGroup group],[Runnable target],[String name])

group 指定该线程所属的线程组；target 作为其运行对象，必须实现 Runnable 接口；name 为线程名称。三个参数为可选，当某个参数为 null 时，构造方法可以为：

(1)Thread()

(2)Thread(Runnable target)

(3)Thread(Runnable target,String name)

(4)Thread(String name)

(5)Thread(ThreadGroup group,Runnable target)

(6)Thread(ThreadGroup group,String name)

Runnable 接口中有 run()方法,Thread 类也有 run()方法,该方法是线程运行的主体,线程运行所需的代码写在此方法体内,所以应该或必须重写 run()方法来完成所需功能。

下面介绍创建线程的两种方法:继承 Thread 超类和实现 Runnable 接口。

1. 继承 Thread 类

定义的线程类可以通过继承 java. lang. Thread 超类来实现,语法如下:

public class ＜类名＞ extends Thread{…}

具体使用方法请参考例 13-3。

例 13-3 多线程显示输出。

行号　　TwoThread. java 程序代码

```
import java.awt.*;
public class TwoThread
{
    static Thread01 th01;//定义线程类 Thread01 实例 th01
    static Thread02 th02;//定义线程类 Thread02 实例 th02
    public static void main(String args[])
    {
        th01=new Thread01("this is thread01!");//创建实例 th01
        th02=new Thread02("I am thread02!"); //创建实例 th02
        th01.start();                         //实例 th01 进入就绪状态
        th02.start();                         //实例 th02 进入就绪状态
    }
}
 class Thread01 extends Thread
 {
     public Thread01(String name)
     {
         super(name);                         //为线程命名
     }
     public void run()                        //重写线程体
     {
         for(int i=0;i<5;i++)
         {
             System.out.println(this.getName());//输出线程名
             try{Thread.sleep(500);}
             catch(InterruptedException e)
```

```
27                {}
28            }
29        }
30    }
31    class Thread02 extends Thread
32    {
33        public Thread02(String name)
34        {
35            super(name);                          //为线程命名
36        }
37        public void run()                         //重写线程体
38        {
39            for(int i=0;i<5;i++)
40            {
41                System.out.println(this.getName()); //输出线程名
42                try{Thread.sleep(300);}           //线程睡眠,让出 CPU
43                catch(InterruptedException e)
44                {}
45            }
46        }
47    }
```

【运行结果】

运行结果如图 13-5 所示,两个线程实例名交互输出。

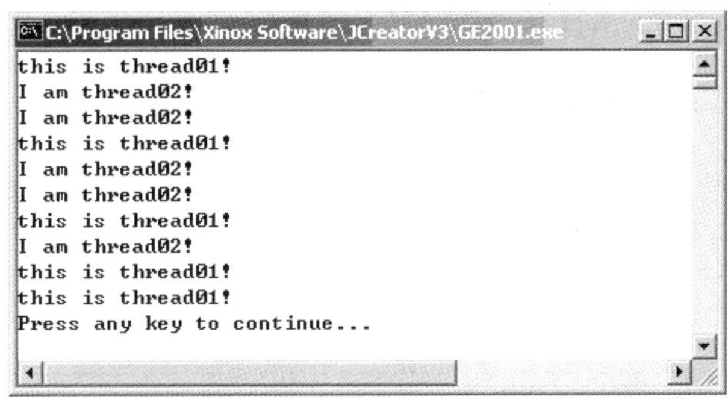

图 13-5　例 13-3 运行结果

【代码说明】

(1)代码第 4、5 行,定义了 static 线程实例 th01 和 th02,使之可以在 main()方法中被调用。

(2)代码第 8、9 行,调用两个线程类的构造方法,创建并初始化了两个线程实例。

(3)代码第 10、11 行,使线程进入就绪状态,准备运行。当线程获得了 CPU 的调度后将开始运行线程自己的 run()方法。

(4)代码第 18、35 行,在构造方法中利用父类的构造方法为线程命名,线程名可以通过 getName()方法获取。

2. 实现 Runnable 接口

定义的线程类的构造可以通过一个实现了 java. lang. Runnable 接口的目标对象来实现，语法如下：

```
public class <类名> extends <父类名> implements Runnable{
    public void run(){…} //重写 Runnable 接口中的 run()方法
}
```

使用 Runnable 接口来构造线程的优点显而易见：Java 不支持多继承，为了继承父类，只能采取实现接口的方式来构造线程。

需要注意的是，使用例 13-2 的方式构建线程时，必须指明线程的目标对象 target，即指明线程的主体 run()方法的定义位置，其程序结构大体如下：

```
public class DigitalClock extends Applet implements Runnable
{
    Thread runner; //定义线程类实例
    public void start()
    {
        if(runner==null)
        {
            runner=new Thread(this); //初始化线程类实例，并指明 target 对象 this
            runner. start();//线程就绪，获得 CPU 运行调度后，将开始运行 run()方法
        }
    }
    public void run(){…} //run()方法的定义在实现 Runnable 接口的类中
}
```

this 对象所在的类一定要实现 Runnable 接口并重写 run()方法才有资格作为 target 对象。

13.2.3 线程的常用成员方法

表 13-1～表 13-3 是线程操作中一些常用的方法，包括前面使用的 start()、sleep()和 run()等方法。下一小节将要介绍的线程同步和调度 join()和 yield()等方法，还有用于设置和获取线程属性的 getName()和 getPriority()等方法。

表 13-1 线程生命周期相关方法

方法名	方法功能
void start()	使该线程就绪。当 CPU 开始执行该线程时将调用 run()方法
void run()	该线程运行的主体
void stop()	已过时。用于退出线程，该方法具有不安全性。退出目标线程应采取判断线程对象是否改变并修改线程变量为 null 的方式进行

表 13-2 线程属性相关方法

方法名	方法功能
boolean isAlive()	测试线程是否处于活动状态
boolean isDaemon()	测试该线程是否为后台线程
static Thread currentThread()	返回对当前正在执行的线程对象的引用

（续表）

方法名	方法功能
String getName()	返回该线程的名称
int getPriority()	返回线程的优先级
Thread. State getState()	返回该线程的状态
ThreadGroup getThreadGroup()	返回该线程所属的线程组
static boolean interrupted()	测试当前线程是否已经中断
void setDaemon(boolean on)	将该线程标记为后台线程
void setName(String name)	改变线程名为参数 name
void setPriority(int newPriority)	更改线程的优先级
String toString()	返回该线程的字符串表示形式

表 13-3　　调度与线程同步方法

方法名	方法功能
void destroy()	已过时。该方法用于销毁线程，可能会出现死锁
void resume()	已过时。该方法只与 suspend()方法一起使用，用于恢复挂起的线程，有可能造成死锁
static void sleep(longmillis)	在指定的 longmillis 毫秒数内让当前正在执行的线程休眠（暂停执行）
void interrupt()	中断线程
void join()	等待该线程终止
void join(longmillis)	等待该线程终止的时间最长为 longmillis 毫秒
void suspend()	已过时。将目标线程挂起，可能会出现死锁
static void yield()	暂停当前正在执行的线程对象，并执行其他线程

另外，Object 类都有 wait()、notify()和 notifyAll()方法，用于使调用此对象的线程处于等待状态或唤醒等待状态，具体用法请参考 13.3 节。关于“已过时”的方法及其“死锁”的概念，也请参考 13.3 节。

13.2.4　线程的生命周期

在 Java 程序中，线程就是一段 Java 代码，也就是类的对象。同其他对象（如 Applet）一样，线程也有从新生到消亡的生命周期。线程的生命周期有五种状态：新生、就绪、运行、阻塞和死亡，如图 13-6 所示。

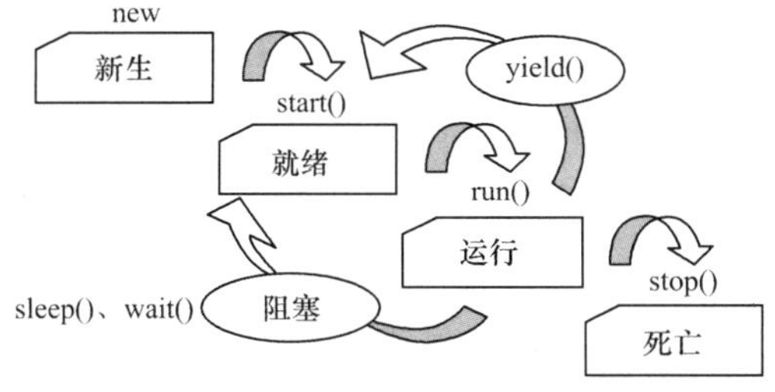

图 13-6　线程的生命周期

1. 新生

使用 new 关键字创建线程对象后，线程就诞生了。

2. 就绪

当线程对象调用 start()方法时，线程就进入一个线程等待池(ThreadPool)，等待 CPU 调用它。这时就称为就绪状态。

3. 运行

当线程获得了 CPU 的处理时间后就开始运行，并调用线程体的 run()方法。此后线程状态的变迁有三种可能：

(1)线程正常执行完 run()方法后，进入死亡状态。

(2)程序因为调度的需要，使当前线程执行了 yield()方法或者调整了调度策略(如将其他线程设置了更高的优先级)导致当前线程暂时中止并进入等待池，重新处于就绪状态。

(3)线程调用了 sleep()、wait()或 join()等方法或因为同步(Synchronized)调用等原因使线程进入阻塞状态。

4. 阻塞

当线程调用了 sleep()、wait()或 join()等方法或因为同步(Synchronized)调用等原因使线程在一定条件下暂时停止运行，就称之为阻塞状态。

阻塞状态是线程生命周期中最复杂的一个状态，但通常阻塞的线程经过变迁都可以重新进入就绪状态。阻塞状态大致可分为三种：

(1)线程调用了 sleep()或 join()方法进入阻塞状态，当到了设置的睡眠或等待时间时，就进入就绪状态。

(2)线程中使用同步(Synchronized)来实现对调用对象的互斥，若线程获得了对对象的调用权，则进入就绪状态；反之，则处于阻塞状态(“同步”的概念请参考 13.3 节)。

(3)线程调用 wait()方法进入阻塞状态，当等待时间到或被 interrupt()方法中断或被 notify()和 notifyAll()方法唤醒时，线程继而判断运行调用的对象是否被“锁定”，若没有锁定，则进入就绪状态(“锁定”的概念请参考 13.3 节)。

5. 死亡

线程运行完 run()方法中的内容后自然进入死亡状态；有时线程死亡也可能是由于运行 stop()方法而造成的突然死亡，但 stop()方法会使线程的突然退出造成系统不安全，因此已被放弃。

13.3 线程的同步和调度

线程的同步与调度

13.3.1 一个失败的多线程示例

在多线程的程序中，由于多个线程可以同时访问同一个变量或方法，如果一个线程对它们的访问尚未结束，另一个线程就开始处理，就会产生错误的结果。例如，现银行有一账户，假设有多个客户在不同的取款台同时对这一账户取款，前面的客户提款操作尚未完成，后面的客户就开始提款操作，可能此时后面的客户是在前面客户尚未更新的账户余额上操作，则会造成透支。请先看下面的失败案例。

例 13-4　利用多线程模拟多个客户同时提取同一账户资金的情况。

(1)银行账号类:BankAccount

行号	BankAccount. java 程序代码

```
class BankAccount
{
    private static int totalBalance=5000;//假设账户余额为 5000 元
    public static void takeMoney(String client,int iAmount)  //支取资金方法
    {
        int getBalance=totalBalance;//取得账户余额
        getBalance-=iAmount;//根据支取现金的数量,修正账户余额
        /*利用 sleep(1000)休眠 1 秒钟,模拟提款时数据库更新需要的时间*/
        try{
            Thread.sleep(1000);
        }catch(InterruptedException e){}
        totalBalance=getBalance;//提款后,更新账户余额
        System.out.println("*****"+client+"提款后:"+"余额为"+
        totalBalance+"元"+"*****");
    }
    public static int getBalance()//读取总余额
    {
        return totalBalance;
    }
}
```

(2)提款客户类:Customer

行号	Customer. java 程序代码

```
class Customer extends Thread //客户线程
{
    private int getMoney; //客户提款额
    public Customer(String customerName,int money)
    {
        super(customerName);
        getMoney=money;
    }
    public void run() //客户线程主体
    {
        for(int i=0;i<2;i++)
        {
            System.out.println("正在处理..."+this.getName()+"第"+(i+1)
                                  +"次提取"+getMoney+"元");
            //每次支取 500 元,共两次,合计 1000 元
            BankAccount.takeMoney(this.getName(),getMoney); //客户提款
```

```
            }
        }
    }
```

(3)银行系统主类:BankSystem

行号　　　　BankSystem. java 程序代码

```
//银行系统主类 BankSystem
public class BankSystem
{
    public static void main(String[] args)
    {
        Customer first=new Customer("客户甲",500); //创建线程 1
        Customer second=new Customer("客户乙",500);//创建线程 2
        first. start(); //线程 1 就绪
        second. start();//线程 2 就绪
        System. out. println("等待提款......");
        try{
            first. join(); //等待线程 1 结束
            second. join();//等待线程 2 结束
        }catch(InterruptedException e){}
        System. out. println("===提款结束,账户余额为:"
                        +BankAccount. getBalance()+"元===");
    }
}
```

【运行结果】

按照顺序编译、运行上述三个类文件,结果如图 13-7 所示。

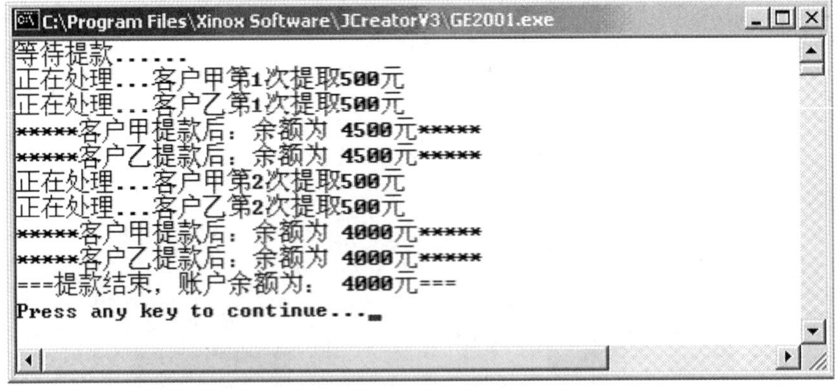

图 13-7　例 13-4 运行结果

读者会发现结果运行不正确。显示结果第五行:"*****客户乙提款后:余额为 4500 元*****",实际应为 4000 元,而最后余额实际应为 3000 元。

【程序分析】

(1)程序中,BankAccount 是银行账号类,提供了提取资金和获得余额的方法,账户余额为

5000 元。Customer 类是模拟提取现金的客户类，在线程体中两次调用账户类的 takeMoney()方法，每次提取资金 500 元，两次共计 1000 元。

(2)在主类 BankSystem 中，创建了两个提取资金的客户线程，程序结束后，每个线程应提取资金 1000 元，两个线程应该共提取资金 2000 元。因此，最后账户余额应该为 3000 元，但程序的执行结果为 4000 元。其原因是：客户甲从账户提取资金后，相当于在程序中执行 takeMoney()方法中的"getBalance－＝iAmount;"语句，紧接着线程处于休眠状态，利用休眠状态模拟远程提取资金需要的时间，此时账户余额 totalBalance 尚未得到更新，仍然为 5000 元。如果客户乙正在提取资金，即在 takeMoney()方法中执行"getBalance－＝iAmount;"，此时使用的余额应当是客户甲提取资金后的值 4500 元，但由于客户甲提取资金后，该余额没有得到立即更新，即仍然为 5000 元，因此，客户乙在 5000 元余额上提取资金后，余额为 4500 元(getBalance 的值)，显然，结果是错误的。造成这种结果的主要原因是两个线程同时操作了同一个方法即 takeMoney()方法，访问了共享数据 totalBalance。

(3)解决这种问题应当采用多线程的"同步机制"。所谓"同步"(synchronized)，是指将被当前线程访问的对象或方法加锁(独占资源，其他想访问此资源的线程只有等待)，只有取得开锁钥匙的线程才能访问该对象或方法。在例 13-4 中，takeMoney()方法被客户甲和客户乙两个线程访问，如果能限制为客户甲访问该方法时客户乙不能访问该方法，直到客户甲退出 takeMoney()方法客户乙才能访问 takeMoney()方法，这样，就可以保证账户余额的正确更新。

13.3.2 线程的同步

实现同步访问某一对象或方法，必须在被访问的对象或方法前加 synchronized 关键字。如果对象或方法被设为"同步"，在同一时刻将只能有一个线程操作此对象或方法(相当于在要操作的对象和方法上加了锁)。如果将例 13-4 的 BankAccount.java 中的 takeMoney()方法加上同步控制符 synchronized(见代码第 4 行，其他代码不变)，将会得到正确的结果。

例 13-5 利用多线程同步技术提取账户资金的情况。

银行账号类：BankAccount

行号　　BankAccount.java 程序代码

```
1   class BankAccount
2   {
3       private static int totalBalance=5000;//假设账户余额为 5000 元
4       //同步支取资金方法,此处添加了 synchronized 关键字
5       public synchronized static void takeMoney(String client,int iAmount)
6       {
7           int getBalance=totalBalance;//取得账户余额
8           getBalance-=iAmount;//根据支取现金的数量,修正账户余额
9           /* 利用 sleep(1000)休眠 1 秒钟,模拟提款时数据库更新需要的时间 */
10          try{
11              Thread.sleep(1000);
12          }catch(InterruptedException e){}
13          totalBalance=getBalance;//提款后,更新账户余额
```

```
            System.out.println("*****"+client+"提款后:"+"余额为"
                                   +totalBalance+"元"+"*****");
        }
        public static int getBalance()//读取总余额
        {
            return totalBalance;
        }
    }
```

【运行结果】

正确结果如图 13-8 所示。

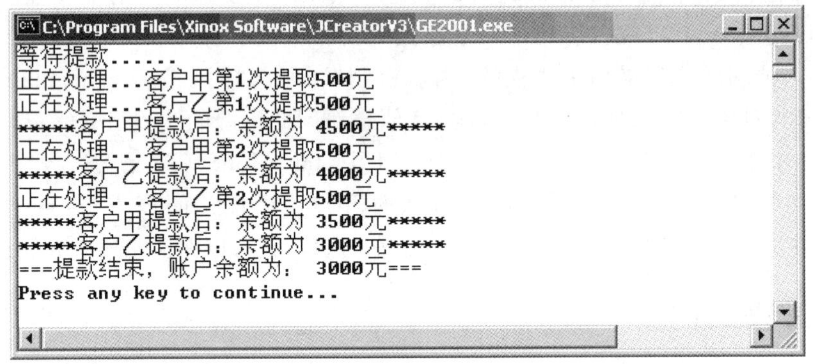

图 13-8 例 13-5 运行结果

注 意：

通过上面的示例，我们了解了"同步"的使用，其实大多数初学者往往容易把"同步"(synchronized)理解成"同时"。事实恰恰相反，这里的 synchronized 是指多个线程在处理结果上的一致性，而非指多个线程同时操作之意。"同步"的意义可以用一个比喻来解释：春游午餐时，老师要分给大家每人一个苹果，但是小朋友人数太多，为避免混乱，老师拿出一个小红旗，让拿到小红旗的小朋友先来领苹果，领完后把小红旗传给下一个人，其他的小朋友只有先等待。

实际上，线程的同步是通过一个称为"互斥锁"的对象来实现的，就像在旅店住宿，如果入住一个房间，可以在房门上加把锁，这期间此房间被独占；当不使用时，可以把锁交给其他人，同时也交出了房间的使用权。

13.3.3 有关线程的调度方法

有时一些线程需要共享一些数据资源，例如典型的"生产者－消费者"的例子，生产者向仓库输入一份商品，消费者从仓库取出一份商品，生产者必须预先将一份商品放入仓库，否则消费者无法从空仓库取出商品。再比如两个线程同时操作一个网络文件，一个将数据写入文件，一个从文件中读取数据，并要求在数据完全写入文件后才能读取，在这些情况下，要考虑这些线程的运行状态，即在一定条件下线程才可以切换，这需要"调度"来达到预期效果。

调度的方法通常有两种：设置线程优先级完成自动调度和使用等待 wait()和唤醒 notify()等方法完成手工调度。

1. 线程优先级(Priority)

在多线程机制下，在线程等待池中的哪个线程能够被优先执行，取决于线程的“优先级”，优先级高的线程优先获得 CPU 运行权。

Java 中线程的优先级分为 1～10 级，1 级(MIN_PRIORITY)最低，10 级(MAX_PRIORITY)最高。如果不做优先级设置，通常线程的默认优先级为 5 级(NORM_PRIORITY)，如果要改变线程优先级，可以使用 setPriority()方法设置。

例 13-6　设置线程优先级，模拟乘客登车(假设乘客中有儿童、妇女和老年人，其中，儿童优先上车，老年人次之，最后是妇女，每个站点上车的人数是随机的)。

GetOnBus.java 程序代码

```
public class GetOnBus
{
    public static void main(String[] args)
    {
        Passenger children=new Passenger("学龄前儿童");
        Passenger women=new Passenger("妇女");
        Passenger elder=new Passenger("老年人");
        children.setPriority(10);//设置 children 为最高优先级
        elder.setPriority(Thread.NORM_PRIORITY);//设置 elder 为普通优先级
        women.setPriority(1);//设置 women 为最低优先级
        women.start();//线程就绪
        elder.start();
        children.start();
    }
}
/*子线程类*/
class Passenger extends Thread
{
    public Passenger(String passengerName)
    {
        super(passengerName);//设置线程名称
    }
    public void run()
    {
        int sum=(int)(Math.random()*5);//随机生成站点人数
        System.out.println("===共有"+sum+"个"
                        +this.getName()+"正在等待上车.===");
        for(int i=0;i<sum;i++)
        {
            System.out.println("现在第"+(i+1)+"个"+this.getName()
```

```
                                        +"正在上车.");//显示上车乘客的身份
30              }
31          }
32    }
```

【运行结果】

程序运行结果如图 13-9 所示。

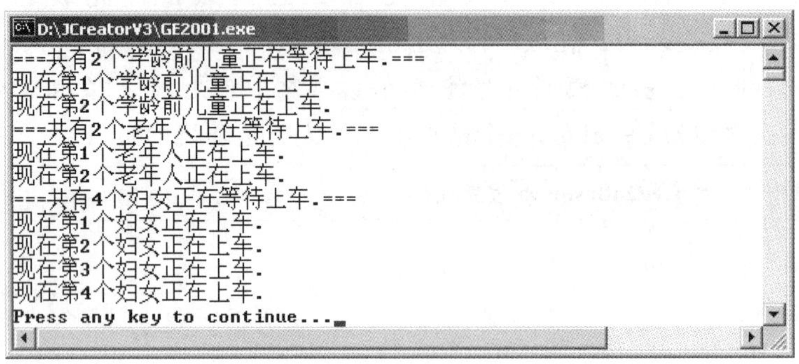

图 13-9　例 13-6 运行结果

【代码说明】

(1)代码第 5～7 行,定义了 Passenger 线程类的三个实例;代码第 11～13 行,使线程就绪。

(2)代码第 25 行,生成 0～4 的随机数,作为登车的每一类人的人数。

(3)通过结果我们看到,虽然在代码第 11～13 行,线程就绪时按照妇女、老年人和儿童的顺序进入线程池,但是线程并未立刻运行,而是按照优先级由 CPU 重新调度。

2. 手工调度

由于自动调度的局限,使得略为复杂的线程控制就无法实现,如果希望线程能按照我们预期的那样运行,就必须使用 wait()与 notify()等方法来手工调度。

wait()与 notify()、notifyAll()等方法被定义在 Object 类中。wait()方法可使当前线程处于等待状态,直到其他线程使用 notify()或 notifyAll()方法唤醒它为止。notifyAll()方法可唤醒所有调用了 wait()方法而处于等待的线程,而 notify()方法可唤醒单个线程,但这种唤醒是随机的。

线程的调度除了上面描述的方法外还有很多,其中有很多已经过时,使用它们可能会造成"死锁",因此不赞成使用,限于篇幅不再详细介绍,请读者自行查询课外资料。

什么是线程死锁?

如果多个线程互相等待对方的资源,而在得到对方资源前都不释放自己的资源,就会造成死锁。比如,你和朋友在旅馆各订了一个房间,各自房间里存放着对方的房间钥匙,但是房门都加了锁,你和朋友都要求对方先拿钥匙打开自己的房门,大家互相僵持着,这样的结果就是大家的房门都无法打开。死锁无法完全避免,它是由编码不健壮而造成的。

本章小结

本章关于进程和线程的理解可以总结如下：

(1)进程：每个进程都有独立的代码和数据空间(进程上下文)，切换的开销大。

(2)线程：轻量的进程，同一类线程共享代码和数据空间，每个线程有独立的运行栈和程序计数器，线程切换的开销小。

(3)多进程：在操作系统中，能同时运行多个任务程序。

(4)多线程：在同一应用程序中，有多个顺序流同时执行。

需要注意的是：本章提到的进程的概念意指单个进程。有时启动一个系列进程也可能包含若干个子进程或应用程序。例如，启动一个系统进程的时候会带动多个 DLL 子进程。

本章涉及的知识点有：

➢ 实现多线程的方法有两种：继承 java. lang. Thread 超类和实现 java. lang. Runnable 接口。

➢ 线程的生命周期包括 start()、sleep()和 run()等方法，其中 start()方法用于使线程进入等待池，进入就绪状态，而不是运行线程。

➢ 线程的调度中，线程可以通过设置优先级和手工调度(使用 wait()与 notify()方法)来实现。

本部分知识的难点在于：

➢ 线程同步的锁。

➢ 生命周期阻塞状态。

请要深入学习的读者自行阅读相关资料。

探究式任务

1. 了解前台线程与后台线程的区别。
2. yield()和 sleep()方法都可以使线程阻塞，两者有何不同？
3. 什么是线程的死锁？
4. 了解线程里经典的生产者与消费者示例。

习　题

一、选择题

1. 让类实现构造多线程的方法有(　　)。

A. 继承 java. lang. Thread 超类　　B. 实现 java. lang. Runnable 接口

C. 继承 java. lang. Runnable 超类　　D. 实现 java. lang. Thread 接口

2. 下面哪个方法是线程的主体方法？(　　)

A. start()　　B. run()　　C. sleep()　　D. init()

3. 可用于阻塞线程的方法有(　　)。

A. sleep()　　B. wait()　　C. join()　　D. stop()

4. 更改线程优先级的方法是(　　)。

A. setPriority()　　B. setName()　　C. setDaemon()　　D. getPriority()

二、编程题

制作一个小球运行的简单线程动画，要求有“重新开始”“暂停”“继续”三个按钮用来控制动画的状态。

三、课程思政题

课程思政:

时事讨论:国家的超算在哪些领域提供算力支持?试着列举几项。

思政目标:国家安全意识。

时事:德国法兰克福举行的国际超级计算大会盛大举行,会上公布了2021第57版世界TOP500超级计算机排名,中国的超算神威·太湖之光也成功入围前十,排名第四;值得一提的是,若按入围的超算总数量排名,中国共有186台,位列第一。此前曾连续两年将"戈登贝尔奖"收入囊中,对于推动我国超算应用发展、提高我国超算软实力,甚至提振中国超算士气方面都有着重要意义。

与知识点结合:并行计算。

第14章 网络通信

知识目标

在本章，我们将要：

- 使用 URL 类获取网络信息
- 获取 Internet 和本地主机地址
- 使用 ServerSocket 类和 Socket 类实现简单聊天室
- 使用 DatagramSocket 类和 DatagramPacket 类实现客户端与服务器端通信

技能目标

在本章，我们可以：

- 了解网络通信的基本协议
- 了解 URL 类的作用
- 使用 Socket 类和 ServerSocket 类编写通信程序
- 使用 DatagramSocket 类和 DatagramPacket 类编写通信程序

素质目标

- 培养自学方法与习惯，具备主动探究能力；培养良好的团队合作意识；具备编写代码规范性等项目开发的相关职业素养。培养大局意识，提高综合职业素养。

14.1 网络基本概念

14.1.1 局域网与广域网

网络按照覆盖区域的大小可分为局域网（Local Area Network，LAN）和广域网（Wide Area Network，WAN）两种。局域网通常是指通过网卡和网线将一个网段内的所有计算机连接在一起的网络，由于几乎不计网络带宽或流量，具有访问简便、速度快捷的特点。广域网现在特指 Internet，就是将世界上的个人计算机或局部网络通过电话线或专线连接的世界性网络。局域网与广域网内的计算机都使用 IP 地址来唯一标识，而广域网中的计算机主机还可以通过域名来命名。Intranet（企业内部网）同时具有局域网和广域网的双重特点，由于采用了 Internet 的 TCP/IP、FTP、HTML 和 Java 等一系列标准，具有良好的开放性和可扩展性，同时又是在企业内部范围布线，其流量和访问速度也会像局域网一样具有优势。

14.1.2 域名与 IP 地址

1. IP 地址

IP 地址即 Internet Protocal 地址，用于在网络上唯一标识每一台计算机。就像家庭电话一样，IP 地址由 4 组 8 位的二进制数(共 32 位)组成，例如：

11000000 10101000 00000000 00000001

因为 32 位二进制数不利于书写和记忆，因此采用 4 组十进制数表示，例如上面的二进制数字可转换为 192.168.0.1。

2. 域名

由于 IP 地址仍不利于记忆，实际应用中经常使用域名代替 IP 地址来标识网络主机在网络上的位置。例如 www.google.com.cn 和 news.163.com 等，当用户通过域名访问网络站点时，域名服务器将域名解析成 IP 地址，再通过 IP 地址访问站点主机。

域名也是唯一的，需要在网络域名提供商处注册得到。原则上域名与 IP 地址是一一对应的关系，但通过对服务器的特殊设置也可以实现多个域名对应一个 IP 地址。

14.1.3 网络协议

在 Internet 上的各种计算机系统平台之间需要相互通信，但是各个系统的内码和所能识别的数据规则不同，就像语言不通的中国人和法国人在一起交谈时需要一位翻译一样，各个系统之间相互通信需要共同遵守一定的规则，这些规则就是协议。

协议是网络的通用语言，是网络中传递和管理信息的一些规范。

常见的协议有 TCP/IP 协议、IPX/SPX 协议、NetBIOS 协议和 HTTP 协议等。在局域网中用得的比较多的是 IPX/SPX 协议，在互联网上被广泛采用的是 TCP/IP 协议，用户如果访问 Internet，则必须在网络协议中添加 TCP/IP 协议。另外，常见的 QQ 聊天工具使用 UDP 协议，E-mail 程序使用 POP3 和 SMTP 协议，Web 页面传输则使用 HTTP 协议。

本章示例中涉及的协议主要为 TCP 和 UDP：

(1)TCP(传输控制协议，Transport Control Protocol)：是面向连接的协议，通过校验保证传输数据包的可靠性，发送方和接收方的 socket(套接字)必须建立连接，然后才可以通信；Java 中的 URL、Socket 和 ServerSocket 等类使用 TCP 协议通信。

(2)UDP(用户数据报协议，User Datagram Protocol)：是非面向连接的协议，传输数据时不附加可靠性验证，每个数据报都包括完整的源地址和目的地址，数据报在网络上可能以任何路径传往目的地；DatagramPacket 和 DatagramSocket 等类使用 UDP 协议通信。

既然 TCP 和 UDP 协议都可以进行网络通信，那么实际应用中究竟该选择哪种协议呢？它们的区别和选择时机如下：

(1)由于 UDP 的数据报中包含了完整的地址，因此无须发送方和接收方进行连接；而 TCP 是面向连接的协议，在 socket 之间传输数据时必须进行连接。另外，可靠性校验也会占用一定的网络带宽，因此需要较多处理时间和系统资源。

(2)UDP 的数据报大小是有限制的，每个数据报理论上不大于 64 KB，但数据区往往只有 1472 字节，因此需要大量传送数据报，而 UDP 又是一个非面向连接、不可靠的协议，因此使用它时网络安全性要求比较高，如局域网 C/S 构架的应用程序，或者应用于对数据传输要求不高的互联网应用程序(如聊天程序)。

(3)TCP 适用于需要可靠传送且数据长度不定的情况。如通过 Internet 发送一个 zip 文件,错误的字节将导致整个 zip 文件都不可用,因此使用 TCP 协议比较合适。值得提出的是,为了保证传输数据的可靠性,Telnet 和 FTP 也采用了面向连接的方式。

14.2 URL

14.2.1 常见的网络服务及其端口号

常见的网络服务有 HTTP、FTP、POP、SMTP 和 Telnet 等(功能见表 14-1)。为了在一台服务器上安装多个服务,引入了端口(port)的概念。

如果把 IP 地址比作一间房子,端口就是出入这间房子的门。端口号的范围为 0～65535。按端口号范围来划分,0～1023 端口号为系统保留,固定分配给一些服务,自行设定端口号时最好选取大于 5000 的端口号。按协议类型可以划分为 TCP、UDP、IP 和 ICMP(Internet 控制消息协议)等类型的端口。下面主要介绍 TCP 和 UDP 类型的端口:

(1)TCP 类型端口:即传输控制协议端口,需要在客户端和服务器之间建立连接,这样可以提供可靠的数据传输。如 FTP 服务的 21 号端口,HTTP 服务的 80 号端口等。

(2)UDP 类型端口:即用户数据报协议端口,无须在客户端和服务器之间建立连接,可靠性得不到保障。常见的有 DNS 服务的 53 号端口,QQ 使用的 8000 和 4000 号端口等。

每个服务都占用一个端口,默认时每个服务都有自己特定的端口号,除非特意改变它们。常用网络服务及对应的端口号见表 14-1。

表 14-1　　常用网络服务及端口号

网络服务	对应端口号
HTTP,超文本传输服务	80
FTP,文件传输服务	21
TELNET,登录远程服务器	23
SMTP,简单邮件传输服务	25
POP,将邮件存储在远程邮件服务器上	109

另外,一些安装到系统平台的 Web 服务器软件和数据库管理系统软件在启动时也会占用一些固定端口,如 SQL Server 默认占用 1433 号端口,Apache Tomcat 默认占用 8080 号端口,BEA Weblogic 默认占用 7001 号端口等。

听一听:

Apache Tomcat 和 BEA Weblogic 都是现今比较流行的 JSP(Java Server Pages)引擎,主要用于基于 JSP 技术开发的站点,JSP 是读者在后续的学习中要接触到的知识。

SQL Server 是微软公司开发的操作简便但功能强大的数据库管理系统,在本书的最后一章中我们会学习到关于它的基本的访问和使用。

14.2.2 URL 类

URL(Uniform Resource Locator)是统一资源定位器的简称,可以用来标识网络资源的地址。

1. URL的组成

一个URL包括两个部分:协议名和资源名,中间用冒号隔开,例如:

协议名:资源名

其中,协议名由前面14.2.1节的网络服务名指定。资源名即资源的完整地址,包括主机名、端口号、目录和文件名等内容。下面是几个URL地址示例:

http://community.csdn.net/tom

http://java.sun.com/index.html#chapter1

ftp://upload.mysite.com.cn:21/pic

2. Java中的URL类

java.net包中的URL类实现了Java对URL的应用,其常用构造方法如下:

(1)URL(String spec)

根据字符串表示形式创建URL对象。例如:

```
URL csdn_url=new URL("ftp://upload.mysite.com.cn:21/pic");
```

(2)URL(String protocol,String host,int port,String file)

根据指定的协议、主机名、端口号和文件名创建URL对象。例如:

```
URL csdn_url=new URL("ftp","upload.mysite.com.cn",21,"pic");
```

(3)URL(URL context,String spec)

通过在指定的上下文中对给定的字符串进行解析创建URL对象。例如:

```
URL csdn_url=new URL("ftp://upload.mysite.com.cn:21/pic");
URL index_url=new URL(csdn_url,"index.html");
```

注　意:

构造URL对象时,如果指定了错误的协议,会抛出MalformedURLException异常。

获取URL类属性的方法,见表14-2。

表14-2　　获取URL类属性的常用方法

URL类的方法	说　明
int getDefaultPort()	获得与此URL关联协议的默认端口号
String getFile()	获得此URL的文件名
String getHost()	获得此URL的主机名
String getPath()	获得此URL的路径部分
int getPort()	获得此URL的端口号
String getProtocol()	获得此URL的协议名称

例14-1　获取URL类属性信息。

行号　　GetURLInfo.java程序代码

```
import java.net.*;
public class GetURLInfo{
    public static void main(String[] args) throws MalformedURLException{
        URL url=new URL("http://www.oracle.com/");
        URL pageUrl=new URL(url,"technetwork/indexes/downloads/index.html");
        System.out.println("协议关联端口:"+pageUrl.getDefaultPort());
```

```
            System.out.println("站点文件名:"+pageUrl.getFile());
            System.out.println("站点主机:"+pageUrl.getHost());
            System.out.println("使用协议:"+pageUrl.getProtocol());
        }
    }
```

【运行结果】

程序运行结果如图 14-1 所示。

图 14-1　例 14-1 运行结果

【代码说明】

(1)构建 URL 对象时会抛出 MalformedURLException 异常。

(2)80 为 HTTP 协议默认关联端口。

14.2.3　使用 InetAddress 类获取主机地址

网络上的主机地址有两种表示形式，例如：

(1)域名方式：www.sina.com.cn

(2)IP 地址方式：60.28.175.134

使用 java.net 包中的 InetAddress 类，可以获取这两种地址。

1. 获取 Internet 上主机的地址

使用 InetAddress 类的 getByNames(Strings)静态方法可以根据域名字符串获得 InetAddress 对象，该对象包含有该参数的“域名形式”和“IP 地址形式”的值对。

例如，可以输入域名“www.sina.com.cn”，得到值对“www.sina.com.cn/60.28.175.132”。

另外，InetAddress 类还有两个方法用来从 InetAddress 对象的值对中获取“域名形式”或“IP 地址形式”。

(1)public String getHostName()：获取 InetAddress 对象的域名形式。

(2)public String getHostAddress()：获取 InetAddress 对象的 IP 地址形式。

2. 获取本地机的地址

使用 InetAddress 类的 getLocalHost()静态方法可以获得本机的 InetAddress 对象，该对象包含有本机的域名和 IP 地址。

例 14-2 获取 Internet 和本机地址。

行号	GetAddress.java 程序代码

```
import java.net.*;
public class GetAddress{
    public static void main(String[] args){
        try {
            InetAddress address01=InetAddress.getByName("www.163.com");
            System.out.println(address01.toString());//输出 Internet 站点的域名/IP 地址
            System.out.println(address01.getHostName());//输出域名
            System.out.println(address01.getHostAddress());//输出 IP 地址
            InetAddress address02=InetAddress.getLocalHost(); //输出本地主机域名/IP 地址
            System.out.println(address02.toString());
            System.out.println(address02.getHostName());
            System.out.println(address02.getHostAddress());
        }
        catch (UnknownHostException ex) {
        }
    }
}
```

【运行结果】

程序运行结果如图 14-2 所示。

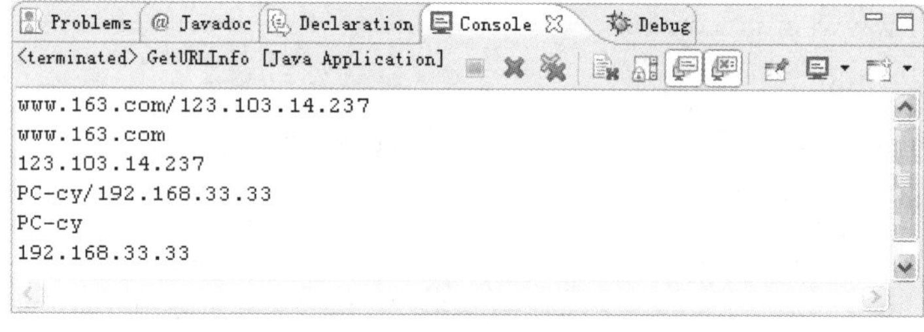

图 14-2 例 14-2 运行结果

【代码说明】

(1)本示例需要先连接到 Internet 上,然后测试。

(2)图 14-2 中的"cy"为本机机器名。

14.3 使用 Socket 类和 ServerSocket 类编写通信程序

14.3.1 什么是 Socket

Java 的网络 API 类库是典型的基于 TCP/IP 通信的网络类库,程序之间依靠 Socket 进行通信。我们可以把 Socket 看成在两个程序间进行通信连接的一个端点(比如电源的一个插座),一个程序先将一段信息写入 Socket 中,然后该 Socket 将这段信息发送给另外一个

Socket，使这段信息能传送到那个程序中。

套接字(Socket)也是一种软件形式的抽象，用于表达两台计算机间一个连接的“终端”。针对一个特定的连接，每台计算机上都有一个“套接字”，可以想象它们之间有一条虚拟的线缆。线缆的每一端都插入一个套接字(或称“插座”)里。当两台计算机都建立了 Socket 并连接完毕就可以通信了。如图 14-3 所示。

图 14-3　Socket

在 Java 中，我们创建一个套接字，用它建立与其他计算机的连接。从套接字得到的结果是一个 InputStream 以及 OutputStream(若使用恰当的转换器，则分别是 Reader 和 Writer)对象，以便将连接作为一个 IO 流对象对待。

有两个基于数据流的套接字类：

(1)ServerSocket：服务器用它“侦听”进入的连接。

(2)Socket：客户用它初始一次连接。

使用 Socket 进行网络通信的过程：ServerSocket 的主要任务是在那里耐心地等候其他计算机同它连接，再返回一个实际的 Socket。一旦客户(程序)向服务器端申请建立一个套接字连接，ServerSocket 就会通过 accept()方法返回一个对应的服务器端套接字，以便进行直接通信。从此时起，就得到了真正的“套接字-套接字”连接。此时可以利用 getInputStream()方法以及 getOutputStream()方法从每个套接字产生对应的 InputStream 和 OutputStream 对象。这些数据流必须封装到缓冲区内。可按第 12 章介绍的方法对类进行格式化，就像对待其他任何流对象那样。

注　意：

不要被“ServerSocket”这个命名迷惑，因为它的作用不是真的成为一个 Socket，而是在其他 Socket 同它连接的时候产生一个 Socket 对象。

所以，程序的运行如下：

(1)创建服务器端 ServerSocket 对象和客户端 Socket 对象，建立连接。

(2)建立信息，以流的形式连接到 Socket。

(3)进行读写操作。

(4)关闭 Socket。

创建一个 ServerSocket 对象时，只需为其赋予一个端口号，不必为其分配一个 IP 地址，因为它已经在自己代表的那台机器上了。但在创建一个 Socket 对象时，却必须同时赋予 IP 地址以及要连接的端口号。另一方面，从 ServerSocket 对象的 accept()方法返回的 Socket 对象已经包含了所有这些信息。

14.3.2　创建 Socket

Socket 类的常用构造方法如下：

➢ Socket(InetAddress address,int port)

创建一个流套接字并将其连接到指定 IP 地址的指定端口号。

ServerSocket 类的常用构造方法如下：

➢ ServerSocket(int port)

创建绑定到特定端口的服务器套接字。

例如，创建客户端的 Socket 对象，并设定端口号为 2000，格式为：

```
Socket clientSocket=new Socket("127.0.0.1",2000);
```

创建服务器端的 ServerSocket 对象，格式为：

```
ServerSocket serverSocket=new ServerSocket(2000);
```

由服务器端的 serverSocket 对象监听 2000 端口，由 ServerSocket 类的 accept()方法负责接收客户端发来的连接请求。accept()方法是阻塞性方法，也就是说当运行此方法时，服务器程序将一直等待来自客户端的请求，当接收到来自客户端的 clientSocket 时，才返回一个对应于客户端的 Socket 对象，这时客户端与服务器端才建立了真正的“套接字-套接字”连接。接下来由客户端与服务器端各自建立自己的输入/输出流，就可以像前面所描述的那样传输数据了。

14.3.3 创建输入/输出流

ServerSocket 类与 Socket 类都提供了 getInputStream()和 getOutputStream()方法来得到对应的输入/输出流，这两个方法分别返回 InputStream 和 OutputStream 类的对象。为了提高输入/输出效率，可以再套接过滤流，如 DataInputStream 和 DataOutputStream 类用于处理数字，InputStreamReader、OutputStreamWriter 和 PrintWriter 等类用于处理文本(具体使用见例 14-3)。

14.3.4 简单聊天室示例

微课

聊天室实例

例 14-3 简单聊天室示例。

(1)服务器端程序 TalkServer 类。

行号　　TalkServer.java 程序代码

```
import java.io.*;
import java.net.*;
public class TalkServer{
    public static void main(String args[]){
        ServerSocket serverSocket=null;
        Socket clientSocket=null;
        BufferedReader br=null;
        PrintWriter pw=null;
        try {
            /* 建立服务器端 ServerSocket 对象 */
            serverSocket=new ServerSocket(2000);
        }catch (IOException ex){
            ex.printStackTrace();
        }
        try{
            System.out.println("等待客户端的连接...");
```

```
                clientSocket=serverSocket.accept();//接收来自客户端的 Socket
                /*建立接收客户端信息的输入流对象 br*/
                br=new BufferedReader(new InputStreamReader(clientSocket
                    .getInputStream(), "UTF-8"));
                System.out.println("来自客户端的信息是:"+br.readLine());
                /*建立接收本地服务器控制台的输入信息的输入流对象 server_br*/
                BufferedReader server_br=new BufferedReader(
                    new InputStreamReader(System.in,"UTF-8"));
                //接收来自客户端信息
                String server_info=server_br.readLine();
                /*建立向客户端写出信息的输出流对象 pw*/
                pw=new PrintWriter(new OutputStreamWriter(clientSocket.
                    getOutputStream(),"UTF-8"));
                //接收本地服务器控制台的输入信息
                while(!server_info.equals("bye")){//服务器端控制台输入"bye"时程序结束
                    pw.println(server_info);//把信息传给客户端
                    pw.flush(); //刷新输出流
                    System.out.println("来自客户端的信息是:"+br.readLine());
                    //信息来自客户端
                    server_info=server_br.readLine();
                    //循环接收下一次的服务器控制台输入信息
                }
                br.close();
                pw.close();
                clientSocket.close();
                serverSocket.close();
            }catch (Exception ex){
                ex.printStackTrace();
            }
        }
    }
```

(2)客户端程序 Talk 类。

行号　　**Talk.java 程序代码**

```
import java.io.*;
import java.net.*;
public class Talk{
    public static void main(String[] args){
        try{
            Socket clientSocket=new Socket("127.0.0.1", 2000);//建立客户端的 Socket
            /*建立接收服务器端信息的输入流对象 br*/
            BufferedReader br=new BufferedReader(new InputStreamReader(
                                clientSocket.getInputStream(),"UTF-8"));
```

```
                //Java 源文件编译时应使用 encoding 选项
                /* 建立向服务器端写出信息的输出流对象 pw */
                //PrintWriter pw=new PrintWriter(clientSocket.getOutputStream());
                PrintWriter pw=new PrintWriter(new OutputStreamWriter(
                        clientSocket.getOutputStream(),"UTF-8"));
                /* 建立接收本地客户端控制台的输入信息的输入流对象 client_br */
                BufferedReader client_br=new BufferedReader(
                    new InputStreamReader(System.in,"UTF-8"));
                System.out.println("聊天客户端已经启动...");
                String client_info=client_br.readLine(); //本地客户端控制台的输入信息
                System.out.println("您输出的信息是:"+client_info);
                while(!client_info.equals("bye")) {
                    //客户端控制台输入"bye"时程序结束
                    pw.println(client_info); //把信息传给服务器端
                    pw.flush(); //刷新输出流
                    System.out.println("来自服务器的信息是:"+br.readLine());
                    //信息来自服务器端
                    client_info=client_br.readLine();
                    //循环接收下一次的客户端控制台输入信息
                }
                br.close();
                pw.close();
                clientSocket.close();
            }catch (Exception ex){
            }
        }
    }
```

【运行步骤】

(1)编译好两个源程序,在控制台中先启动 TalkServer 类,再启动 Talk 类。

(2)在客户端程序控制台窗口中输入“你好,administrator”,在服务器端窗口中会看到此信息;这时在服务器端窗口中输入“hi,user”,客户端窗口也会看到回应。

(3)当在两个窗口中输入“bye”时,程序退出。

【运行结果】

程序运行结果如图 14-4 所示。

【代码说明】

TalkServer 类与 Talk 类代码对比:

(1)创建套接字。

TalkServer 类:serverSocket=new ServerSocket(2000);构造方法参数为要监听的端口号,无需 IP 地址,且端口号与客户端设定的端口号相同。

Talk 类:clientSocket=new Socket("127.0.0.1",2000);构造方法参数为 IP 地址和要传输客户端 Socket 到指定服务器的端口号。

图 14-4　例 14-3 运行结果

(2)创建输入与输出流。

本示例客户端与服务器端都可以接收和发送信息，将输入/输出流 BufferedReader 和 PrintWriter 对象连接到远程计算机，并将 Socket 发送给对方(注意：这里的发送有一定的顺序，是客户端先发送 Socket 给服务器，服务器端的 ServerSocket 的 accept()方法接收后，再生成一个 Socket 发送给客户端)，如图 14-5 所示。

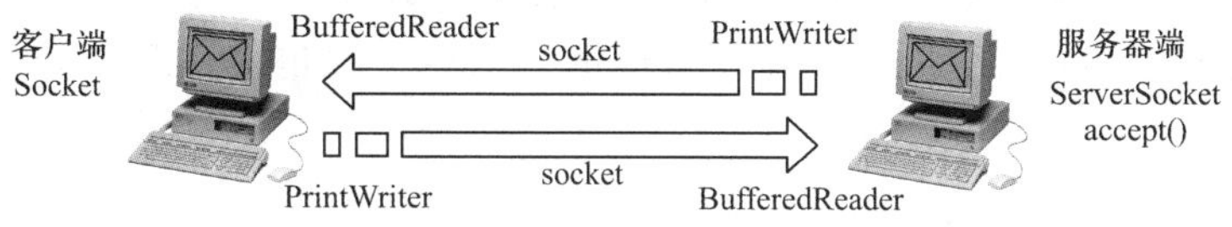

图 14-5　两端都可接收和发送信息

(3)TalkServer 类与 Talk 类都有一个 while 循环，用以判断本地控制台输入的信息，当控制台输入“bye”时程序结束。

(4)程序结束时需要关闭各个对象，注意 TalkServer 类中关闭对象的次序(见 TalkServer.java 程序代码第 36～39 行)。

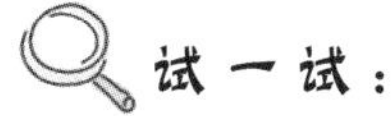

读者可以将 Talk 类代码“clientSocket=new Socket("127.0.0.1",2000);”中的 IP 地址“127.0.0.1”改为局域网内其他机器的 IP 地址，并使 TalkServer 类运行在那台计算机上，测试一下聊天程序是否可以运行？

14.4　DatagramSocket 类和 DatagramPacket 类

前一小节介绍了基于 TCP 连接的 Socket 通信，其特点是 Point-to-Point(点对点)，优点是可靠性高。但是有一些应用并不适合使用“点对点”连接，例如，当使用 ping 命令校验网络内主机的连接状态时，需要从多个路径收集多种数据，这显然不是“点对点”连接所能完成的。有时需要快速地收集网络数据，且对可靠性要求并不严格，这时就可以考虑使用基于 UDP 协议的通信方式。另外，UDP 也可以实现组播方式通信，例如 QQ 中的群发信息。

java.net 包提供了 DatagramSocket 类和 DatagramPacket 类来支持数据报通信。其中，DatagramPacket 类用于建立数据报，DatagramSocket 类用于在程序之间建立数据报的通信连接。在数据报通信时，客户端与服务器端都要先建立 DatagramSocket 对象以进行连接，然后就可以接收或发送数据报包。

14.4.1 创建、接收与发送数据报

(1)DatagramSocket 类常用的构造方法：

①DatagramSocket(int port)

创建数据报套接字并将其绑定到本机上的指定端口。

②DatagramSocket(int port,InetAddress laddr)

创建数据报套接字，将其绑定到指定的本机地址。

(2)DatagramPacket 类常用的构造方法(其中 buf 数组用以存放数据报数据)：

①DatagramPacket(byte[] buf,int length)

构造 DatagramPacket，用来接收长度为 length 的数据报。

②DatagramPacket(byte[] buf,int offset,int length)

构造 DatagramPacket，用来接收长度为 length 的包，并指定缓冲区偏移量。

③DatagramPacket(byte[] buf,int length,InetAddress address,int port)

构造数据报包，用来将长度为 length 的包发送到指定主机上的指定端口号。

④DatagramPacket(byte[] buf,int offset,int length,InetAddress address,int port)

构造数据报包，用来将长度为 length 偏移量为 offset 的包发送到指定主机上的指定端口号。

注　意：

在接收数据时，应该使用前面第①、②种构造方法来构造 DatagramPacket 对象，构造方法参数给出了存放数据报的数组缓冲区及接收长度。然后使用 receive()方法来接收数据报，语法简要格式为：

```
DatagramPacket packet=new DatagramPacket(buf,1024);
DatagramSocket socket=new DatagramSocket();
socket.receive(packet);
```

在发送数据时，应该使用前面第③、④种构造方法来构造 DatagramPacket 对象，构造方法参数给出了指定的主机地址以及端口号。然后使用 send()方法来发送数据报，语法简要格式为：

```
DatagramPacket packet=new DatagramPacket(buf,1024,"news.163.com",80);
DatagramSocket socket=new DatagramSocket();
socket.send(packet);
```

其中，socket 是 java.net.DatagramSocket 类或其子类 MulticastSocket 类的对象。MulticastSocket 类是多播数据报套接字类，用于发送和接收 IP 组播包，具有加入 Internet 上其他多播主机“组”的附加功能。简单地说，就是一台计算机发出的信息可以被同一个组内的多台计算机所接收，这就是所谓的“组播”。

14.4.2 简单数据报通信示例

假设服务器的 IP 地址为 192.168.33.33，利用 5656 号端口监听来自客户的数据，当接收到客户数据后，在服务器端显示该数据，然后将该数据转换成大写字符并返回给客户端，客户端接收到返回的数据后将其显示出来。

例 14-4　数据报通信示例。

(1)服务器端程序

UDPServer. java 程序代码

```
import java.awt.event.WindowAdapter;
public class UDPServer extends JFrame{
    JLabel lbl;//显示提示信息
    JTextArea taInfo;//显示客户端发送的信息
    DatagramSocket serverSocket;//定义 DatagramSocket 对象
    DatagramPacket serverPacket;//定义 DatagramPacket 对象
    byte[] buffer=new byte[1024];//定义发送和接收数据的缓冲区
    String msg;
    void init() throws UnsupportedEncodingException  //显示服务器端应用程序界面
    {
        lbl=new JLabel(new String("来自客户端的信息"));
        taInfo=new JTextArea(20,60);
        taInfo.setBorder(new EtchedBorder(EtchedBorder.LOWERED,null,null));
        add(lbl,"North");
        add(taInfo,"Center");
        addWindowListener(new WindowAdapter(){
            public void windowClosing(WindowEvent evt){
                System.exit(0);
            }
        });
        setTitle("服务器端");
        setSize(300,200);
        setVisible(true);
    }
    void recAndSend() //用于接收和发送数据的方法
    {
        try{
            //创建服务器端发送和接收数据的套接字
            DatagramSocket serverSocket=new DatagramSocket(5656);
            taInfo.append("\nServer is waiting.......");
            while(true){
                //创建用于接收数据的数据报对象
                serverPacket=new DatagramPacket(buffer,buffer.length);
                serverSocket.receive(serverPacket);//接收数据报并存入 serverPacket 中
                //将缓冲区的数据转换成 data 指向的字符串
                String data=new String(buffer,0,serverPacket.getLength());

                if(data.equalsIgnoreCase("quit"))//判断客户端发送的是否为 quit
                    break;
                /*添加接收到的数据到文本区*/
                taInfo.append("\nClient said: "+data);
```

```
                /*收到的数据转换成大写字符串*/
                String strToSend=data.toUpperCase();
                /*获得数据报的主机 IP*/
                InetAddress clientIP=serverPacket.getAddress();
                /*获得接收到数据报的主机的端口*/
                int clientPort=serverPacket.getPort();
                byte[] msg=new byte[1024];
                msg=strToSend.getBytes("UTF-8");//将字符串转换成字节数组,并指定编码为 UTF-8
                /*创建用于发送的数据报对象,内容为 msg 指向的数组*/
                DatagramPacket clientPacket=new DatagramPacket(msg,msg.length,
                    clientIP,clientPort);//传输的报文长度应固定为 1024
                serverSocket.send(clientPacket);//发送数据报到客户端
            }
            serverSocket.close();//关闭服务器 socket
            taInfo.append("\nServer is closed!");
        }catch (Exception e){
            e.printStackTrace();
        }
    }
    public static void main(String[] args) throws UnsupportedEncodingException{
        UDPServer udpserver=new UDPServer();//创建应用程序对象
        udpserver.init();//调用 init()方法
        udpserver.recAndSend();//调用 recAndSend()方法
    }
}
```

(2)客户端程序

UDPClient.java 程序代码 import java.awt.BorderLayout;

```
public class UDPClient extends JFrame implements ActionListener{
    JLabel lbl;//显示文字信息的标签对象
    JTextField txtInput;//用于输入信息文本域对象
    JTextArea taInfo;//显示从服务器返回信息的文本区对象
    JPanel panel1;//定义面板对象
    String strToSend;
    byte[] bufsend=new byte[1024];//发送缓冲区
    byte[] bufreceive;//接收缓冲区
    DatagramSocket clientSocket;//客户端 socket
    DatagramPacket clientPacket;//客户端数据报对象
    //生成应用程序界面
    void init(){
        panel1=new JPanel();
        panel1.setLayout(new BorderLayout());
        lbl=new JLabel("输入发送的信息:");
        txtInput=new JTextField(30);
```

```
        taInfo=new JTextArea(20,60);
        taInfo.setBorder(new EtchedBorder(EtchedBorder.LOWERED,null,null));
        add(panel1,"North");
        add(taInfo,"Center");
        panel1.add(lbl,"West");
        panel1.add(txtInput,"Center");
        txtInput.addActionListener(this);//为文本域注册侦听器
        //为 Windows 事件注册适配器类
        addWindowListener(new WindowAdapter(){
            public void windowClosing(WindowEvent evt){
                clientSocket.close();
                System.exit(0);
            }
        });
        setTitle("客户端");
        setSize(300,200);
        setLocation(200,200);
        setVisible(true);
    }
    //创建客户端的 socket
    void setSocket(){
        try{
            clientSocket=new DatagramSocket();
        }catch (Exception e){
            e.printStackTrace();
        }
    }
    //利用文本域的 actionPerformed()方法实现通信
    public void actionPerformed(ActionEvent e){
        strToSend=txtInput.getText();//获得文本域输入的文本内容
        try{
            bufsend=strToSend.getBytes("UTF-8");//注意编码为 UTF-8
        }catch (UnsupportedEncodingException e1){
            //TODO Auto-generated catch block
            e1.printStackTrace();
        }//转换成待发送的字节数组
        try{
            //创建待发送的数据报对象
            clientPacket=new DatagramPacket(bufsend,bufsend.length,
                        InetAddress.getByName("192.168.33.33"),5656);
            clientSocket.send(clientPacket);//发送以创建的数据报
            bufreceive=new byte[1024];//创建字节数组作为接收缓冲区
            //创建用于接收数据的数据报对象
            DatagramPacket receivePacket=new DatagramPacket(bufreceive,bufreceive.length);
                //报文长度应固定为 1024
```

```
                clientSocket.receive(receivePacket);//接收服务器返回的数据
                //将接收的数据转换成字符串
                String received=new String(receivePacket.getData(),0,receivePacket.getLength());
                taInfo.append("\nFrom server: "+received);//添加到文本区并显示出来
            }catch (Exception ex){
                ex.printStackTrace();
            }
            txtInput.setText("");//清除文本域的内容
        }
        public static void main(String[] args){
            UDPClient udpclient=new UDPClient();//创建客户端应用程序
            udpclient.init();//调用 init()方法
            udpclient.setSocket();//调用 setSocket()方法
        }
    }
```

【运行结果】

在客户端的文本框中输入"您好,Administrator"。运行结果如图 14-6 所示。

图 14-6　例 14-4 运行结果

【代码说明】

(1)为了更好地在 GUI 上显示中文,建议使用轻组件 Swing 来设计 UI,例如 JFrame 和 JLabel 等。

(2)为了避免网络传输中文乱码问题,必须将要传输的字符串用"UTF-8"重新编码,不能使用中文的 GB18030 及其子集的编码。

(3)注意传输的数据报 DatagramPacket 应统一设定为一个值,如 1024,否则可能无法正常输出内容。

本章小结

本章所描述的知识是 C/S 及 B/S 构架网络编程技术的基础,主要讲述了:

- 域名与 IP 地址的表示方法和作用。
- 常用的网络协议按传输数据的方式可分类为:TCP(传输控制协议)和 UDP(用户数据报协议)。
- 网络端口号与 URL 类。

➢ Socket 类和 ServerSocket 类。

➢ DatagramSocket 类和 DatagramPacket 类。

➢ Socket 类和 ServerSocket 类分别通过 receive()方法和 send()方法接收和发送套接字和数据包。

➢ 通过网络协议传输数据时是依靠“流”功能来实现的，通过套接字类的 getInputStream()和 getOutputStream()方法可以创建输入和输出流对象，用来存储接收和要发送的数据。

探究式任务

1. 了解组播的作用场景和实现方法。
2. 了解 WebSocket 的作用。

习　题

一、选择题

1. 下面协议中具有校验能力的协议为(　　)。

A. TCP　　B. IP　　C. HTTP　　D. UDP

2. HTTP 协议和 SQL Server 默认占用的端口号分别为(　　)。

A. 8080 和 80　　B. 80 和 1433　　C. 80 和 8080　　D. 1433 和 80

3. 下面(　　)方法可以输出 InetAddress 对象中远程主机的 IP 地址。

A. getHostName()　　B. getHostAddress()

C. getLocalHost()　　D. toString()

4. Socket 类对象调用 getInputStream()方法返回的是(　　)类的对象。

A. PrintWriter　　B. OutputStreamWriter

C. InputStream　　D. OutputStream

二、编程题

编写一个从网站上读取 HTML 页面的程序。

提示：使用 URL 类的 openStream()方法可以返回一个连接到 URL 网址的 InputStream 类的资源对象；若要获取 HTML 文件内容，需要建立与 URL 的连接(connection)，然后从连接中获取 InputStream 对象并读取内容，语句如下：

```
HttpURLConnection urlcon = (HttpURLConnection) url.openConnection();
urlcon.connect();
InputStream is = urlcon.getInputStream();
```

三、课程思政题

课程思政：

时事讨论：国家网络建设还在哪些方面起着重要的作用？

思政目标：大局意识。

时事：抗疫防疫，信息助力：随着 2019 年末新冠疫情来袭，信息技术特别是基于软件技术设计开发的各类应用系统，以及各类大数据系统、人工智能应用，为防疫抗疫带来巨大助力。为防止疫情在学校蔓延，停课不停教、不停学，是互联网＋教育的重要成果应用展示。信息技术将原本的线下教育教学活动搬到线上，彰显出我国网络建设的成果和 IT 技术的魅力。

与知识点结合：网络通信。

第15章 数据库访问

知识目标

在本章,我们将要:

➢ 掌握 JDBC 操作数据库的语法

➢ 使用 JDBC-ODBC 桥访问数据库

➢ 使用本地协议驱动(Type4)方案访问 SQL Server 2000、2005、2008 数据库

➢ 使用 JDBC 4.0 操作 Apache Derby

技能目标

在本章,我们可以:

➢ 了解 JDBC 的作用与地位

➢ 了解 JDBC 的分类和使用

➢ 学习使用 JDBC-ODBC 桥访问数据库

➢ 掌握访问 SQL Server 和其他类型数据库的方法

➢ 掌握 JDBC 4.0 操作 Apache Derby 数据库的方法

素质目标

➢ 培养自学方法与习惯,具备主动探究能力;培养良好的团队合作意识;正确理解项目需求,具备信息收集、分析与解决问题的能力;具备编写代码规范性等项目开发的相关职业素养。培养大局意识和创新精神,提高综合职业素养。

15.1 JDBC 概述

15.1.1 什么是 JDBC

多数软件系统都涉及对数据库进行编程,目前数据库产品很多,大多数都是关系型数据库系统(Relational Database Management System,RDBMS),如 Access、SQL Server、MySQL、Oracle、Sybase、DB2 和 Informix 等。虽然都是关系型数据库,都支持结构化查询语言(Structured Query Language,SQL),但各个数据库产品在 SQL 语法和数据库驱动上仍有较大差别。为了实现后台数据库编程的统一,ANSI(美国国家标准化组织)制定了一系列的 SQL 标准,如 SQL-89、SQL-92 和 SQL-3 等,统一了各种数据库对数据操作的语法规范。

作为一个包含数据库操作的软件系统,要实行对数据的操作,必须解决前台应用程序与数据库的连接、发送 SQL 语句到后台数据库以及获取数据库系统处理结果等问题,从另一个角度上说,就是保证前台应用程序能够正确转换不同的后台数据库驱动的问题。Java 通过设置一组访问数据库的应用程序接口(Application Programming Interface,API)来解决这些问题,即 JDBC(Java DataBase Connectivity)。

在此之前，自 1995 年 5 月 Java 语言公布以来，由于没有一个纯 Java 代码编写的 API，编程人员不得不在 Java 程序中加入 C 语言等函数的 ODBC 调用(JNI，Java Native Interface)来访问数据库，由于 C 语言等没有 Java 的平台无关性，且面向对象等优势也无法发挥，使 Java 访问数据库功能成为软件开发的“瓶颈”。自 JDK 1.0.x 版本开始，到 JDK 1.1，JDBC 类包逐渐成为 Java 语言的标准部件，直到现在逐步趋于完善，Java 语言与数据库连接访问时才真正实现了“Write Once，Run Anywhere!”。

JDBC 是一组可用于访问数据库的 Java API 类库，由纯 Java 代码编写的类和接口组成。JDBC 在应用程序开发中地位和作用如图 15-1 所示。

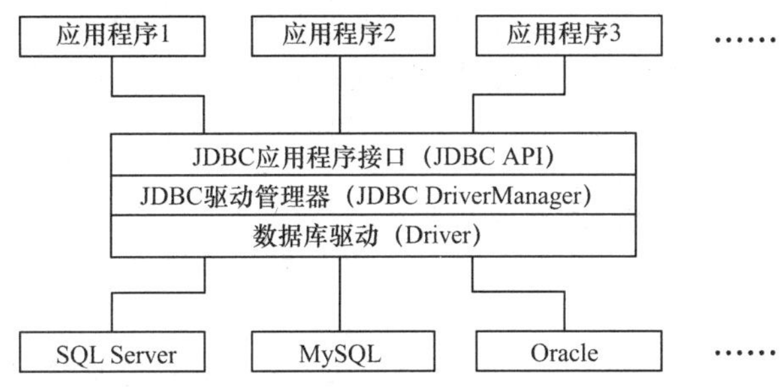

图 15-1　JDBC 结构图

从图 15-1 可以看出，JDBC 的结构分为两层：JDBC API 和 JDBC Driver API，前者负责应用程序与 JDBC DriverManager 之间的通信，后者负责 JDBC DriverManager 与数据库驱动程序具体实现之间的通信。

由于不同的 DBMS 的驱动(Driver)不同，为了保证网络上应用程序能够访问到不同类型的数据库，必须将来自应用程序端的调用转换成能够被不同数据库所能识别的驱动，就像奥运会上不同国家的运动员之间需要交流，于是组委会安排了翻译来完成工作一样，JDBC 就是“翻译”。

如前所述，总结 JDBC 的作用有三点：

(1)与数据库建立连接。

(2)向数据库发送 SQL 语句。

(3)检索数据库返回的结果。

15.1.2　ODBC 简介

讲到 JDBC 就不能不提 ODBC。Microsoft 的 ODBC(Open Database Connectivity，开放式数据库连接)接口技术参照 SQL 标准化组织对 SQL 接口的定义而制作，支持的软件环境十分丰富，如 Excel、Word、Access、Visual Basic、FoxPro、Visual C++和 Microsoft SQL Server 等，原则上只要具有 Windows 版本驱动的 DBMS 或其他应用软件都可以通过 ODBC 技术访问。ODBC 的结构图与图 15-1 很类似(如图 15-2 所示)，那是因为 JDBC DriverManager 就是仿照 ODBC DriverManager 结构制作的。

ODBC 有四个主要组成部分：应用程序接口、驱动器管理器、数据库驱动器和数据源。

其中，数据源(Data Source)需要在程序运行前预先设置，包含了数据库路径及其驱动两部分信息(配置方法请参考后面的示例)。

ODBC 的优点显而易见，由于有微软公司强大的、市场占有率很高的 Windows 操作系统

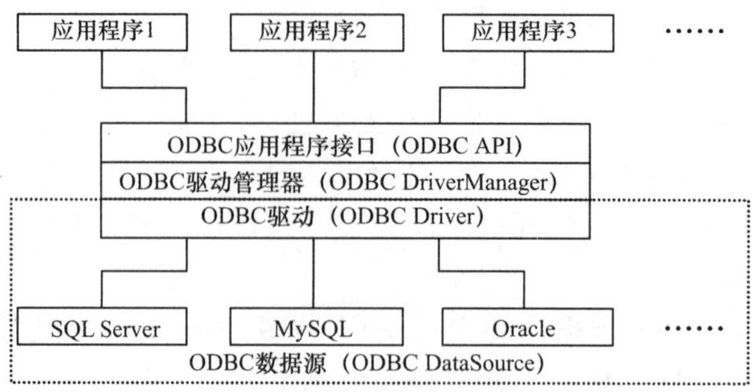

图 15-2 ODBC 结构图

支持，使得在开发 Windows 程序时变得更简便；而缺点恰恰也是这个原因，ODBC 只适用于安装 Windows 系统的计算机，使得应用程序跨平台的能力基本丧失。

15.1.3 JDBC 支持的两种编程模型

1. 二层模型(C/S)

C/S 模型被称为客户端(Client)/服务器(Server)模型，在这种编程构架下可以简单地让客户端程序直接与数据库系统交互，客户端负责连接、访问和发出操作数据库命令，涉及的工作量较大，所以一般称 C/S 模型为胖客户端模型，而且 C/S 程序需要在每台运行它的客户机上安装客户端软件。

2. 三层模型(C/S 或 B/S)

三层模型是指将数据处理过程分为三部分：第一层是客户端(用户界面层)，提供用户与系统的友好访问界面；第二层是应用服务层(也叫中间层)，专门负责业务逻辑的实现；第三是数据层，负责数据信息的存储、访问及其优化。

C/S 或 B/S 模型(浏览器 Browser/服务器 Server 模型)都可以使用称为中间层的服务层，客户端的命令首先发送给一个所谓"中间层"的业务逻辑层，中间层再将 SQL 语句发给 DMBS 处理，执行的结果也同样再由中间层转交到客户端，如图 15-3 所示。

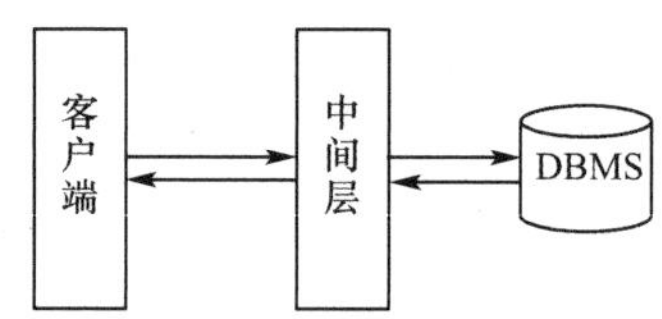

图 15-3 三层模型结构图

这样设置编程构架的结果是：客户端不再承受大量的逻辑工作而转由中间层处理。例如 B/S 模型的 Browser 是指用户在客户端只需安装浏览器即可完成访问，而所有负载均安置在服务器端，所以一般称 B/S 模型为瘦客户端模型。

三层模型最直接的好处是，将相同的业务逻辑(如访问数据库操作)组合为一个中间组件，利于组件的重用。当然三层模型也是分布式开发多层模型的基础。

15.1.4 JDBC 驱动程序的类型

JDBC 针对不同的应用场合，可以采用不同的方案来访问数据库，例如图 15-1 中的"数据库驱动(Driver)"层访问 DBMS 时可以分为两种情况：使用 JDBC-ODBC 桥或使用供应商提供的 JDBC 驱动,如图 15-4 所示。其中后者又分为三种形式:本地部分 Java 驱动(图15-5)、网络全驱动(图 15-6)和本地协议全驱动(图 15-7)。

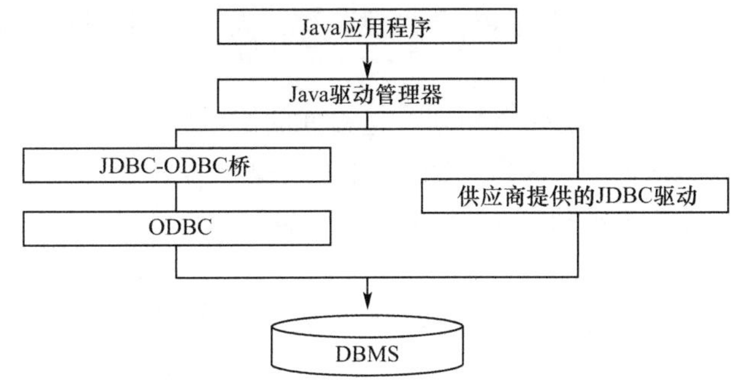

图 15-4　Java 访问数据库的方案

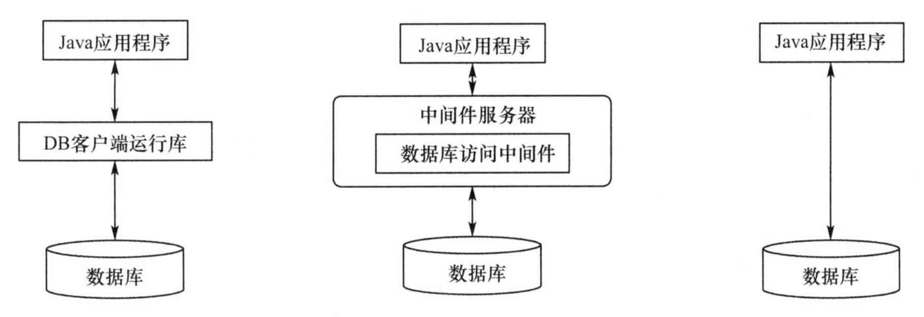

图 15-5　本地部分 Java 驱动　　图 15-6　网络全驱动　　图 15-7　本地协议全驱动

下面简要介绍四种 JDBC 驱动(Driver)的区别:

(1)JDBC-ODBC 桥(JDBC-ODBC Bridge)和 ODBC Driver

这种方案通过 JDBC-ODBC 桥接器连接 ODBC 驱动器提供数据库连接,要求每一台客户机都装有 ODBC 的驱动器,由于该限制,这种方案只适用于 Windows 机。

使用 JDBC-ODBC 桥的方式访问数据库的特点是:配置相对比较简单,但安全性和稳定性都比较低,基本不具备实现分布式的能力,效率也是四种方案中最低的。

(2)本地部分 Java 驱动(Native-API Partly-Java Driver)

这种方案将 JDBC 指令转化成连接所使用的 DBMS 驱动。各客户机使用的数据库可能是 Oracle 或 Sybase 等,都需要在客户端上安装相应的 DBMS 驱动器。

(3)网络全驱动(JDBC-Net All-Java Driver)

这种方案将 JDBC 指令转化成独立于 DBMS 的网络协议形式,再由服务器转化为特定 DBMS 的协议形式。有关 DBMS 的协议由各数据库厂商决定。这种方案可以连接到不同的数据库上,最为灵活,但安全性存在一定的问题。另外,作为中间件的驱动还在完善中。

(4)本地协议全驱动(Native-Protocol All-Java Driver)

这种方案将 JDBC 指令转化成网络协议后不再转换,由 DBMS 直接使用。相当于客户机直接与服务器联系,适用于局域网,访问效率也最高。

在这四种驱动中,后两类“纯 Java”(All-Java)的驱动效率更高,也更具有通用性。

最后,总结 JDBC 的优点如下:

(1)JDBC API 与 ODBC 十分相似,利于理解。

(2)JDBC 的出现使得编程人员从复杂语法调用中解脱,而致力于应用程序中的关键逻辑；标准统一的语法，为编程人员提供了与 Java 系统的其他部分保持一致的接口。

(3)纯 Java 代码制作的 JDBC 使得程序的可移植性大大提高。

(4)JDBC API 是面向对象的类库，利于构建和维护大型应用工程。

缺点如下：

(1)使用 JDBC，访问数据的效率会受到一定程度的影响。

(2)由于要兼顾 Java 跨平台的因素，JDBC 构建过程中需要考虑很多不同厂家的产品，使得一些驱动标准在现阶段还不能得到完善。

15.2 JDBC API 简介

JDBC API 定义了一些完成数据库操作的接口和类，通过这些 API，JDBC 实现了三个基本的功能：建立与数据的连接、执行 SQL 语句和处理执行结果。这些接口和类都在 java.sql 包中。

1. java.sql 包中的常用接口

(1)java.sql.Driver：数据库驱动类，每个驱动程序类必须实现的接口。

(2)java.sql.Connection：与数据库的连接。

(3)java.sql.Statement：管理在一个数据库连接上的静态 SQL 语句的执行。包括下面两个子接口：

①java.sql.PreparedStatement：可保存一个预编译的 SQL 语句，以提高重复执行的效率。

②java.sql.CallableStatement：执行已存储的可调用 SQL 过程。

(4)java.sql.ResultSet：定义指定 SQL 语句执行的原始结果集，并提供对执行 SQL 语句后产生的结果集的访问。

2. java.sql 包中的常用类

(1)java.sql.DriverManager：驱动管理器类，负责 JDBC Driver 的装载和建立新的数据库连接。

(2)java.sql.SQLException：负责处理访问数据库时的出错信息。

(3)java.sql.SQLWarning：负责处理访问数据库时的警告信息。

15.3 JDBC 操作的基本步骤

JDBC 操作数据库的五个基本 API 为：

(1)驱动程序管理器(DriverManager)

(2)连接(Connection)

(3)驱动程序(Driver)

(4)语句(Statement)

(5)结果集(ResultSet)

使用以上 API 就可以实现对数据库的操作。

1. 注册驱动

DriverManager 类是 JDBC 的管理层，作用于用户界面程序和驱动程序之间。该类跟踪可用的驱动程序，并在数据库和相应驱动程序之间建立连接，格式如下：

DriverManager. registerDriver(driver);

例如,JDBC-ODBC Bridge 驱动写成:

String driver="sun. jdbc. odbc. JdbcOdbcDriver";

Java 框架允许在复杂的系统中多个数据库驱动程序并存,这些 Driver 定义在驱动程序列表中。注册 JDBC 驱动程序时,DriverManager 将从驱动程序列表中读取指定的驱动并对其实例化。

若要显式地注册并加载某种驱动,可以使用 Class. forName(),此步可以省略。

2. 注册并加载驱动

Class 类的 forName()方法用于返回指定参数类的对象,这里用于加载并实例化驱动,格式如下:

Class. forName("sun. jdbc. odbc. JdbcOdbcDriver");

也可写成:

Class. forName("sun. jdbc. odbc. JdbcOdbcDriver"). newInstance();

使用后一种方法加载驱动时,往往是因为程序中需要使用这个 Driver 的实例,如果不需要该实例,使用前一种方法即可,因为在当前驱动加载时,已经实例化完成。

对于从网络下载的驱动类的字符串书写格式需要视下载包的路径而定,例如,不同数据库的 Driver 串(以"本地协议全驱动"为例)格式如下:

(1)SQL Server

class. forName("com. microsoft. jdbc. sqlserver. SQLServerDriver");

(2)MySQL

class. forName("org. gjt. mm. mysql. Driver");

根据下载包结构不同或为:

class. forName("com. mysql. jdbc. Driver");

(3)Oracle

class. forName("Oracle. jdbc. driver. OracleDriver");

(4)Sybase

class. forName("com. sybase. jdbc2. jdbc. SybDriver");

(5)Informix

class. forName("com. informix. jdbc. IfxDriver");

与注册驱动中的 DriverManager. registerDriver()方法不同的是,Class. forName()方法只加载并实例化一种指定的驱动。

3. 建立连接

Connection conn=DriverManager. getConnection(URL,[login_name],[login_password]);

试图建立与给定数据库 URL 的连接。Connection 是接口,需由 DriverManager 类调用自己静态的 getConnection()方法得到。

建立连接的 URL 格式为:

jdbc:<subprotocal>:<subname>

对于 ODBC 子协议,其格式为:

jdbc:odbc:<DataSource-name>

例如:

String url="jdbc:odbc:mydatasource";

其中 mydatasource 为数据源名。

而对于"全驱动",其 URL 格式有所不同。例如,SQL Server 的 URL 格式为:

jdbc:microsoft:sqlserver://主机:端口号;DatabaseName=数据库名

例如:

```
Connection conn=DriverManager.getConnection("jdbc:microsoft:sqlserver://localhost:1433;
        DatabaseName=stuDB","sa","123");
```

其中,1433 为 SQL Server 的端口号,stuDB 为数据库名,sa 和 123 为 SQL Server 登录名和密码。

4. 构造语句集

Statement 对象负责将 SQL 语句发送到 DBMS。Statement 是接口,其对象需由 Connection 对象调用 createStatement()方法得到,格式如下:

Statement stmt=conn.createStatement([int resultSetType],[int resultSetConcurrency],[int resultSetHoldability]);

其中,参数 resultSetType 为键集类型,参数 resultSetConcurrency 为键集并发性,参数 resultSetHoldability 为键集可保持能力,见表 15-1。

表 15-1　createStatement()方法参数汇总

参数	常量及说明
resultSetType 为以下常量之一	ResultSet.TYPE_FORWARD_ONLY 结果集记录指针只能向下移动
	ResultSet.TYPE_SCROLL_INSENSITIVE 结果集记录指针可以上下移动,但数据库变化不会改变当前结果集
	ResultSet.TYPE_SCROLL_SENSITIVE 结果集记录指针可以上下移动,但数据库变化后,当前结果集发生同步改变
resultSetConcurrency 为以下常量之一	ResultSet.CONCUR_READ_ONLY 结果集只读,不能更新数据库中的数据
	ResultSet.CONCUR_UPDATABLE 结果集可更新,会影响到数据库中的数据
resultSetHoldability 为以下常量之一	ResultSet.HOLD_CURSORS_OVER_COMMIT 表示修改提交时,不关闭 ResultSet 的游标
	ResultSet.CLOSE_CURSORS_AT_COMMIT 表示修改提交时,关闭 ResultSet 的游标

其中,SQL 语句、存储过程、记录指针、游标和事务等概念,请参考数据库原理相关书籍。

Statement 接口有两个子接口 Preparedstatement 和 Callablestatement,如图 15-8 所示。

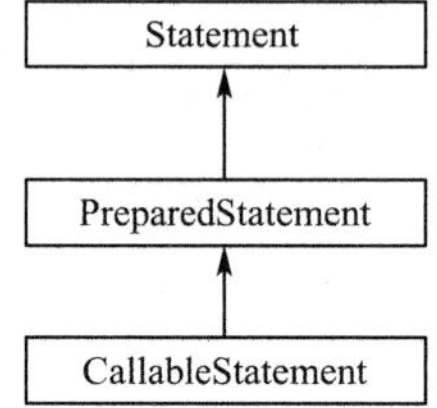

图 15-8　Statement 接口及其子接口

(1)Preparedstatement

Preparedstatement 的实例中包含了一个已经预编译过的 SQL 语句，因此，要多次执行一个 SQL 语句，使用 PreparedStatement。SQL 语句在创建时提供输入参数，使用 setXxx()方法来设置参数，用 executeUpdate()方法执行 SQL 语句。例如下面的程序段：

```
PreparedStatement pStmt=conn. preparedStatement("insert into emp (empno,ename) values(?,?)");
pStmt. setInt(1,12);         //将第一个位置的参数设值为 12
pStmt. setString(2,"tom");//给第二个位置的参数设值为"tom"
pStmt. executeUpdate();  //执行 SQL 语句
pStmt. setInt(1,13);
pStmt. setString(2,"marry");
pStmt. executeUpdate();
```

(2)Callablestatement

CallableStatement 用于执行 SQL 存储过程，可以利用存储过程设置输入或输出参数。例如，有存储过程 showEmployees(in,out)，其中 in 和 out 为参数。实例化如下：

```
CallableStatement cStmt=conn. prepareCall("{call showEmployees(?,?)}");
```

5. 提交 SQL 语句

(1)常用 SQL 语句介绍

SQL 语句大致分为三种：

①DDL(数据定义语言)，如 create、alter、drop 和 declare 等。

②DML(数据操纵语言)，如 select、delete、update 和 insert 等。

③DCL(数据控制语言)，如 grant、revoke、commit 和 rollback 等。

(2)执行提交 SQL 语句的方法

Statement 接口及其子接口支持下列三种方法将 SQL 语句提交到 DBMS。

①executeQuery()方法

主要用于 select 语句，返回值是结果集，例如：

```
ResultSet rs=stmt. executeQuery("select * from custmer");
```

②executeUpdate()方法

用来创建和更新表(如 insert、delete、update、create 和 drop 等)，返回值是整型值，用以表示被影响的行数，例如：

```
int num=stmt. executeUpdate("create table Custmer (CustIdnumber(3),
或 CustNamevarchar2(15),
或 Address varchar2(30))");
```

③execute()方法

返回布尔值，用于执行任何 SQL 语句，适用于一次性返回多个结果集的情况，例如：

```
boolean b=stmt. execute("…更新一个字段值，它在多个表中有关联关系…");
```

提交查询后，将返回键集 ResultSet 类的对象，使用 ResultSet 类 next()方法判断是否存在键集记录，然后处理获取的值(参考例 15-1)。

6. 关闭 ResultSet、Statement 和 Connection 对象

- rs. close();
- stmt. close();//同时关闭了 rs
- conn. close();

需要注意，关闭 Statement 对象的同时也会关闭其当前的 ResultSet 对象(如果有的话)。

15.4 使用 JDBC-ODBC Bridge 连接数据库示例

下面，我们参照 15.3 节介绍的步骤，使用最简单的 JDBC-ODBC Bridge 方式连接 Access 数据库。假定有 Access 数据库文件为 student.mdb，库中有表 stuTable，其设计视图如图 15-9 所示，数据视图如图 15-10 所示。

微课

使用 JDBC-ODBC Bridge 驱动连接数据库

stuTable: 表

字段名称	数据类型
id	数字
name	文本
score	数字

图 15-9　student.mdb 库的设计视图

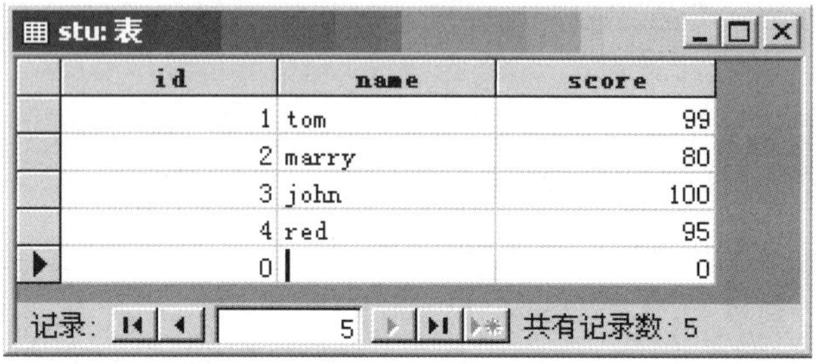

stu: 表

id	name	score
1	tom	99
2	marry	80
3	john	100
4	red	95
0		0

记录: 5 共有记录数: 5

图 15-10　student.mdb 库的数据视图

1. 首先设置 ODBC 数据源

打开“控制面板”，选择其中的“管理工具”，再打开“ODBC 数据源管理器”，如图 15-11 所示。

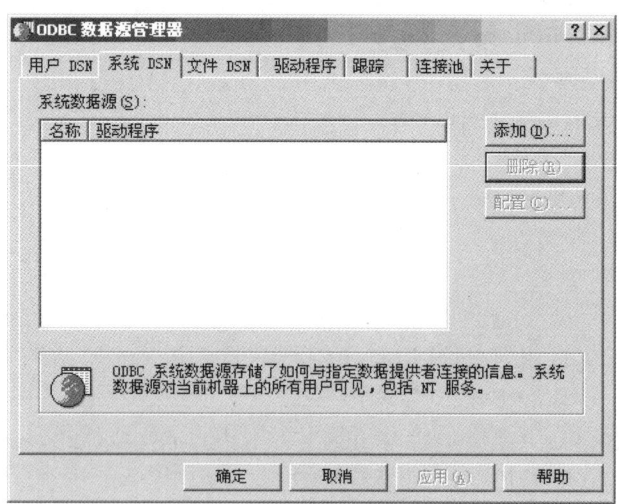

图 15-11　ODBC 数据源设置(1)

选择“系统 DSN”选项卡，单击【添加】按钮，在打开的选择框中选择“Microsoft Access Driver(＊.mdb)”驱动，如图 15-12 所示。

图 15-12　ODBC 数据源设置(2)

在打开的“ODBC Microsoft Access 安装”对话框(图 15-13)中的“数据源名”文本框中输入“stuDataSource”作为数据源名称,然后单击【选择】按钮,进入下一步。

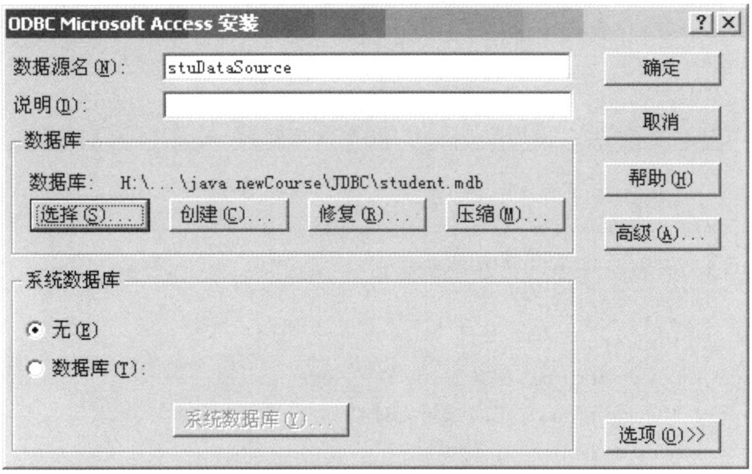

图 15-13　ODBC 数据源设置(3)

在打开的“选择数据库”对话框中选中 student. mdb 数据库,如图 15-14 所示。

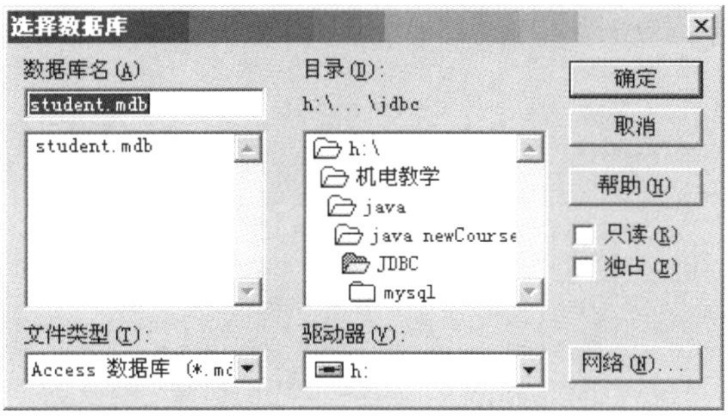

图 15-14　ODBC 数据源设置(4)

单击【确定】按钮完成 ODBC 数据源的配置,如图 15-5 所示。

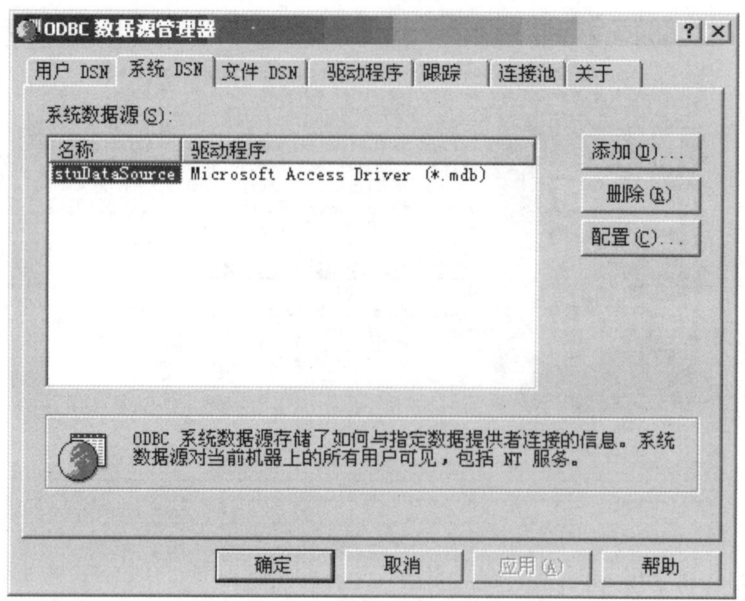

图 15-15 ODBC 数据源设置(5)

2. 编写源代码

例 15-1 使用 JDBC-ODBC Bridge 方案连接数据库。

TestJDBC.java 程序代码

```
import java.sql.*;//导入 sql 包
public class TestJDBC{
    public static void main(String args[]){
        int id,score;
        String name;
        Connection con;//定义连接对象
        Statement stmt;//定义语句集对象
        ResultSet rs;//定义键集对象
        try{
            Class.forName("sun.jdbc.odbc.JdbcOdbcDriver");
        }//加载驱动
        catch(ClassNotFoundException e)
        {}
        try{
            con=DriverManager.getConnection("jdbc:odbc:stuDataSource");
            //创建数据库连接
            stmt=con.createStatement();//创建语句集
            rs =stmt.executeQuery("select * from stuTable where score like '%"
              +args[0]+"%'");
            //以控制台参数为查询条件执行查询并返回键集
            while(rs.next())//判断键集是否有下一条记录
            {
                id=rs.getInt("id");//获取当前记录的第一个值(学号)
```

```
23                        name=rs.getString(2);
24                        score=rs.getInt("score");
25                        System.out.print("  学生学号为:"+id);
26                        System.out.print("  学生姓名为:"+name);
27                        System.out.print("  学生成绩为:"+score);
28                        System.out.println("");
29                    }
30                }catch (SQLException e){
31                }
32            }
33        }
```

【运行结果】

在控制台中输入如下命令并运行：

控制台提示符> java TestJDBC 9

将输出所有分数中带字符“9”的记录，如图 15-16 所示。

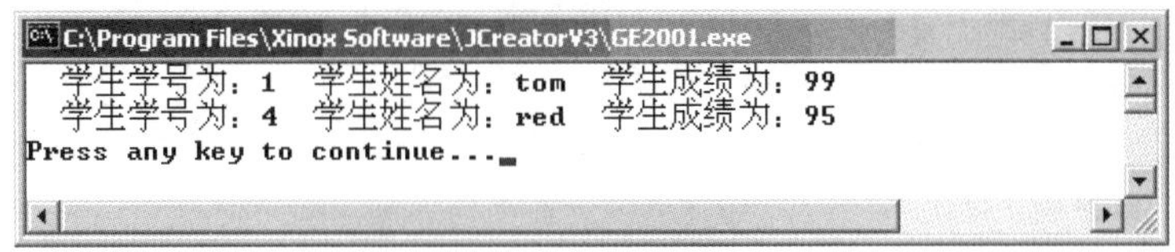

图 15-16　例 15-1 运行结果

【代码说明】

(1)代码第 9～31 行，加载类时可能会抛出 ClassNotFoundException 异常；而在处理 SQL 语句时，可能会抛出 SQLException 异常。

(2)代码第 15 行，数据源名不区分大小写。

(3)代码第 17～18 行，使用了“模糊查询”的通配符百分号“%”，“%”表示不考虑一个或多个字符，这样“like score'%9%'”就相当于查询成绩记录中包含“9”这个字符的所有记录；另外，请读者注意 Access 和 SQL Server 等 DBMS 的 SQL 语法在通配符上有所不同。

(4)代码第 20 行，使用键集 ResultSet 类的 next()方法使数据库指针下移一位，并判断当前键集是否还存在记录。rs 生成时，数据库指针初始状态在键集的第一条记录的前面(BOF 标志位处)，当使用 next()方法将数据库指针移出了键集表时(EOF 标志位处)，rs.next()方法返回 false。

(5)代码第 22～24 行，通过“get+数据类型()”的方法形式，将数据库指针所指向的当前记录的单元值依次取出。注意：数据类型必须与数据库字段类型一致，否则无法获得值。

15.5　连接 SQL Server 数据库示例

微课

使用 JDBC type4 驱动连接和操作数据库

1. 安装 SQL Server 数据库注意事项

本小节我们将学习一个使用第四种驱动类型(Java 本地协议全驱动)来操作数据库的例子，用本说明手工配置 JDBC 驱动的全过程，并完全展示 Java 跨平台开发的优势。

因为 JDBC 默认不支持 SQL Server 数据库的“Windows 认证”方式，所以 SQL Server 的安装过程中一定要选择“混合身份验证安装”方式，如图 15-17 所示。

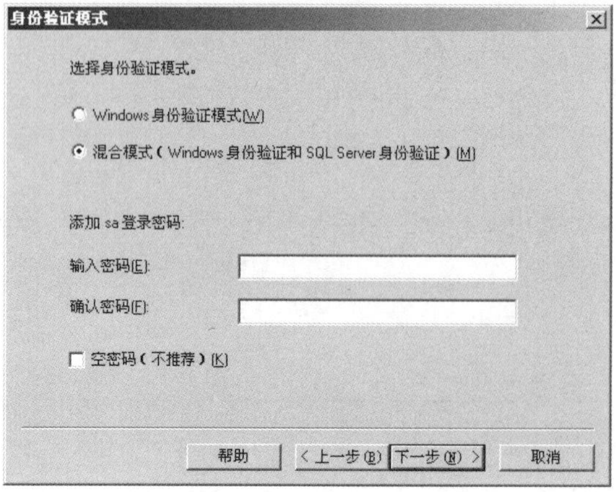

图 15-17 安装 SQL Server

2. 数据库驱动的下载

读者可以从网络上 Microsoft 公司的官方下载页面中找到 SQL Server 本地协议驱动(Type 4)，或从搜索引擎中得到驱动的下载链接。其中：

SQL Server 2000 驱动包括三个文件：msutil. jar、mssqlserver. jar 和 msbase. jar。

SQL Server 2005 和 SQL Server 2008 驱动文件为：sqljdbc. jar。

SQL Server 2008～2016 的 JDBC 4.0 驱动文件为：sqljdbc4. jar。

参考微软官方下载网址：http://www. microsoft. com/downloads/下载最新的驱动。

注　意：

微软最新的 JDBC 4.2 类库文件 Sqljdbc42. jar 需要 JRE 8 的支持。

3. 配置

以 SQL Server 2000 驱动为例，将这三个文件复制到指定目录下(假设为 D:\JDBCDriver)，并配置到 classpath 环境变量中，格式如下：

```
.;D:\JDBCDriver\msutil.jar;D:\JDBCDriver\mssqlserver.jar;D:\JDBCDriver\
msbase.jar
```

SQL Server 2005～2016 驱动的环境配置也可以采用同样的方式。

4. 两种连接串形式(以 SQL Server 2000 为例)

```
Connection conn=DriverManager.getConnection("jdbc:microsoft:sqlserver://localhost:1433;
                    DatabaseName=stuDB","sa","123");
```

或：

```
Connection conn=DriverManager.getConnection("jdbc:microsoft:sqlserver://localhost:1433;
                    DatabaseName=stuDB?user=sa&password=123");
```

其中，sa 为登录数据库的用户名，123 为登录数据库的密码。

注　意：

SQL Server 2005～2016 的连接方法将在后面讲述。

5. 程序示例

假设有 SQL Server 数据库 stuDB，库中有学生数据表 stuTable(字段同图 15-10)。现在学校要为指定的学生更改成绩，使用的 SQL 语句为：

UPDATE stuTable SET score=score+分数值 WHERE id<学号范围 and score<分数；

考虑到需要更改成绩的学生可能有多个，因此使用 PreparedStatement 类完成，可以预编译 SQL 语句，有利于提高处理速度。

例 15-2 使用本地协议驱动(Type 4)方案更新 SQL Server 2008 数据库。

行号　　UpdateStuDB.java 程序代码

```
import java.sql.*;
public class UpdateStuDB{
    public static void main(String[] args){
        String url,user,password;
        url="jdbc:sqlserver://localhost:1433;DatabaseName=StuDB";
        user="sa";
        password="123";
        try{
            /* 加载数据库驱动 */
            Class.forName("com.microsoft.sqlserver.SQLServerDriver");
        }
        catch(ClassNotFoundException ex){
            ex.printStackTrace();
        }
        try{
            Connection con=DriverManager.getConnection(url,user,password);
            /* SQL 语句中的"?"号为待输入参数，将由 setXxx()方法赋值 */
            String strSQL="UPDATE stuTable SET score=score+5"
            +"WHERE id<? and score<?";
            /* 创建 PreparedStatement 语句集对象 */
            PreparedStatement pstmt=con.prepareStatement(strSQL);
            pstmt.setInt(1,50);//给 SQL 语句的第一个参数赋值
            pstmt.setInt(2,90);//给 SQL 语句的第二个参数赋值
            int flag=pstmt.executeUpdate();//提交更新操作
            if(flag!=0){
                System.out.println("数据库更新成功!");
            }
        }
        catch (SQLException ex){
        }
    }
}
```

【运行结果】

数据库更新成功!

查看数据库发现，所有分数小于 90 分的学生成绩均增加了 5 分。

【代码说明】

(1)代码第 5、6、7 行,分别设置了 SQL Server 数据库的 URL 表示串和数据库登录用户名及密码。

(2)代码第 10 行,注意加载数据库驱动的字符串,把它和配置在 classpath 变量中的 SQL Server 数据库 JDBC 驱动的 sqljdbc4. jar 文件进行对比,确保字符串“com. microsoft. sqlserver. jdbc. SQLServerDriver”的路径与 mssqlserver. jar 文件的实际目录路径一致,如图 15-18 所示。

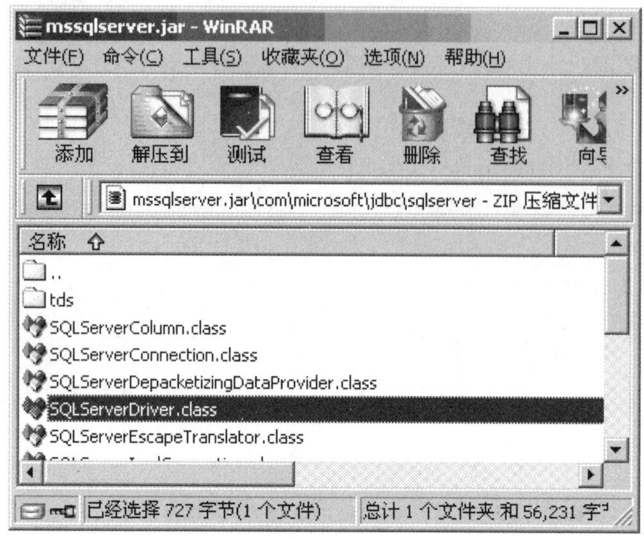

图 15-18 配置 SQLServerDriver. class 路径

(3)代码第 19 行中 SQL 语句“WHERE id<? and score<?”中的“?”号是实际参数,其值由后面的代码设定,见代码第 22、23 行。

(4)代码第 24 行,executeUpdate()方法执行后将返回数据库更新的行数,为 int 型值。

6. 连接到 SQL Server 2005~2016 的注意事项

(1)SQL Server 2005~2016 中加载驱动和 URL 的语法格式与 SQL Server 2000 不同。

在 SQL Server 2000 中加载驱动和 URL 路径的语句是:

```
String driverName="com. microsoft. jdbc. sqlserver. SQLServerDriver";
String dbURL="jdbc:microsoft:sqlserver://localhost:1433;DatabaseName=StuDB";
```

而 SQL Server 2005~2016 中加载驱动和 URL 的语句则为:

```
String driverName="com. microsoft. sqlserver. jdbc. SQLServerDriver";
String dbURL="jdbc:sqlserver://localhost:1433;DatabaseName=StuDB";
```

请注意对比。

(2)SQL Server“获取连接失败:com. microsoft. sqlserver. jdbc. SQL ServerException。到主机的 TCP/IP 连接失败”的解决方法。

这种错误的产生往往是由于 dbURL="jdbc:sqlserver://localhost:1433"中 SQL Server 2005 的端口号自动改变造成的。

解决方法:

①进入“配置工具”菜单下的“SQL Server 配置管理器(SQL Server Configuration Manager)”,在左侧窗口选择“SQL Server 2005 网络配置”下面的分支“MSSQLSERVER 的协议”,如图 15-19 所示。

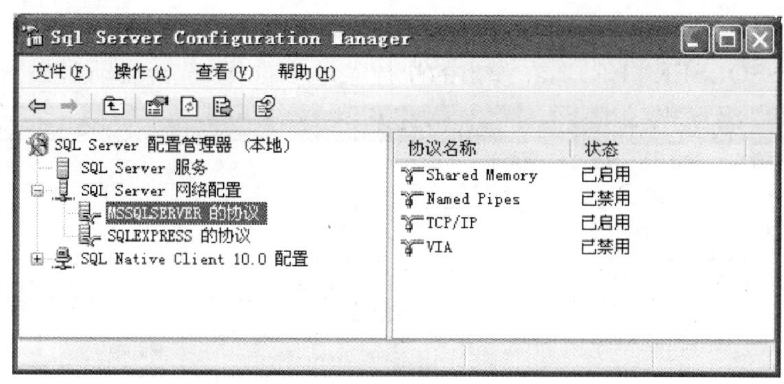

图 15-19　SQL Server 网络配置

②在右侧窗口中右击“TCP/IP”，在弹出的快捷菜单中选择“属性”，再选择“IP 地址”选项卡，将表单中的“TCP 端口”的值都改为 1433(动态端口可以不改)，然后单击【确定】按钮，如图 15-20 所示。

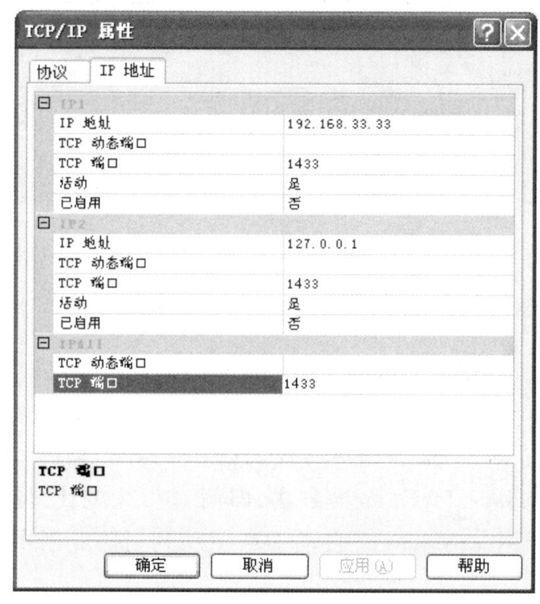

图 15-20　设置“TCP 端口”

③确保已经启动 TCP/IP，如果没有启动，在“TCP/IP”项上右击，在弹出的快捷菜单中选择“启用”，如图 15-21 所示。

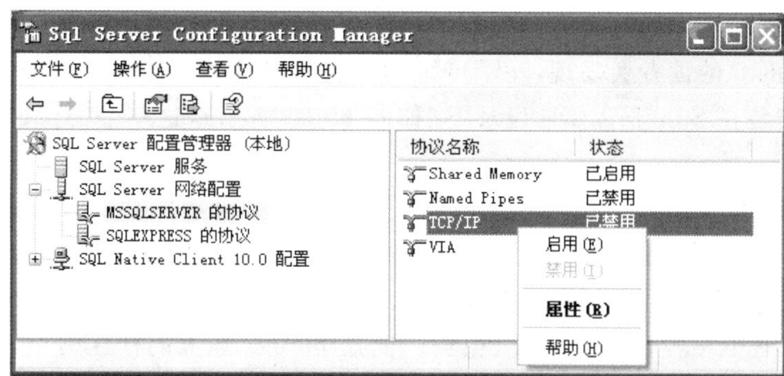

图 15-21　启用“TCP/IP”

④重启“SQL Server”服务。选中左侧窗口中的“SQL Server 服务”，在右侧窗口中右击“SQL Server(MSSQLSERVER)”，在弹出的快捷菜单中选择“重新启动”，如图 15-22 所示。

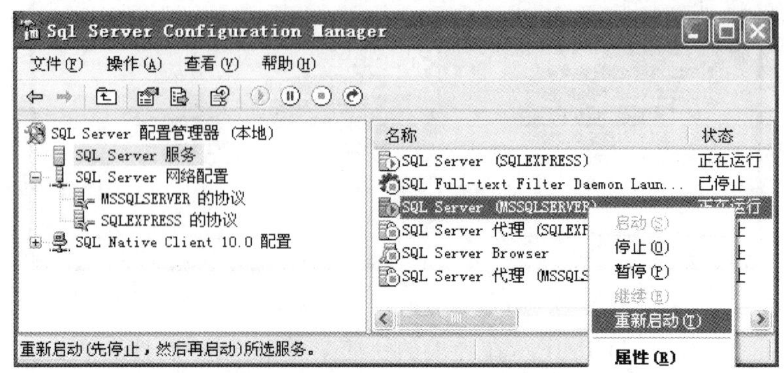

图 15-22 重新启动 SQL Server

7. 使用 JDBC 4.0 连接到 SQL Server 2008～2016 的注意事项

(1)SQL Server 2008～2016 中加载驱动和 URL 的语句与 SQL Server 2005 相同。

(2)JDBC 4.0 的新特性：

JDBC 4.0 在 20 多个技术点做了改进，根据其功能特点及应用领域将其改进内容分为下述四类：

①驱动及连接管理

②异常处理

③数据类型支持

④API 的变化

限于篇幅，本文无法尽述其详。目前，Apache Derby 数据库提供了支持 JDBC 4.0 规范的驱动，并将 Derby 数据库内置于 Java SE 6 中，随着各个主流数据库提供商的产品如 MS SQL Server 和 IBM DB2 等宣布对 JDBC 4.0 的支持，JDBC 4.0 发展前景值得期待。

(3)不用显式地调用 Class.forName()方法，即例 15-2 中的代码第 11 行可以省略，当程序首次试图连接数据库时，DriverManager 自动加载驱动到当前应用中的 classpath，这是 JDBC 4.0 一个比较大的改动。

15.6 使用 JDBC 4.0 操作 Apache Derby

1. 什么是 Apache Derby

新安装了 JDK 6 的读者会发现，除了传统的安装内容，JDK 6 新增了一个名为 Java DB 的安装项目，默认安装在 Sun\Java DB 目录下(如图 15-23 所示)，这就是 Apache Derby 内嵌式数据库。

Java DB 是 Java SE 6 的新成员，是一个纯 Java 实现且开源的数据库管理系统(DBMS)，源于 Apache 软件基金会(ASF)名下的项目 Derby。它的完整类库只有 4 MB，对比内存庞大的数据库来说可谓袖珍。但这并不意味着 Derby 功能弱，事实上，Derby 支持几乎大部分的数据库应用的特性，而且安全、易用、标准、免费。依托于 ASF 强大的社区力量，Derby 得到了包括 IBM 和 Sun 等大公司以及全世界优秀程序员们的支持。这也难怪 Sun 会选择将其纳入 JDK 6 中，作为内嵌的数据库。

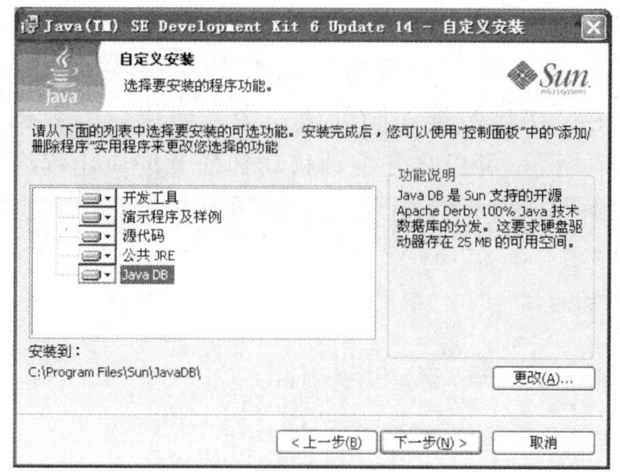

图 15-23　Java DB 安装目录

Derby 分两种运行模式：内嵌模式和网络模式。

(1)内嵌模式

数据库和应用程序共用一个 JVM，一般由应用程序负责启动和停止数据库，其他应用程序不可访问。

(2)网络模式

Derby 数据库独占一个 JVM，作为数据库服务器独立运行。在此运行模式下，多个应用程序可以访问同一个 Derby 数据库。

下面简单介绍下 Derby 数据库操作，再给出使用 JDBC 4.0 操作数据库的示例。

2. 控制台命令行完成 Derby 数据库操作

首先我们通过控制台完成数据库和表的创建。假定 Derby 数据库安装在 D:\Java\Sun\JavaDB 目录下，其 lib 目录内容如图 15-24 所示，注意 derby.jar 和 derbyrun.jar 文件，在内嵌模式下需要这些类库。

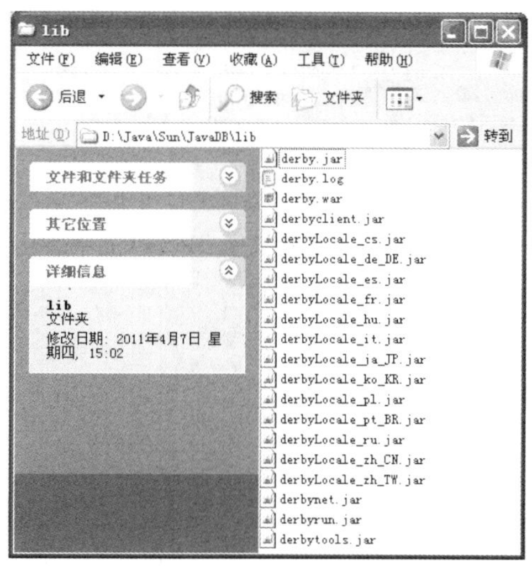

图 15-24　JavaDB 类库

在内嵌模式下创建库及表的步骤如下：

(1)在控制台中进入 lib 目录。

(2)执行"java -jar derbyrun.jar ij"命令，进入数据库内嵌运行模式。

(3)在 ij>下输入“connect 'jdbc:derby:StuDB;create=true';”(注意输入分号,代表语句结束),就会在当前目录下面创建一个名为 StuDB 的文件夹,即名称为 StuDB 的数据库,“create=true”表示如果不存在该数据库则创建一个。创建后的数据库文件夹如图 15-25 所示,其内部文件如图 15-26 所示,可以将其手动移动到任意的应用程序文件夹中使用。

图 15-25 创建 StuDB 文件夹

图 15-26 StuDB 内部文件

(4)创建数据表,名称为 stuTable,有三个字段:

create table stuTable(id int,name varchar(20),score int);

(5)插入数据:

insert into stuTable values(1,'Tom',99);

insert into stuTable values(2,'Marry',100);

(6)查询数据:

select * from stuTable;

(7)退出用内嵌模式,语句为 exit。

完整过程如图 15-27 所示。

删除和更新操作的 SQL 语句与标准 SQL 语法相同,这里不再列出。

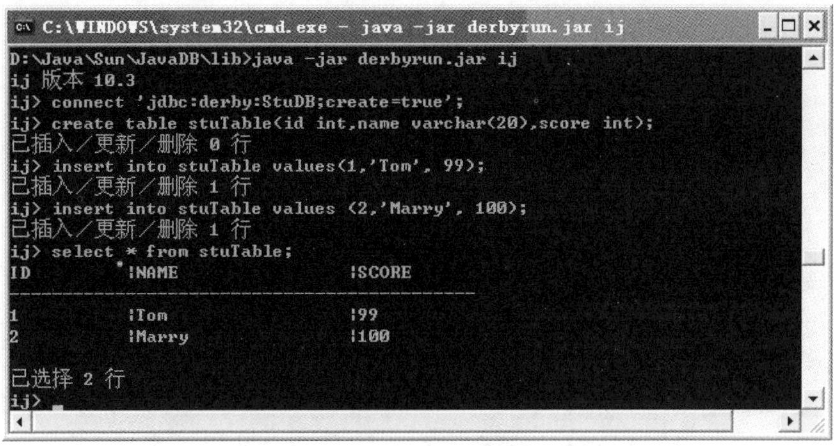

```
C:\WINDOWS\system32\cmd.exe - java -jar derbyrun.jar ij
D:\Java\Sun\JavaDB\lib>java -jar derbyrun.jar ij
ij 版本 10.3
ij> connect 'jdbc:derby:StuDB;create=true';
ij> create table stuTable(id int,name varchar(20),score int);
已插入/更新/删除 0 行
ij> insert into stuTable values(1,'Tom', 99);
已插入/更新/删除 1 行
ij> insert into stuTable values (2,'Marry', 100);
已插入/更新/删除 1 行
ij> select * from stuTable;
ID         |NAME                |SCORE
-----------------------------------------------
1          |Tom                 |99
2          |Marry               |100

已选择 2 行
ij>
```

图 15-27　创建库及表

3. 查询 Derby 数据库操作的示例

步骤如下：

(1)将上面创建的 StuDB 文件夹移动到 TestDerby. java 程序代码所在的目录下。

(2)将 derby. jar 类库配置到 classpath 环境变量中。

(3)编译并运行。

例 15-3　使用 JDBC 4. 0 查询 Apache Derby 数据库。

行号　　**TestDerby. java 程序代码**

```
import java.io.*;
import java.sql.*;
public class TestDerby{
    public static void main(String[] args){
        Connection conn=null;
        try{
            //Class.forName("org.apache.derby.jdbc.EmbeddedDriver").newInstance();
            System.out.println("==Load the embedded driver==");
            conn=DriverManager.getConnection("jdbc:derby:stuDB;user=app;
                password=app");
            System.out.println("==connect to StuDB==");
            Statement stmt=conn.createStatement();
            ResultSet rs=stmt.executeQuery("SELECT id,name,score FROM stuTable");
            System.out.println("id\tname\tscore");
            while(rs.next()){
                System.out.print(rs.getInt("id")+"\t");
                System.out.print(rs.getString("name")+"\t");
                System.out.print(rs.getInt("score")+"\t");
                System.out.println();
            }
            rs.close();
            stmt.close();
```

```
22                 conn.close();
23             }
24             catch (Exception ex){
25                 ex.printStackTrace();
26             }
27             System.out.println("==TestDerby Application finished==");
28         }
29     }
```

【运行结果】

程序运行结果如图 15-28 所示。

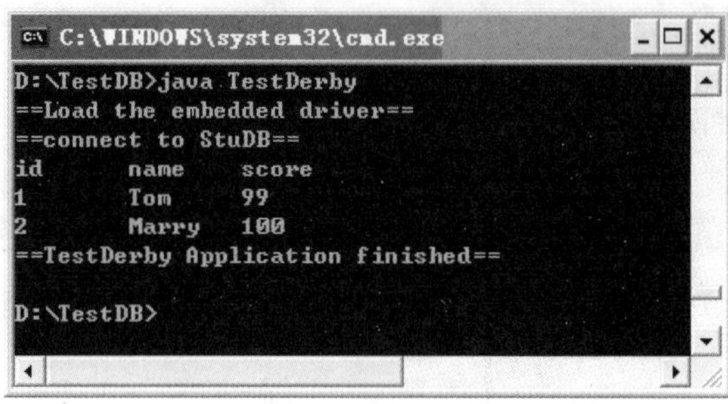

图 15-28 例 15-3 运行结果

【代码说明】

①注意代码第 7 行，Class.forName()在 JDBC 4.0 中是可以省略的。

②代码第 9、10 行中的 user 和 password，Derby 数据库默认均为 app。

接下来再给出一个完整的使用 JDBC 4.0 完成 Apache Derby 数据库的创建与查询的例子。

例 15-4 使用 JDBC 4.0 操作 Apache Derby 数据库：创建与查询。

行号 **TestDerbyCreate.java 程序代码**

```
import java.sql.*;
public class TestDerbyCreate{
    public static void main(String[] args){
        Connection conn=null;
        try {
            //加载驱动
            //Class.forName("org.apache.derby.jdbc.EmbeddedDriver").newInstance();
            System.out.println("==Load the embedded driver==");
            //创建连接并连接到 StuDB 数据库
            conn=DriverManager.getConnection("jdbc:derby:stuDB;create=true;
                    user=app;password=app");
            System.out.println("==create and connect to stuDB==");
            conn.setAutoCommit(false);
            //创建数据表并插入两条记录
            Statement stmt=conn.createStatement();
            stmt.execute("create table stuTable(id int,name varchar(20),score int)");
```

```
16                  System.out.println("==Created table stuTable==");
17                  stmt.execute("insert into stuTable values(1,'Tom',99)");
18                  stmt.execute("insert into stuTable values (2,'Marry', 100)");
19                  //查询这两条记录
20                  ResultSet rs=stmt.executeQuery("SELECT id,name,score FROM stuTable");
21                  System.out.println("id\tname\tscore");
22                  while(rs.next()){
23                      StringBuilder builder=new StringBuilder(rs.getInt(1));
24                      builder.append("\t");
25                      builder.append(rs.getString(2));
26                      builder.append("\t");
27                      builder.append(rs.getInt(3));
28                      System.out.println(builder.toString());
29                  }
30                  //删除数据表
31                  stmt.execute("drop table StuTable");
32                  System.out.println("==Dropped table StuTable==");
33                  rs.close();
34                  stmt.close();
35                  System.out.println("==Closed result set and statement==");
36                  conn.commit();
37                  conn.close();
38                  System.out.println("==Committed transaction and closed connection==");
39              }
40              catch(Exception ex){
41                  ex.printStackTrace();
42              }
43              System.out.println("==TestDerbyCreate Application finished==");
44          }
45      }
```

【运行结果】

程序运行结果如图 15-29 所示。

【代码说明】

①代码第 10 行,"jdbc:derby:stuDB;create=true;"表示 Derby 运行在创建模式下。

②如果要关闭所有数据库及 Derby 引擎,可以使用 shutdown=true,例如:

```
DriverManager.getConnection("jdbc:derby:;shutdown=true");
```

需要指出的是,Derby 的内嵌运行模式是有局限性的,在使用内嵌模式时,Derby 本身并不会在一个独立的进程中,而是和应用程序一起在同一个 Java 虚拟机(JVM)里运行。因此,Derby 如同所使用的其他 jar 文件一样变成了应用的一部分。这就不难理解为什么在 classpath 中加入 derby 的 jar 文件后,示例程序就能够顺利运行了。这也说明了只有一个 JVM 能够启动数据库,而两个运行在不同 JVM 示例里的应用自然就不能够访问同一个数据库了。如果想要来自不同 JVM 的多个连接访问同一个 Derby 数据库,就必须使用网络模式。

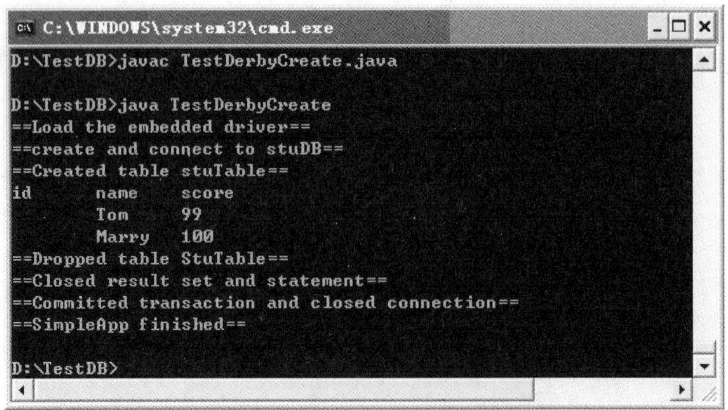

图 15-29　例 15-4 运行结果

4. Derby 的网络模式

下面我们模拟一个在本机(localhost)运行网络模式的示例。

步骤如下：

(1)将 derby. jar、derbynet. jar、derbytools. jar 和 derbyclient. jar 类库配置到 classpath 环境变量中，或者从控制台直接进入 JavaDB\lib 目录下运行。

(2)启动网络服务

```
>java －cp derby. jar;derbynet. jar org. apache. derby. drda. NetworkServerControl start
```

如图 15-30 所示。

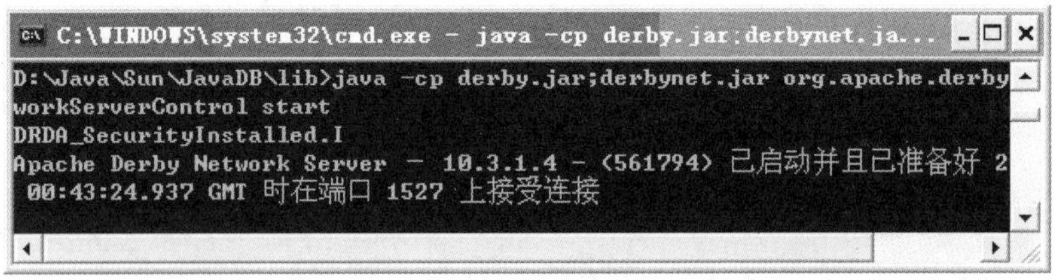

```
C:\WINDOWS\system32\cmd.exe - java -cp derby.jar;derbynet.ja...
D:\Java\Sun\JavaDB\lib>java -cp derby.jar;derbynet.jar org.apache.derby
workServerControl start
DRDA_SecurityInstalled.I
Apache Derby Network Server - 10.3.1.4 - (561794) 已启动并且已准备好 2
 00:43:24.937 GMT 时在端口 1527 上接受连接
```

图 15-30　启动网络服务

在默认情况下，服务器将监听 TCP 1527 端口来接收客户端请求。可以使用“－p <port number>”参数来改变端口。

(3)另外启动一个 cmd 控制台作为客户端，启动客户端，创建数据库和表，并插入数据。

启动客户端，进入命令行的语句为：

```
> java －cp derbytools. jar;derbyclient. jar org. apache. derby. tools. ij
```

连接到服务器，并创建数据库的语句为：

```
> connect 'jdbc:derby://localhost:1527/TeacherDB;create=true;user=sa;password=123';
```

表示创建一个 TeacherDB 的数据库，数据库位于 derbynet. jar、derbytools. jar 的当前目录下。如果要创建数据库的用户名和密码，参数为“;user＝用户名;password＝密码”(中间以分号隔开)。

具体操作同前类似，如图 15-31 所示。需要注意，操作期间不能关闭服务器控制台，否则会断开与服务器的连接。

创建好的 TeacherDB 数据库如图 15-32 所示。

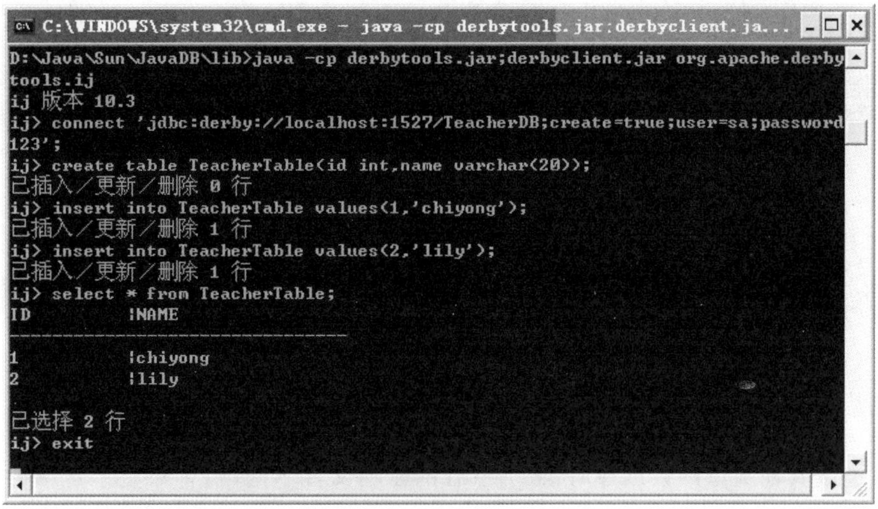

```
C:\WINDOWS\system32\cmd.exe - java -cp derbytools.jar;derbyclient.ja...
D:\Java\Sun\JavaDB\lib>java -cp derbytools.jar;derbyclient.jar org.apache.derby
tools.ij
ij 版本 10.3
ij> connect 'jdbc:derby://localhost:1527/TeacherDB;create=true;user=sa;password
123';
ij> create table TeacherTable(id int,name varchar(20));
已插入/更新/删除 0 行
ij> insert into TeacherTable values(1,'chiyong');
已插入/更新/删除 1 行
ij> insert into TeacherTable values(2,'lily');
已插入/更新/删除 1 行
ij> select * from TeacherTable;
ID         |NAME
--------------------------------
1          |chiyong
2          |lily

已选择 2 行
ij> exit
```

图 15-31　创建 TeacherDB 数据库

图 15-32　创建好的 TeacherDB 数据库

(4)执行下面的语句就会出现如图 15-33 所示的关闭提醒：

>java -cp derby.jar;derbynet.jar org.apache.derby.drda.NetworkServerControl shutdown

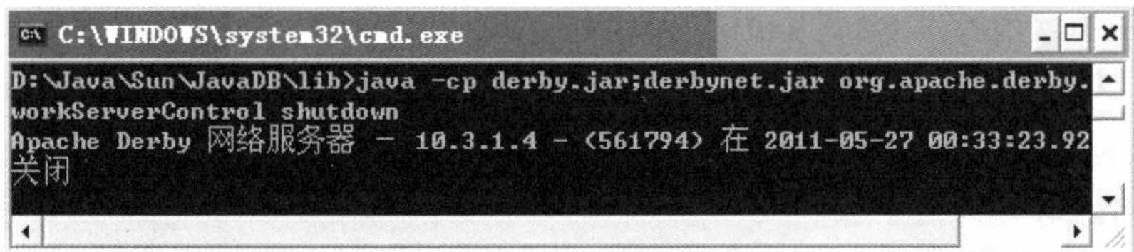

图 15-33　关闭提醒

同时服务器端也显示网络服务器关闭，如图 15-34 所示。

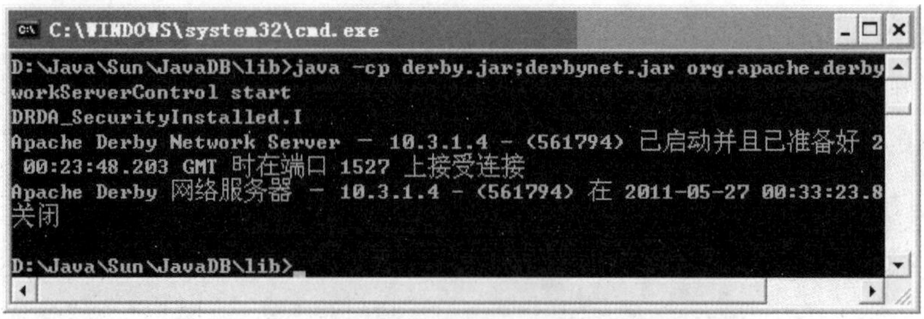

```
C:\WINDOWS\system32\cmd.exe
D:\Java\Sun\JavaDB\lib>java -cp derby.jar;derbynet.jar org.apache.derby
workServerControl start
DRDA_SecurityInstalled.I
Apache Derby Network Server - 10.3.1.4 - (561794) 已启动并且已准备好 2
 00:23:48.203 GMT 时在端口 1527 上接受连接
Apache Derby 网络服务器 - 10.3.1.4 - (561794) 在 2011-05-27 00:33:23.8
关闭

D:\Java\Sun\JavaDB\lib>_
```

图 15-34 网络服务器关闭

15.7 连接其他类型的数据库

JDBC 连接其他类型的数据库时，根据下载的驱动文件不同，每种驱动字符串的路径书写格式也有所不同，请读者根据实际情况区分。现给出常用的驱动字符串格式。

1. Oracle

Class.forName("Oracle.jdbc.driver.OracleDriver")；

Connection con=DriverManager.getConnection("jdbc:Oracle:thin:@主机:端口号:数据库名","用户名","密码")；

2. MySQL

Connection conn=DriverManager.getConnection("jdbc:mysql://[主机:端口号]/[数据库名],"用户名","密码")；

或：

Connection con=DriverManager.getConnection("jdbc:mysql://[主机:端口号]/[数据库名][?user=用户名][&password=密码])；

3. Sybase

Class.forName("com.sybase.jdbc2.jdbc.SybDriver")；

Connection con=DriverManager.getConnection("jdbc:sybase:Tds:[主机:端口号]/[数据库名]","用户名","密码")；

本章讲述了 JDBC 访问数据库的基础，主要内容有：

➢ JDBC 与 ODBC 的联系和区别。

➢ JDBC 驱动分为四类，分别为 JDBC-ODBC 桥、本地部分 Java 驱动、网络全驱动和本地协议全驱动。其中，网络全驱动和本地协议全驱动应用较多，本章中分别给出了一个 JDBC-ODBC 桥示例和一个本地协议全驱动示例。

➢ JDBC 访问数据库的步骤。

➢ 了解了什么是嵌入式数据库及其用法。

➢ 各种数据库驱动连接串的书写方法。

考虑到篇幅的限制，一些数据库应用的其他技术如 SQL 语句语法和事务处理等未做详细介绍，请读者自行阅读相关资料。

探究式任务

1. MySQL 与 SQLServer 数据库的异同点有哪些?

2. 了解 SQLite 的使用场合及操作特点。

习　题

一、选择题

1. 下面数据库驱动中,(　　)驱动的运行效率最高。

A. JDBC-ODBC 桥　　　B. 本地部分 Java 驱动

C. 网络全驱动　　　D. 本地协议全驱动

2. 使用 JDBC 访问数据库的步骤中,下面各类的使用先后顺序为(　　)。

A. DriverManager　　　B. ResultSet

C. Statement　　　D. Connection

3. 下面(　　)类的对象包含了一个已经预编译过的 SQL 语句。

A. Statement　　　B. Preparedstatement

C. Callablestatement　　　D. ResultSet

4. 对于创建数据表的 SQL 语句 Create Table {…},可以使用 Statement 类的(　　)方法提交到数据库。

A. executeQuery()　　　B. executeUpdate()

C. execute()　　　D. Update()

二、编程题

改造并完善例 15-2,将更新后的数据库的数据显示出来。

三、课程思政题

课程思政:

学生活动:试着列举几种当前流行的数据库管理系统。

思政目标:创新精神、大局意识。

时事:2019 年 10 月,权威机构国际事务处理性能委员会(TPC)发布最新测试结果,阿里巴巴自主研发 Oceanbase 数据库打破了美国甲骨文公司的 Oracle 保持 9 年的性能测试世界纪录。而次年 618 期间,申通快递通过引入阿里云 PolarDB 云原生数据库替代 Oracle 数据库,完美扛过 618 业务高峰,IT 成本降幅超过 50%。目前,阿里云已经稳居亚太云数据库市场份额第一。

与知识点结合:传统数据库与分布式数据库的异同点。

参考文献

[1] 明日科技. Java 从入门到精通(实例版)[M]. 5 版. 北京:清华大学出版社,2019.

[2] (美)Bruce Eckel. Java 编程思想[M]. 4 版. 北京:机械工业出版社,2007.

[3] (美)Joshua Bloch. Effective Java 中文版[M]. 3 版. 北京:机械工业出版社,2018.

[4] 李刚. 疯狂 Java 讲义[M]. 4 版. 北京:电子工业出版社,2018.

[5] 明日科技. Eclipse 应用开发完全手册[M]. 北京:人民邮电出版社,2007.

[6] Cay S. Horstmann, Gary Cornell. Java 核心技术(卷 1):基础知识[M]. 北京:机械工业出版社,2014.

[7] (美)Herbert Schildt. Java 8 编程参考官方教程[M]. 9 版. 北京:清华大学出版社,2015.

[8] 林萍. Java 高级编程项目化教程[M]. 北京:清华大学出版社,2015.

[9] 耿祥义. Java 程序设计精编教程[M]. 北京:清华大学出版社,2010.

附　　录

附录 1　Java IO 流类层次图

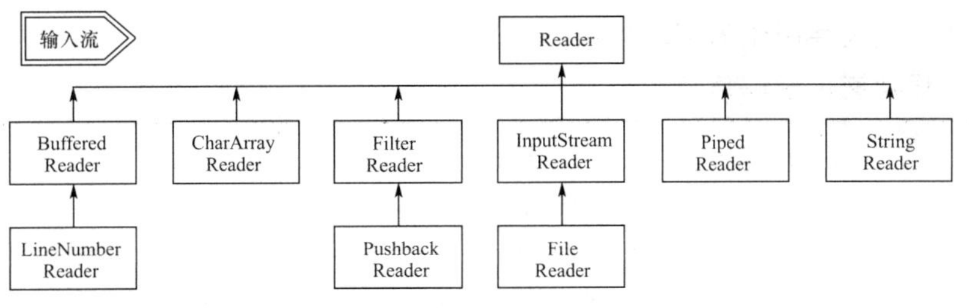

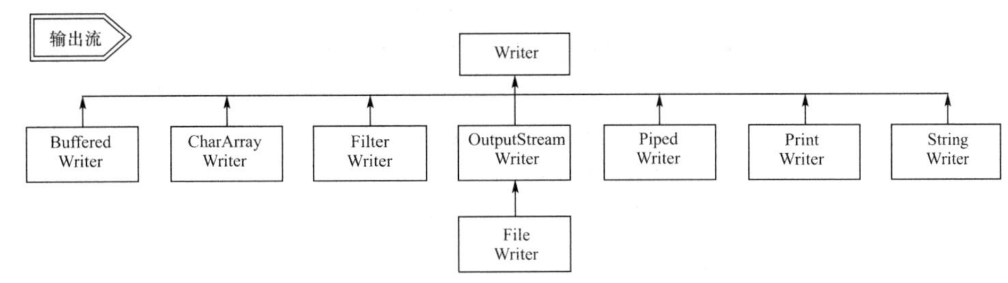

图 f1-1　字符流类层次图

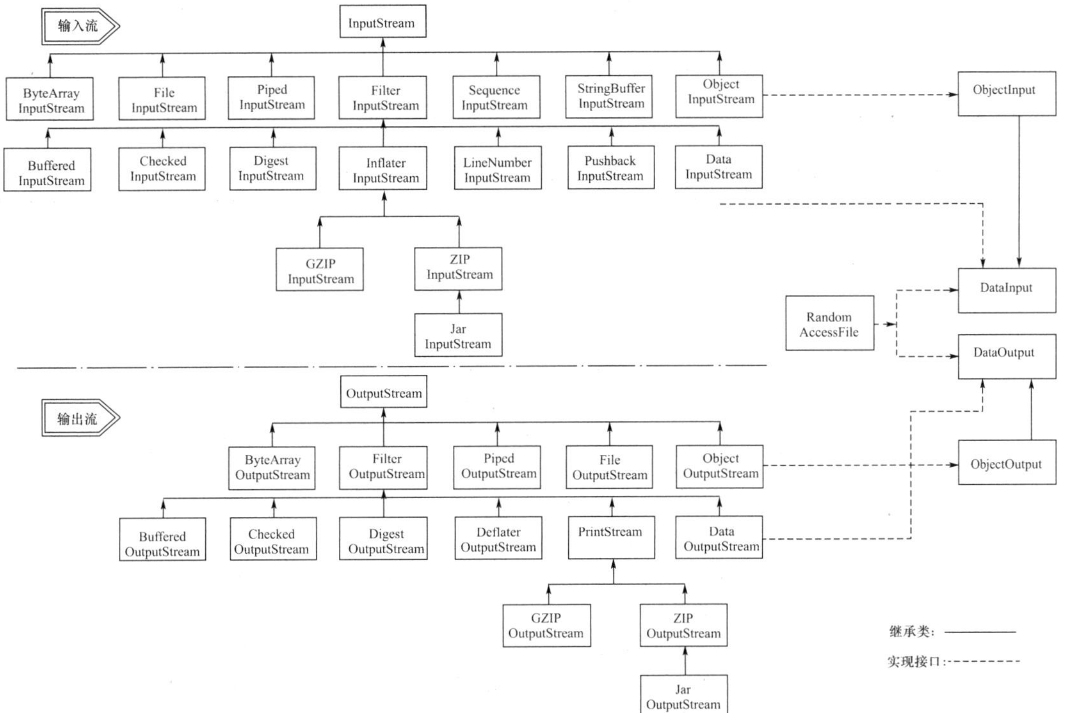

图 f1-2　字节流类层次图

附录 2　职业岗位能力需求分析

通过对中华英才、CSDN、51job 等专业招聘网站的招聘信息进行汇总分析，我们找出了与 Java 技术相关的几个代表性岗位的招聘信息：

1. Java 开发工程师岗位招聘信息

招聘职位： 高级 JAVA 软件开发工程师	招聘单位： 广州×××信息技术有限公司
岗位职责	➢ 根据需求文档在现有的架构中实现自己所负责的软件模块； ➢ 编写并管理相关开发文档； ➢ 协助项目小组中其他成员进行软件调试和测试； ➢ 与团队成员保持良好的沟通，乐于分享知识
任职条件	➢ 深入理解面向对象设计和编程以及常用的设计模式的使用； ➢ 优秀的代码编写风格、严谨的工作作风； ➢ 精通 Java 多线程和并发控制； ➢ 精通 Java 数据结构和各类算法； ➢ 熟练掌握一种数据库开发，如 MSSQL，MySQL 或 Oracle； ➢ 熟练掌握基本的 Linux 命令的使用； ➢ 热爱编程，痴迷技术，勤于学习，态度认真，自我驱动感强，热爱 Java 编程，对自己的工作有追求完美的韧性。有三年以上的 Java 相关领域的工作经验，特别优秀自信者可例外

2. Java EE 软件开发工程师岗位招聘信息

招聘职位： 高级 JAVA 软件开发工程师	招聘单位： ×××企网实业发展(上海)有限公司
岗位职责	➢ 医疗信息化项目互联网软件开发工程师
任职条件	➢ 熟悉 Java 开发语言，具备 J2EE 软件开发能力，二年以上从业经验； ➢ 熟悉 Struts、Spring、Hibernate 等框架，熟悉 JSP、Servlet、Ajax、XML、JavaScript、CSS、HTML 等技术； ➢ 掌握数据库基本知识，熟悉 Oracle 和 SQL Server 或 MySQL 任意一种的使用和开发，熟悉基于数据库的应用开发； ➢ 熟悉 Linux、Windows 平台，熟悉 Apache、Tomcat、WebSphere、WebLogic 等服务器中的至少一种； ➢ 熟悉 Eclipse、MyEclipse 等开发工具； ➢ 熟悉 CVS/SVN 等版本控制工具，掌握规范化的软件开发方法，能够快速有效地完成开发任务

3. Android 移动软件开发工程师岗位招聘信息

招聘职位： Android 开发工程师	招聘单位： 北京×××科技有限公司
岗位职责	➢ 负责 Android 软件研发； ➢ 参与 Android 软件架构设计
任职条件	➢ 2 年以上相关开发经验，具备扎实 java 开发基础； ➢ 熟悉 Java，J2ME，J2EE 等编程技术，熟悉 Eclipse 开发环境； ➢ 熟练掌握 Android UI/Framework 开发，对系统界面设计有一定基础，1 年以上 Android 平台开发经验； ➢ 熟悉 Android 网络通信，有网络编程基础

通过对网上招聘信息的分析，Java 技术行业的从业岗位主要包括三个方向：Java 程序员、Android 移动开发程序员和 Java EE 开发程序员。所有岗位都对 Java 语言基础提出了要求，Java 语言基础成为 Java 技术类岗位技能要求的核心能力。另外大多数的岗位都要求应聘者具备一定的阅读、设计和编写开发文档的能力以及团队协作的能力，对于软件开发职业岗位的从业人员来说，下列知识、技能和素质也是重要的从业条件：

(1)掌握一种或几种主流数据库管理系统。

(2)了解软件工程的思想，可以自行阅读、分析、处理或编写开发文档。

(3)了解 OOAD(面向对象分析与设计)，了解 UML(统一建模技术)在项目开发中的使用。

(4)积极的工作态度、较强的主观能动性和团队合作精神。

Java 语言基础对各种 Java 技术方向的地位，可以参考各种 Java 技术方向学习进度表。下面我们列出了几个典型岗位培训的路线图：

(1)XX 培训中心 Java EE 软件工程师培训学习路线图(图 f2-1)

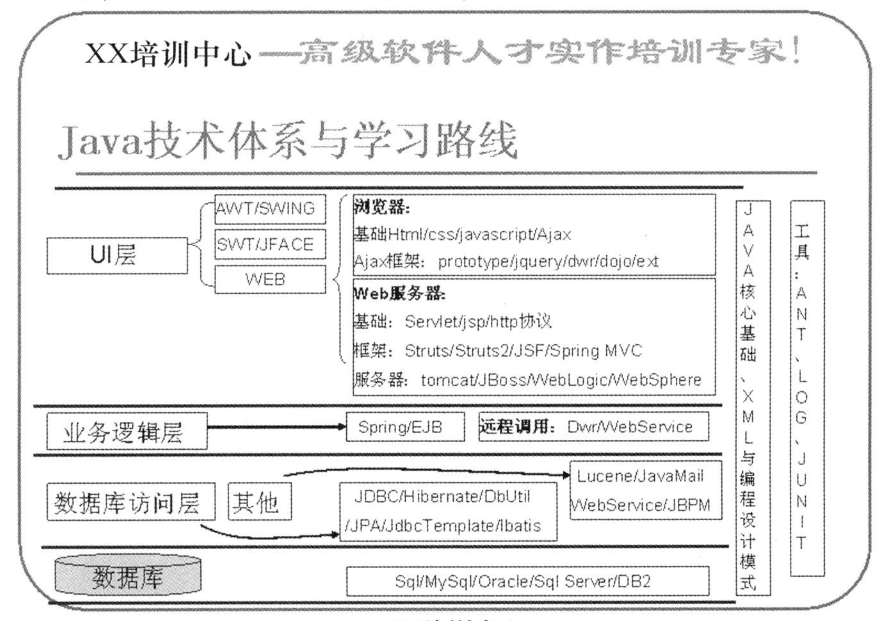

图 f2-1　XX 培训中心 Java EE 软件工程师培训学习路线图

(2)XX 培训中心 ACCP 5.0(Java EE 方向)培训学习路线图(图 f2-2)

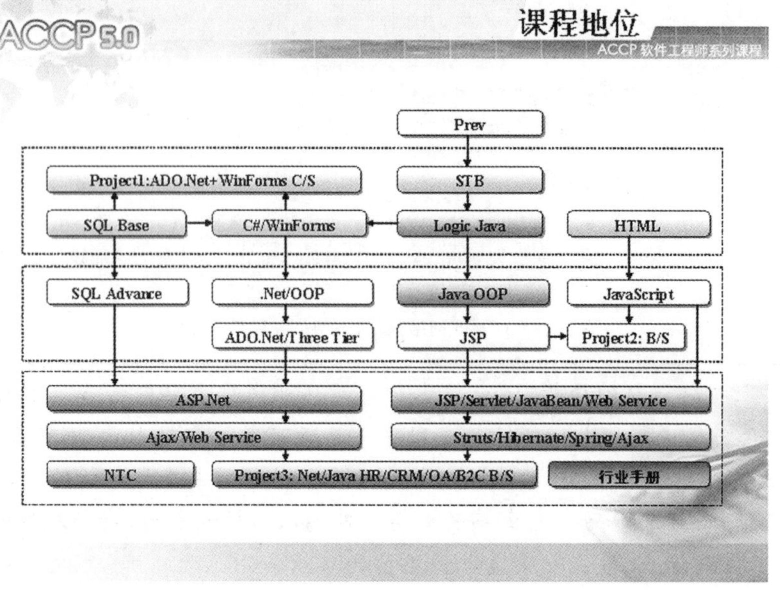

图 f2-2 XX 培训中心 ACCP 5.0(Java EE 方向)培训学习路线图

(3)XX 培训中心 Android 应用开发课程

课程名称	学习内容
Linux 操作系统与管理	常用命令、用户管理、文件系统、网络配置与管理
Java 核心技术	Java 核心技术 I(面向对象编程、异常处理、Java GUI、事件、反射)
	SQL Server 数据库技术
	Java 核心技术 Ⅱ(XML、线程、网络编程、服务器端编程)
Android 应用开发	Android 开发基础(四大组件、数据存储、UI 及其自定义)
	Android 图形开发(2D、OpenGL ES 3D)
	Android 移动开发(SMS/MMS、SIM/UIM、Wi-Fi、Bluetooth、电话编程)
Android 高级开发	Android 应用开发高级(手写识别、语音识别、多点触控、传感器、云端编程)
企业化实训	项目实训
	职业素养

从学习路线图中,读者可以全面了解各个职业培训要求的技术细节,也可以看到各个 Java 职业培训都把 Java 基础语法知识作为课程体系的核心课程。